朱偰　著

# 北京宫苑图考

中原出版传媒集团
中原传媒股份公司

大象出版社
· 郑州 ·

图书在版编目（CIP）数据

北京宫苑图考／朱偰著.— 郑州：大象出版社，
2018. 2
ISBN 978-7-5347-9183-3

Ⅰ. ①北…　Ⅱ. ①朱…　Ⅲ. ①古建筑—文化史—北京
Ⅳ. ①TU-092. 2

中国版本图书馆 CIP 数据核字（2017）第 046033 号

# 北京宫苑图考
BEIJING GONGYUAN TUKAO

朱　偰　著

| | |
|---|---|
| 出 版 人 | 王刘纯 |
| 策划组稿 | 张前进 |
| 责任编辑 | 李小希 |
| 责任校对 | 张迎娟　安德华　裴红燕 |
| 装帧设计 | 付锬锬 |

出版发行　大象出版社（郑州市开元路 16 号　邮政编码 450044）
　　　　　　发行科　0371-63863551　　总编室　0371-65597936
网　　址　www.daxiang.cn
印　　刷　郑州新海岸电脑彩色制印有限公司
经　　销　各地新华书店经销
开　　本　787mm×1092mm　1/16
印　　张　18.75
字　　数　303 千字
版　　次　2018 年 2 月第 1 版　2018 年 2 月第 1 次印刷
定　　价　85.00 元
若发现印、装质量问题，影响阅读，请与承印厂联系调换。
印厂地址　郑州市文化路 56 号金国商厦七楼
邮政编码　450002　　　　　　电话　0371-67358093

朱偰先生在南京紫金山

（1950 年 12 月 26 日）

十载京华不染尘，迢迢塞北瘗青春。

燕云黯黯千秋色，世事茫茫百感身。

未见秦筝歌慷慨，那知玉垒竟沉沦。

当年只有王高士，解得桓伊意气真。


峨峨双阙矗穹窿，复殿参差太液东。

十载归来云梦客，一声恸哭灵光宫。

几多兵火劫余后，何处相逢丧乱中。

幸得长垣依旧在，不堪城郭又秋风。


二十四年出都作

# 前　言

朱元曙

　　这部《北京宫苑图考》是汇集先父朱偰先生《元大都宫殿图考》《明清两代宫苑建置沿革图考》《北京宫阙图说》三部专著和《辽金燕京城郭宫苑图考》《金中都宫殿图考》两篇专论而成，由此，读者可以更清楚地了解北京宫苑的流变渊源，这是本书学术上的价值。书后附三篇纪念性文章，以便了解作者的生平、思想和贡献，以达"知人论世"之目的。

　　书中父亲所著文字，除《金中都宫殿图考》外，均写于 1936 年。

　　1935 年，日寇觊觎华北，北京岌岌可危，父亲忧心故都文物不幸而罹劫灰，使后人不得睹当年文物制度，遂于 1935 年暑假赴北京，蒙故宫博物院院长马衡先生慨允，遍考京城内外宫殿苑囿，穷二月之力，摄影五百余幅，并考核文献，排比著述，成《元大都宫殿图考》《明清两代宫苑建置沿革图考》《北京宫阙图说》《辽金燕京城郭宫苑图考》等专著和专论，著名古建筑专家单士元先生对此评价道：

　　　　朱先生为书香世家，文学、历史造诣均深，为了科学研究，对北京、南京明代宫殿沿革，考察殆遍。明清两代北京规划及宫殿园囿保留完整，排比著述，内容翔实，益以文献史料，叙其原委。在当日著书发表，实能启迪读者热爱祖国之心，非仅为考古之作也。至于研究元明清三代北京城市宫殿史者，在早一些，固已有从事此项学术研究者矣，但多属考古之作，朱先生著述之时间与动机，用意之深，所起之影响，则胜于前者矣。（单士元：《元大都宫殿图考·前言》，北京：北京古籍出版社，1990 年）

上述专著和专论，虽写于 1936 年，但其出版历程先后却有十二年，《元大都宫殿图考》（上海：商务印书馆）和《辽金燕京城郭宫苑图考》（《武汉大学文哲季刊》6 卷 1 号）1936 年出版，《北京宫阙图说》（长沙：商务印书馆）1938 年出版，《明清两代宫苑建置沿革图考》（上海：商务印书馆）1947 年出版。其中《明清两代宫苑建置沿革图考》中的《明代宫禁图》，原稿于"八一三"抗战之役中毁于战火，目前所见的是 1946年 11 月父亲重绘的。但这还不是父亲的全部计划，当时他计划共写七部，总名之曰《故都纪念集》，这在本书所收《辽金燕京城郭宫苑图考》的绪言里有所交代，此不赘述。

父亲还编辑了一部《故都建筑摄影集》，这是从他当年所摄五百余幅照片中精选三百八十幅而成，而且已经完稿。为出此书，他还专门写信给驻美大使胡适，请求帮助，信摘引如下：

> 俊于二十三年及二十四年夏季，在故都城郊内外，摄古迹及建筑影片五百余幅，兹精选三百八十幅，成《故都建筑摄影集》一册，其中故宫一部分，为外界从未发表者。内容分城阙、宫殿、苑囿、坛庙、寺观、陵寝六编，并略加考证，附以中英文说明，冀以保存故邦文献于万一，兹谨将英文序一篇，样张二纸附邮奉上，恳先生就近代向美国出版界接洽付印事。其所以拟在美国出版者，用意有三：
>
> 一、保存故都文献。（因国内目前无力印刷，故不得不求之海外。）
>
> 二、宣扬中国艺术。
>
> 三、宣传日人破坏文物之暴行。（如盗取故都文物，破坏古迹建筑物等。）
>
> ……
>
> 该书现已完全脱稿，因避敌机轰炸，正藏于重庆郊外古庙中。如蒙代为接洽，略有眉目，即当全书寄奉也……
>
> （耿云志编：《胡适遗稿及秘藏书信》第二十五册，合肥：黄山书社，1994 年）

为此事，时任中央大学校长的罗家伦也专函胡适，请胡先生设法帮助，但均未果，且历经动荡，此书原稿不知尚在天壤间否。

写书不易，出书不易，出了之后能流传后世更不易。父亲的那三部专著，初版之后，这已是第三次出版了，距父亲去世也已49年，可见书比人长寿。而且父亲另外三本考察南京古迹的名著——《金陵古迹图考》《金陵古迹名胜影集》《建康兰陵六朝陵墓图考》也是多次再版，《金陵古迹图考》一书还于2015年被评为"南京二十四部传世名著"之一。一个文人能这样立言传世，亦可谓不朽了。

当然，书比人长寿，首先得这书有价值、作者有情怀。父亲的专业并不是文史，而是财政经济，他是德国柏林大学的经济学博士，中央大学经济系教授、系主任。他之所以写这几部考古专著，完全是出于一种对固有文化的热爱——深怕祖先的文化遗存毁于一旦。他回国后到南京中央大学任教，其时南京正在建设新首都，他担心金陵古迹毁于大拆大建之中，于是有《金陵古迹图考》等书问世；1935年，他担心北京文物毁于日寇战火，于是有《元大都宫殿图考》等书之作。他说：

> 遥念故都，形胜依然，而寇盗横行，山河变色，能不凄怆感发，慷慨奋起者哉！余不敏，不能执干戈以卫疆土，愿尽一技之长，以保存故都文献于万一，冀以存民族之文化，而招垂丧之国魂。（朱偰《辽金燕京城郭宫苑图考·绪言》）
>
> 设余之著述及图版，能引起社会注意，进而督促政府，注意古物之保存，弗徒设机关，而不事工作，使金陵古迹应修复者修复，应保管者保管，应登记者登记，应发掘者发掘，使先民文物得以保存而不坠，则固民族文化之大幸。设不然者，南京竟变为完全欧化之都市，虚有物质文明之外表，则吾之图考，将永成为历史的记载，此固民族文化之不幸，然而是则无可奈何，亦唯有听之耳。余个人之责任，尽于此而已。（朱偰《金陵古迹图考》第十四章"结论"）

由此可见，父亲并不是徒念旧物，而是担心文化断绝。宋朝横渠先生说："为天地立心，为生民立命，为往圣继绝学，为万世开太平。"此四句，乃中国读书人之圭臬。父亲用他的文字和摄影，继往圣之绝学，存中华之文化，招垂丧之国魂，使"大汉之天声，长共此文物而长存"。这就是父亲的情怀，也是此书最重要的价值。

1932 年夏，父亲自欧洲留学归来，火车上遥见故都，感慨系之，他说：

> 将近故都，初见远山暧暧，雨色空蒙；继见迢迢长垣，槐柳依然。既至永定门，遥见景山五亭，巍然天际，宫廷楼台，错落烟雨之中，黯然兴故国之感。（朱偰《北京宫阙图说·自序》）

现在，在北京，父亲当年所描绘的"迢迢长垣，槐柳依然"的景象已不复存在了，那错落在烟雨之中的宫廷楼台，也淹没在新建的高楼广厦之中，景山五亭虽还挺立在景山山脊，但已不得在永定门"遥见"了。北京城经过数十年风雨动荡，尤其是近二十余年的大拆大建，已经完全变了样，虽名列世界大都市行列，但原有的灵魂却没有了，只剩下几处供人凭吊的古迹，让人遥想中华文化昔日的辉煌。珍惜啊，人们！

谨以此文，纪念父亲诞辰一百一十周年。

# 目　录

# 图版目录

元大都宫殿图考

图一　紫禁城南部及太庙社稷坛鸟瞰
　　　元大明殿（今武英殿后）所在地

图二　紫禁城鸟瞰
　　　元大内所在地

图三　琼华岛鸟瞰
　　　元广寒殿（今白塔地）、仁智殿（今普安殿）所在地

图四　太液池鸟瞰
　　　元仪天殿（今承光殿）及兴圣宫（今北海西岸）、隆福宫（今集灵圃）所在地

图五　团城承光殿，即元仪天殿

图六　团城之古松，多千百年旧物

图七　元大都健德门故址

　　今在德胜门外黑寺之后，土垣绵亘数里，护城河及吊桥宛然尚存。

　　金风又报一年秋，芦荻萧萧古渡头。

　　极目大都何处是，空余土郭绕皇州。

图八　玉瓮

# 序

　　余生长蓟都，二十余年，暇辄浏览宫阙，考察坛庙，稽其沿革，穷其制度，自十八年以还，离燕倏焉七载，七载之中，风云日亟，故都文献，有不保之虞。"汉宫已动伯鸾歌，事去英雄可奈何！"不啻为今日事变之写照也。按北京故宫，为元明清三代七百年来大内之地；而城内外坛庙寺宇陵寝，又为辽、金以来文物制度所系。设一旦而不幸罹劫灰，而文献荡然，使后世考古者，又何从而得睹当年制度耶！夫士既不能执干戈而捍卫疆土；又不能奔走而谋恢复故国，亦当尽其一技之长，以谋保存故都文献于万一。因于二十四年七月，重来北平，蒙故宫博物院院长叔平马衡先生慨允，得在故宫及景山、大高玄殿、太庙、皇史宬等处摄影，计穷二月之力，在京城内外摄影五百余幅，发愿写北京城阙宫殿苑囿坛庙图考一书。又以北京宫阙制度，至元而粲然大备，欲考其今日之制度，必先自元始。故先撰《元大都宫殿图考》，都五万余言，分为六章，举以问世。海内君子，幸垂教焉。

二十五年四月朱偰序于青溪

# 第一章　导言

　　元代之亡，去今五百六十八年，大都宫殿，已湮没而不可复考；一代宫阙，存于今者，仅仪天殿（今之承光殿）及广寒殿之玉瓮而已。遥想当年，金殿耀日，玉宇连云，读萧洵《故宫遗录》及《昭俭录》《辍耕录》诸书，犹可想见千门万户，穹宏深邃，如登金马、历玉阶，后代之宫殿，无其庄丽也。惜乎六百年来，片瓦无存，故书记载，未能详其方位，而《日下旧闻考》诸书，又过于芜杂，遍引诸说，而迄无断论。遂致欲考其遗址而不可得，良可慨叹者也。本篇根据直接材料，折中各家之说，制为地图，详为考证。以为元代宫阙，实为明清宫殿制度之滥觞；其高明华丽，且又过于后代。元固起自漠北，混一欧亚，当年太祖、世祖，叱咤风云，其气度自与他代不同。元代宫阙之影响于后世者，有下列数事焉：

　　（一）丽正门内之千步廊　萧洵《故宫遗录》云："南丽正门，内曰千步廊，可七百步，建灵星门。"按明清两代，亦有千步廊；《清宫史续编》云："大清门内千步廊，东西向朝房，各百有十楹；又折而北向，各三十四楹，皆联檐通脊。"至民国初年，袁氏帝制，始行拆毁，为宽广宏丽计也。唯千步廊之制，尚不始于元——元固起自漠北，其宫阙之制，大半仿自中国——《三朝北盟会编》卷二百四十四引《金图经》云"宣阳门……正北曰千步廊，东西对焉，廊之半各有偏门，向东曰太庙，向西曰尚书省"，然则金已有千步廊之制。唯金宫阙制度，全仿汴京，然则实起自宋，元不故承袭其制耳。

　　（二）崇天门前桥边之华表　萧洵《故宫遗录》云："河上建白石桥三座，名周桥，皆琢龙凤祥云，明莹如玉；桥下有四白石龙，擎戴水中，甚壮。"按今天安门前桥上，亦有华表二，东西峙立，竿头狮南向；天安门后复有华表二，竿头狮北向。其制盖沿自元，而稍加变通耳。

（三）崇天门双阙之制　陶宗仪《辍耕录》云："正南曰崇天，十二间五门，东西一百八十七尺，深五十五尺，高八十五尺。左右趫楼二，趫楼登门两斜庑，十门，阙上两观皆三趫楼，连趫楼东西庑各五间。"按今之午门，亦有五门（正中三门，左右掖门各一）。上覆重楼五，中楼，深广各九楹；东西四楼，深广各五楹；阁道十三楹，南北连亘，则相当于崇天门之东西庑也。双阙之制，不始自元，而以元制与今为最近。

（四）大明殿东西之文武楼　《金图经》亦有文武楼，唯在宣阳门内东西，与后世文武楼之在正殿左右者不同。萧洵《故宫遗录》云："大明门旁建掖门，绕为长庑，中抱丹墀之半。左右有文武楼，楼与庑相连。中为大明殿。"按今太和殿之东西，为体仁阁、弘义阁，与庑相连；明代称昭文阁、武成阁；明刘若愚《酌中志》卷十七《大内规制纪略》犹有文楼、武楼之称，盖直接承元制也。

（五）大明殿三重白石阑及三级陛之制　萧洵《故宫遗录》云："中为大明殿，殿基高可十尺，前为殿陛，纳为三级，绕置龙凤白石阑，阑下每楯压以鳌头，虚出阑外，四绕于殿。"其制与今之太和殿完全相同。

（六）大明殿十一楹之制　陶宗仪《辍耕录》云："大明殿，乃登极、正旦、寿节、会朝之正衙也，十一间，东西二百尺，深一百二十尺，高九十尺。"《清宫史续编》云："正中南向，为太和殿，皇朝之正殿也，基崇二丈，殿高十有一丈（去基即为九十尺），广十有一楹，纵五楹，上为重檐垂脊。"试比较观之，尤可见其沿袭之迹。

（七）大明殿、延春宫、隆福宫周庑四隅角楼之制　陶宗仪《辍耕录》云："大明殿……周庑一百二十间，高三十五尺，四隅角楼四间，重檐。"又云："延春阁……周庑一百七十二间，四隅角楼四间。""隆福宫……周庑一百七十二间，四隅角楼四间。"可见元代主要宫殿，皆有周庑及角楼。今"自太和殿至保和殿，两庑丹楹相接，四隅各有崇楼"（《清宫史续编》卷五十三），皆元制也。

（八）宫城四隅角楼之制　《辍耕录》云："角楼四，据宫城之四隅，皆三趫楼，琉璃瓦饰檐脊。"按今紫禁城四隅，亦有角楼四，重檐三层，覆以琉璃，亦直接仿元制也。

（九）东华、西华、厚载门之制　《辍耕录》云："宫城……东曰东华，七间三门，东西一百十尺，深四十五尺，高八十尺；西曰西华，制度如东华；北曰厚载，五间一门，东西八十六尺，深高如西华。"按今东华、西华，各七间三门，与元制相同；唯神武门（相当于元厚载门）亦七间三门，与元制稍有不同耳。

元代宫阙制度之过于后代者，亦可得而举如下：

（一）元代宫殿，夹太液池两岸，除大明殿、延春阁，相当于今之太和殿及乾清宫外，尚有太液池西岸之隆福宫、兴圣宫，制度一如大内。萧洵《故宫遗录》谓隆福宫、兴圣宫"大略亦如前制"，"殿制比大明差小"。《日下旧闻考》卷三十一亦谓"隆福宫、光天、寿昌、嘉禧等殿，皆在兴圣之前；奎章、延华等阁，在兴圣之后，其制度亦如大内，其地当并属太液西岸之西"。今则除太和殿、乾清宫外，别无宫殿足以与之颉颃者。按明代大内之外，犹有南内（崇质宫）、西内（万寿宫），而重华宫亦犹乾清宫之制，后有两井，东西有两长街（《酌中志》卷十七），遍列偏殿，可见前代宫殿之制。实视清为宏，而尤以元代为最。

（二）元代宫殿正门，皆为重檐黄屋。据《辍耕录》所载，大明门七间三门，重檐；延春门五间三门，重檐；光天门五间三门，重檐；兴圣门五间三门，重檐。今日宫门，除太和门"广宇九楹，中辟三门，重檐崇基，石阑层列"（《清宫史续编》卷五十三）外，最大如乾清门、慈宁门、宁寿门，皆不过五间三门，无有重檐者。即此一端，亦可见元代宫阙之庄丽矣。

（三）至于元代建筑工艺之技巧，如大明殿之小偶人，"当时刻捧牌而出"（《辍耕录》）；又如水晶宫漏，"备极机巧，中设二木偶人，能按时自击钲鼓"（明《卓异记》）；又如万岁山（今琼华岛）之"转机运斡，汲水至山顶，出石龙口，注方池，伏流至仁智殿后，有石刻蟠龙，昂首喷水仰出，然后由东西流入于太液池"（《辍耕录》），皆非后世所可几及。其所仅存之玉瓮，今置承光殿，黑质白章，随其形刻为鱼兽出没于波涛之状，其雕琢之生动，尤令人观叹不止也。

由上观之，元代宫殿制度，实有研究之价值，不特有裨于史乘，亦且关系于建筑。各家记载，语焉不详，或虽详矣，而芜杂难考；且皆无地图，莫测方位，故重为制图，考订如下。

# 第二章 史料之选择及其批评

论元都宫殿之书，种类颇多，王士点《禁扁》，仅存其名，不但无以知其方位，且无由知其制度。陶宗仪《辍耕录》及《昭俭录》，载之较详，《辍耕录》且及深广尺寸，而若清宁、睿安、懿德等殿，缺载甚多。明初虎溪萧洵，以毁元宫室，遍阅内禁，为《故宫遗录》一卷，系实地调查之记载。吴节为之序曰：

> 《故宫遗录》者，庐陵萧洵之所撰也。革命之初，任工部郎中，奉命随大臣至北平，毁元旧都，因得遍阅经历，凡门阙楼台殿宇之美丽深邃，阑槛琐窗屏障金碧之流辉，园苑奇花异卉峰石之罗列，高下曲折，以至广寒秘密之所，莫不详具该载，一何盛哉！自近古以来，未之有也。观此编者，如身入千门万户，犹登金马，历玉阶，高明华丽，虽天上之清都，海上之蓬瀛，犹不足以喻其境也。

朱彝尊亦称之曰："虎溪因毁故宫，特详其形制，有心哉是人！"（《日下旧闻考》卷三十二）唯萧氏《遗录》，其中多有与诸书不合者，如文思、紫檀二殿，在大明殿东西，此云在延春阁后。玉德殿在清颢门外，清颢为延春西庑之门，此云在延春阁后之东。仪天殿此作瀛洲殿。仪天殿西渡飞桥为兴圣宫，此作明仁宫；明仁，延春阁之西暖殿也。嘉禧殿在光天殿西，其东相对者为寿昌殿，此云在西前苑新殿之后，而脱载寿昌。延华阁在兴圣宫后，此云在明仁后。端本堂在兴圣殿西庑，即旧奎章阁，此云在苑东。

盖萧氏毁元宫室，不过得诸一览之余，万户千门，纷错杂出，少有疏误，亦情之常也。王佐《格古要论补》采入，更名《大都宫殿考》，且又删削十之二三，非复本来面目。本文所考，以《故宫遗录》（原文载《日下旧闻考》卷三十二）为主，重实地调查也；以《辍耕录》为副，重时人记载也；此外更参以《昭俭录》《元史》《析津志》《日下旧闻考》诸书，以相互参证也，每章之末，引宫词及名家题咏若干首，以为调剂，兼兴观感。又诸书记载，都有说无图，难以详其制度方位，——此为旧书记载宫殿之通病，故特制为图（底稿根据光绪三十四年常琦测绘《北京精细全图》），以补文字之不足也。

今人朱启钤氏，尝于《中国营造学社汇刊》第一卷第二册，发表《元大都宫苑图考》，以为陶宗仪《辍耕录》本于《经世大典》将作所疏宫阙制度之文，尺度井然，远出萧录之上，因就其方位尺度，手自摹绘，制图凡七：（一）元京城图；（二）元大内图；（三）元万寿山图；（四）元兴圣宫图；（五）元隆福宫及西御苑图；（六）元太庙图；（七）元社稷坛图。该篇贡献，首在制图，以建筑学之眼光，研究元代之宫殿。唯《辍耕录》所载，"但有局部之尺度，而无空间之距离"，故其所制，大半出自推定。至其缺点，亦可得而言：未能详考大内及兴圣、隆福诸宫地点，以为大内"南至天安门，北至神武门，东华、西华两门之间皆是"；不知元大内偏西，明始东展，缺乏历史眼光，一也。隶宣文阁于玉德殿东，以为"此阁作于元之末造，故陶录不及"；不知宣文阁即奎章阁，文宗天历时建，陶录明述"在西宫兴圣殿之西廊"，"今上皇帝改奎章曰宣文"，其误二也。元大内图，既未载宣文阁，而兴圣宫图，又漏载奎章阁，遂致一代文物之中心，如后世文渊阁者，竟不一见于其图中，其误三也。兴圣宫一表中，既列奎章阁，又列端本堂，不知王祎《王忠文集》中明载："至正九年，即兴圣宫西偏故宣文阁，改曰端本堂。"王祎尝作《端本堂颂》，其说必有据，可见奎章阁、宣文阁、端本堂实为一体，今朱氏析而为三，一隶玉德殿，二隶兴圣宫，其误四也。元代隆福宫，为崇奉太后之地，制度亦同大内，故萧洵《故宫遗录》云："光天殿……左右后三向皆为寝宫，大略亦如前制。"今按大明殿周庑一百二十间，东庑之中为凤仪门，南为钟楼，又名文楼，西庑之中为麟瑞门，南为鼓楼，又名武楼；隆福宫周庑一百七十二间，东庑之中为青阳门，南为翥凤楼，西庑之中为明晖门，南为骖龙楼，皆并见《辍耕录》。今按文武楼及翥凤、骖龙二楼，当如今太和殿前之体仁、宏义二阁，与东西庑相连。今朱氏《图考》，于文武楼则以为与庑相连；而于翥凤、骖龙楼则绘于庑前，为独立之建筑，前后互相矛盾；因此牧人宿卫之室，在骖龙楼后者，本应在周庑之外，今不得不绘在周庑之内，其误五也。朱氏隆福宫表中，仅列盝顶殿及盝顶小殿，一在光天殿西北角楼西，一在盝顶殿后，而未及东盝顶殿。（盝顶，《元史》《故宫遗录》《禁扁》等书皆作鹿顶）今按《日下旧闻考》卷三十一："《禁扁》注：光天殿西位为文德，东位为睿安；今考诸书，只详文德，而睿安缺载；《昭俭录》：鹿顶殿五间，在睿安东北；光天殿西北角楼西后，有鹿顶小殿，盖东西二鹿顶也。《辍耕录》脱载'睿安东北'四字，遂混二鹿顶为一，误矣。"朱氏隆福宫表中，虽据《禁扁》补入睿安殿，但图中仍漏睿安，其误六也。未能分清东西二盝顶殿，其误七也。其他错误遗漏尚多，请于下文逐条辨正之。

# 第三章　元大都故城考

　　元太祖十年（一二一五），蒙古兵入燕，以为燕京路总管大兴府。（《元史·地理志》）世祖中统二年（一二六一），修燕京旧城，（《元史·世祖纪》）即辽金故都，后世所谓南城是也。至元元年（一二六四），中书省言，开平府阙庭所在，加号上都；燕京分立省部，亦乞正名，遂改中都；四年（一二六七），始于中都之东北置城而迁都焉；九年（一二七二）始改大都。（《元史·地理志》）

　　《元一统志》：九年二月，改号大都，迁居民以实之；建钟鼓楼于城中。

　　《洪武北平图经志书》：金海陵徙都大兴；宣宗奔汴，元世祖改为燕京路，今旧南城是也。至元四年，始定鼎于中都之北三里，筑城围六十里。九年，改为大都。

　　城方六十里二百四十步，分十一门。（《辍耕录》）正南曰丽正，左曰文明，右曰顺承；正东曰崇仁，东之南曰齐化，东之北曰光熙；正西曰和义，西之南曰平则，西之北曰肃清；北之西曰健德，北之东曰安贞。（《元史·地理志》《辍耕录》及《禁扁》）城用土筑，以苇蒙之，自下砌上，恐致摧塌也。嗣后至元二十年、二十一年（一二八三——一二八四），两修大都城，二十九年（一二九二）完工。英宗至治二年（一三二二）又修治之。顺帝至正十九年（一三五九），诏十一门皆筑瓮城，造吊桥焉。

　　《日下旧闻考》卷三十八引《析津志》：世祖筑城已周，乃于文明门外向东五里立苇场，收苇以蒙城。每岁收百万，以苇排编，自下砌上，恐致摧塌，累朝因之。至文宗有警，用谏者言，因废。此苇止供内厨之需，每岁役市民修补。至元间，朱张进言，自备已资，以砖石包裹内外城墙，因时宰言乃废。至今西城角上，亦略用砖而已。至元十八年，奉旨挑掘城壕，添包城门一重。

《日下旧闻考》卷三十八：据《析津志》所言，则元时都城，乃用土筑，盖至明初改筑时，始加以砖甓也。

《元史·世祖本纪》：至元二十年，修大都城。……二十一年五月丙午，以侍卫亲军万人，修大都城。……二十九年七月癸亥，完大都城。

《元史·英宗本纪》：至治二年七月，修大都城。

《元史·顺帝本纪》：至正十九年冬十月庚申朔，诏京师十一门，皆筑瓮城，造吊桥。

元大都故址，今日尚可考定：《日下旧闻考》据《元一统志》及《析津志》，以为大都南至今西长安街北双塔寺，北至今德胜门外土城；《顺天府志》据吴师道《城外纪游诗》，亦谓元时南面城根，去东西长安街不远。至于大都东西所届，与今相同，朝阳门即元齐化门，阜成门即元平则门，今民间仍用旧称，此其证也。

《日下旧闻考》卷三十八：元时都城本广六十里，明初徐达营建北平，乃减其东西迤北之半。故今德胜门外土城关一带，高阜联属，皆元代北城故址也。至城南一面，史传不言有所更改，然考《元一统志》《析津志》皆谓至元城京师，有司定基，正直庆寿寺海云、可庵二师塔，敕命远三十步许，环而筑之。庆寿寺今为双塔寺，二塔屹然尚存，在西长安街之北，距宣武门几及二里。由是核之，则今都城南面，亦与元时旧基不甚相合。盖明初既缩其北面，故又稍廓其南面耳。（按永乐十七年始拓南城二千七百余丈，见《明成祖实录》，与明初缩北城并非同时。）

《顺天府志》卷一：……而吴师道《城外纪游诗》，谓观象台、泡子河俱在文明门外，则元时南面城根，去东西长安街不远。考明洪武时经理元故都，东西径一千八百九十丈，至永乐时拓南城二千七百余丈，是由双塔寺拓至宣武门，几及二里，约四百丈有奇。重筑南面一千八百（九十）丈，东西各四百丈，与二千七百余丈适合。是可为元城在双塔寺之确证。

元坊名五十，以大衍之数成之，名皆切近，乃翰林院侍书学士虞集伯生所立，外有数坊，为大都路教授时所立。（《析津志》）《元一统志》尝备载其名，《析津志》并注明其处，附录如下：

(1) 福田坊　坊有梵刹，取福田之义以名。（在西白塔寺，即今白塔寺）

(2) 阜财坊　坊近库藏，取虞舜南风歌阜民财之义以名。（在顺承门内金玉局巷口）

(3) 金城坊　取圣人有金城，金城有坚固久安之义以名。（在平则门内）

(4) 玉铉坊　按《周易》"鼎玉铉，大吉"，以坊近中书省，取此义以名。（在中书省前）

(5) 保大坊　按《传》曰：武有七德，保大定功，以坊近枢密院，取此义以名。（在枢府北）

(6) 灵椿坊　取燕山窦十郎"灵椿一株老"之诗以名。（在都府北）

(7) 丹桂坊　取燕山窦十郎教子故事"丹桂五枝芳"之义以名。（在灵椿北）

(8) 明时坊　地近太史院，取《周易·革》卦"君子以治历明时"之义以名。（在太史院东）

(9) 凤池坊　地近海子，在旧省前，取凤凰池之义以名。（在斜街北）

(10) 安富坊　取《孟子》"安富尊荣"之义以名。（在顺承门羊角市）

(11) 怀远坊　取《左传》"怀远以德"之义以名。（地在西北隅）

(12) 太平坊　取天下太平之义以名。

(13) 大同坊　取四方会同之义以名。

（14）文德坊　按《尚书》"诞敷文德"，取此义以名。

（15）金台坊　按燕昭王筑黄金台以礼贤士，取此义以名。

（16）穆清坊　地近太庙，取《毛诗》"于穆清庙"之义以名。

（17）五福坊　坊在中地，取《洪范》五福之义以名。

（18）泰亨坊　地在东北，寅方，取《泰卦》吉亨之义以名。

（19）八政坊　地近万斯仓八作司，取《洪范》八政食货为先之义以名。

（20）时雍坊　取《尚书》"黎民于变时雍"之义以名。

（21）乾宁坊　地在西北乾位，取《周易·乾卦》"万国咸宁"之义以名。

（22）咸宁坊　取《尚书》"野无遗贤，万邦咸宁"之义以名。

（23）同乐坊　取《孟子》与民同乐之义以名。

（24）寿域坊　取杜诗"八方开寿域"之义以名。

（25）宜民坊　取《毛诗》"宜民宜人"之义以名。

（26）析津坊　燕地分野，上应析本之津，地近海子，故取析津为名。

（27）康衢坊　取尧时老人击壤康衢之义以名。

（28）进贤坊　取贤才并进之义以名。

（29）嘉会坊　坊在南方，南方属礼，取《周易》嘉会之义以名。

（30）平在坊　坊在北方，取《尚书》"平在朔易"之义以名。

（31）和宁坊　取《周易》"保合太和""万国咸宁"之义以名。

（32）智乐坊　地近流水，取"智者乐水"之义以名。

（33）邻德坊　取《论语》"德不孤，必有邻"之义以名。

（34）有庆坊　按《尚书》"一人有庆，兆民赖之"，取其义以名。

（35）清远坊　地在西北隅，取远方清宁之义以名。

（36）日中坊　地当市中，取"日中为市"之义以名。

（37）寅宾坊　在正东，取《尚书》"寅宾出日"之义以名。

（38）西成坊　在正西，取《尚书》"平秩西成"之义以名。

（39）由义坊　西方属义，故名。

（40）东居仁坊　地在东市，东属仁，取《孟子》"居仁由义"

之言，分为东西坊名。

（41）西居仁坊　同上。

（42）睦亲坊　地近诸王府，取《尚书》"以亲九族，九族既睦"之义以名。

（43）仁寿坊　地近御药院，取"仁者寿"之义以名。

（44）万宝坊　大内前右千步廊，坊门在内，属秋，取万宝秋成之义以名。

（45）豫顺坊　按《周易·豫卦》，豫顺以动，利建侯行师，取此义以名。

（46）甘棠坊　按燕地乃周召公所封，诗人美召公之政，有《甘棠》篇，取此义以名。（在健德门）

（47）五云坊　大内前左千步廊，坊门在东，与万宝对立，取唐诗"五云多处是三台"之义。

（48）湛露坊　按《毛诗·湛露》，为赐宴群臣沾恩如湛露，坊近官酒库，取此义以名。

（49）乐善坊　地近诸王府，取汉东平王为善最乐之义以名。

（50）澄清坊　地近御史台，取澄清天下之义以名。

全城之中，则为钟鼓楼，至元九年建。按今鼓楼之西，有旧鼓楼街；《日下旧闻考》云："今旧鼓楼大街北城墙，有中心台之名，盖元时都城偏北，以鼓楼大街之中心台，为东西南北之中也。"《洪武北平图经志书》亦云："钟楼在金台坊东，即万宁寺之中心阁。"《明一统志》亦云："中心阁在府西，元建，以其适都城中，故名。"可见元时之钟鼓楼，较今钟鼓楼偏西，而为东西南北之中，亦元时中心较今偏西之一证也。

### 黎崱皇庆初元入都城作

天象分明散晓霞，故令骑马入京华。

云开闾阖三千丈，雾暗楼台百万家。

寒尽宫花初着蕊，春深官柳已藏鸦。

太平景物今如此，始信皇图福未涯。

# 第四章　元宫城之四至及诸宫之地点

　　宫城之四至　　元宫城周围一千二百六丈，合六·七里，此明初指挥张焕计度所得也。（《明太祖实录》）陶宗仪则云："宫城周回九里三十步，东西四百八十步，南北六百十五步，崇三十有五尺。"（《辍耕录》卷二十一）萧洵则云："内城广可六七里，方布四隅。"（《故宫遗录》）按陶宗仪所记东西四百八十步，南北六百十五步，合为二千一百九十步，以三百六十步为一里计之，即周围六里三十步，所谓九里三十步误。（朱启钤《元大都宫苑图考》仍沿其误）然则三家记载，大体相同，元宫城周围，当为六里三十步。

　　元故宫遗址，今已不可详考，然根据下列各点直接史料之记载，犹可推定其地点及四至也：

　　（一）萧洵《故宫遗录》云：

　　　　南丽正门，内曰千步廊，可七百步，建灵星门，门建萧墙，周回可二十里，俗呼红门阑马墙。门内数十步许有河，河上建白石桥三座，名周桥，皆琢龙凤祥云，明莹如玉；桥下有四白石龙，擎戴水中，甚壮。绕桥尽高柳，郁郁万株，远与内城西宫海子相望。度桥可二百步，为崇天门，门分为五，总建阙楼其上，翼为回廊，低连两观。观旁出为十字角楼，高下三级。两旁各去午门百余步有掖门，皆崇高阁。内城广可六七里，方布四隅，隅上皆建十字角楼。其左有门为东华，右为西华。

　　（二）《故宫遗录》又云：

　　　　……又后为厚载门，上建高阁，环以飞桥舞台于前，回阑引翼。……台西为内浴室，有小殿在前。由浴室西出内城，临海子，海广可五六里，驾飞桥于海中，西渡半起瀛洲圆殿，绕为石城圈门，散作洲岛拱门，以便龙舟往来。由瀛洲殿后北引长桥，上万岁山。

（三）陶宗仪《辍耕录》云：

> 仪天殿在池中圆坻上，当万寿山，十一楹，高三十五尺，围七十尺，重檐，圆盖顶。圆台址，甃以文石，藉以花茵，中设御榻，周辟琐窗，东西门各一间，西北厕堂一间，台西向，列甃砖龛，以居宿卫之士。东为木桥，长一百廿尺，阔廿二尺，通大内之夹垣。西为木吊桥，长四百七十尺，阔如东桥。中阙之，立柱，架梁于二舟，以当其空，至车驾行幸上都，留守官则移舟断桥，以禁往来。是桥通兴圣宫前之夹垣。后有白玉石桥，乃万寿山之道也。犀山台在仪天殿前水中，上植木芍药。

（四）《辍耕录》又云：

> 兴圣宫在大内之西北，万寿山之正西。
> 隆福殿在大内之西，兴圣之前。

由上所引四点观之，可推得诸宫之地点如下：

（一）宫城在太液池东，南直丽正门。（元时丽正门，较今正阳门偏西，证以旧鼓楼街及大内皆较今鼓楼及禁城偏西可知）内曰千步廊，可七百步，建灵星门，门建萧墙，周回可二十里，相当于今之皇城。（今皇城周十八里有奇）门内数十步有河，河上建白石桥三座，又北二百步，为崇天门。以距离度之，当为今南海经织女桥东流之水，后世都城及皇城南拓，始导其水向南而东折耳。崇天门为宫城正门，相当于今之午门；左为星拱门，右为云从门（见《辍耕录》）；宫城正东为东华门，西为西华门，北为厚载门。宫城周六里三十步，东西四百八十步（今紫禁城东西三百有二丈九尺五寸，合六百零六步），南北六百十五步（今紫禁城南北二百三十六丈二尺，合四百七十三步）。可见南北较今之紫禁城为长，而东西则较今之紫禁城为狭。又元代宫城，较今之紫禁城略为偏西，是可由下列各点证明之，《春明梦余录》云：

> 永乐十五年（一四一七）改建皇城（按实指紫禁城），于元故宫东，去旧宫可一里许，悉如金陵之制而宏敞过之。

是改建后之宫殿，在元故宫之东也。又云：

> 新宫既迁大内，东华门之外逼近民居，喧嚣之声至彻禁御。宣德七年（一四三二），始加恢扩，移东华门于玉河之东，迁居民于灰厂西之隙地。

可见永乐时之东华门乃紫禁城东面，当尚仍元旧，宣德七年，始向河东展移也。又《故宫遗录》谓厚载门西为浴室，由浴室西出内城，为海子；《辍耕录》亦谓仪天殿东为木桥，通大内之夹垣。然则元代宫城当较今紫禁城偏西北，西临太液池，而其西北角之外，则直对仪天殿是也。

（二）《故宫遗录》所谓瀛洲圆殿，即《辍耕录》所谓仪天殿。《日下旧闻考》卷三十二考云："元仪天殿，明更名曰承光。《甫田集》：承光殿在太液池上，一名圆殿；《明宫殿额名》：嘉靖三十一年，更名乾光。本朝仍曰承光殿。"可见仪天殿即今团城承光殿，唯元时殿四面临水，今则东面与陆相连，是其不同耳。仪天殿东为木桥，通大内之夹垣，即宫城也；西为木吊桥，通兴圣宫前之夹垣，即今金鳌玉𬟽桥也；后为白玉石桥，通万寿山，即琼华岛也。"犀山台在仪天殿前水中。"盖今之水云榭，唯面积当较今水云榭为大耳。

（三）元万寿山即金之琼花岛，《元史》自泰定以后，作万岁山，《辍耕录》亦或称万寿山，或称万岁山，盖当日相沿互称耳。兴圣宫在万寿山之正西，则今养蜂夹道及北平图书馆一带地也。明代其地尚有贞庆殿，清初犹有玉熙宫，皆兴圣宫劫余之宫殿也。《春明梦余录》云：

> 羊房夹道（俗讹为养蜂夹道）旧有贞庆殿，万历三十一年（一六〇三）八月拆去，为大山子工所用。（按大山子即万岁山）

《金鳌退食笔记》云：

> 玉熙宫在西安里门街北，金鳌玉蛛桥之西。康熙三十年（一六九一）五月，于此设席殿停仁孝皇后梓宫，集百官举哀。今改为内厩，豢养御马。（按今小马圈即明玉熙宫遗址）

《芜史》亦云：

> 金海桥（即金鳌玉蛛桥）之北，河之西岸，向南曰玉熙宫，神庙于此选近侍三百余员学宫戏。可见金鳌玉蛛桥迤西，北海西岸，旧时本有宫殿，兴圣宫虽泯灭，然来踪去迹，可得而寻也。

（四）隆福宫在大内之西，兴圣之前，其地点今犹可考，盖即明成祖潜邸仁寿宫，嘉靖时之万寿宫，民国初年之国务院，今之集灵囿是也。试逐一考其沿革如下：

（1）燕邸仁寿宫即元旧内。《明太祖实录》云：

> 改湖广行省参政赵耀为北平行省参政。耀尝从徐达取元都，习知其风土民情，边事缓急，上命改授北平，且俾守护王府宫室。耀因奏进工部尚书张允所取北平宫室图，上览之，令依元旧皇城基改造王府。三年七月，诏建诸王府；工部尚书张允言，燕国用元旧内殿，上可其奏。

何以见《实录》所谓元旧内，系隆福宫而非大内？盖明初毁元宫室，大内必先拆毁，且孙承泽《春明梦余录》云：

> 初，燕邸因元故宫，即今之西苑，开朝门于前。元人重佛，朝门外有大慈恩寺，即今之射所；东为灰厂，中有夹道，故皇墙西南一角独缺。太宗登极后，即故宫建奉天三殿，以备巡幸受朝。至十五年，改建皇城于东，去旧宫（按即指燕邸）可一里许，悉如金陵之制，而宏敞过之。

唯孙承泽所谓元故宫者，未载其名。今考《昭俭录》，假山在隆福宫西；严嵩《钤山集》，假山在仁寿宫西。仁寿宫为成祖潜邸，据此则《春明梦余录》所称元故宫，当即隆福宫无疑，又按《明史·世宗纪》：嘉靖四年（一五二五）三月壬午，仁寿宫灾；八月戊子，作仁寿宫。可见嘉靖之初，尚有仁寿宫矣。①

（2）仁寿宫后改为万寿宫，《金鳌退食笔记》云：

> 万寿宫在西安门内迤南大光明殿之东，明成祖潜邸也，或曰即旧仁寿宫。明世宗晚年爱静，常居西内。今朱垣隙地，杂居内府人役，间艺黍稷，及堆官柴草，南曰草厂，北曰柴阑。

又《野获编》云：

> 上既迁西苑，号永寿宫，不复视朝，唯日夕事斋醮。辛酉岁（一五六一）永寿火后，暂徙玉熙殿，又徙元都殿，俱湫隘不能容万乘。时分宜首揆，请移驻南城。……上以当时逊位受锢之所，意甚恶之。……然是时方兴三殿大工，县官匮乏，无暇他营。……华亭宫为次揆，即对云："今征到建殿余材尚多，顷刻可办。"且荐司空雷礼，材谞足任此役。上大悦，立命华亭、子璠以尚宝司丞兼营缮主事，督其役。不三月工成，上大悦，即日徙居，赐名曰万寿，后堂曰寿源宫。

按《明史·世宗纪》：嘉靖四十年（一五六一）十一月辛亥，万寿宫灾；四十一年（一五六二）三月己酉，重作万寿宫成，所记年月与《野获编》全合。可见万寿宫亦称永寿宫，即明成祖潜邸之仁寿宫也。《春明梦余录》又谓嘉靖四十二年（一五六三），更万寿宫为恩寿宫，是则万寿宫别名又不止一永寿宫矣。刘若愚《酌中志》卷十七记其地点云："紫光阁再西，曰万寿宫、寿源宫。"《金鳌退食笔记》又谓在大光明殿之东，紫光

---

① 明仁寿宫有二：一为成祖潜邸，在西苑；一为母后所居，在大内，《春明梦余录》卷六谓嘉靖十五年，以仁寿宫故址并撤大善殿建慈宁宫是也。又《明史·世宗纪》，嘉靖十九年三月戊戌，诏修仁寿宫，则又指西苑之仁寿宫矣。

阁及大光明殿今俱在，其间即集灵囿，民国初年国务院所在地也。

（3）大光明殿盖即元西御苑，《金鳌退食笔记》云：

> 大光明殿在西安门内万寿宫遗址之西，地极敞豁，中祀上帝。相传明世宗与陶真人讲内丹于此，即大元都也，今仍设内监道士守之。

由此可见康熙之时，万寿宫已毁，仅余遗址。"大元都"不知系避"玄"字讳，或指元代都；然大光明殿北有地名刘銮塑，旧有元都胜境，建于元代，因内有刘銮塑像故名（近代地图误作刘郎塑），乾隆二十五年重修，改名天庆宫。然则大光明殿、刘銮塑一带，必与元宫苑有关。按《辍耕录》："御苑在隆福宫西，后妃多居焉。"萧洵《故宫遗录》记西御苑懿德殿，谓为"建都初基"，然则今大光明殿，其元代之西御苑地乎？

由上可见元时大都宫殿，实夹太液池两岸，东为大内，较今紫禁城略偏西北；西为兴圣宫、隆福宫、西御苑，皆在今北海、中海西岸；中以仪天殿为其枢纽，则今团城是也；北上为万寿山，则今琼华岛是也。

前人对于大都宫殿考证，与吾人所得结论，亦有暗合者，引录如下，以为旁证。《日下旧闻考》卷三十一：

> 《昭俭录》：仪天殿西为木桥，长百七十尺，通兴圣宫之夹垣。而隆福宫、光天、寿昌、嘉禧等殿皆在兴圣之前，奎章、延华等阁在兴圣之后，其制度亦如大内。其地当并属太液西岸之西。孙承泽《春明梦余录》：燕邸因元故宫，即今之西苑开朝门于前。承泽所谓元故宫者，未载其名。今考《昭俭录》，假山在隆福宫西。严嵩《钤山集》，假山在仁寿宫西。仁寿为成祖潜邸。据此则《春明梦余录》所称元故宫当即隆福、兴圣诸宫无疑矣。

# 第五章　宫殿坛庙分叙

## 第一节　宫城诸门

　　宫城六门，正南曰崇天，十二间，五门，东西一百八十七尺，深五十五尺，高八十三尺。左右趄楼二，趄楼登门两斜庑，十门，阙上两观皆三趄楼，连趄楼东西庑各五间。西趄楼之西，有涂金铜幡竿。附宫城南面，有宿卫直庐。门后，有白玉石桥三虹，上分三道，中为御道，镌百花蟠龙，直达大明门。

　　崇天之左曰星拱，三间，一门，东西五十五尺，深四十五尺，高五十尺。崇天之右曰云从，制度如星拱。正东曰东华，七间，三门，南北<sup>①</sup>一百十尺，深四十五尺，高八十尺。正西曰西华，制度如之。正北曰厚载，五间，一门，东西八十七尺，深高如西华。凡诸宫门，金铺朱户丹楹，藻绘彤壁，琉璃瓦饰檐脊。

　　角楼四，据宫城之四隅，皆三趄楼，琉璃瓦饰檐脊。

　　《元史·祭祀志》：车驾出宫，凡祭祀前一日，所司备仪从，内外仗侍；祠官两行，序立于崇天门外。太仆寺控御马，立于大明门外。……车驾还宫，驾入崇天门，至大明门外，降马升舆。

　　《元史·世祖纪》：至元二十八年（一二九一）二月，建宫城南面周庐，以居宿卫之士。

　　《元史·兵志》：元贞二年（一二九六）十月，枢密院臣言，昔大朝会时，皇城外皆无墙垣，故用军环绕，以备围宿。今墙垣已成。南北西三畔，皆可置军；独御酒库西，地窄，不能容。臣等与丞相鄂勒哲议，各城门以蒙古军列卫，及于周桥南，置戍

---

① 东华门东向，《辍耕录》作东西一百十尺，深四十五尺，东西当为南北之误。

楼，以警昏旦。从之。

《元史·兵志》：至治元年（一三二一）八月，东内皇城建宿卫屋二十五楹，命五卫内摘军二百五十人居之，以备禁卫。

### 丁卯及第谢恩崇天门（《萨天锡诗集》）

萨都剌

禁柳青青白玉桥，无端春色上宫袍。

卿云五彩中天见，圣泽千年此日遭。

虎榜姓名书勒旨，羽林冠盖竖旌旄。

承恩朝罢频回首，午漏花深紫殿高。


# 第二节　大明殿

崇天门内曰大明门，大明殿之正门也，七间三门，东西一百二十尺，深四十四尺，重檐，犹今之太和门也。左为日精门，右为月华门，皆三间一门。北绕为长庑，中抱丹墀之半，左右为文武楼，与庑相连。正北为大明殿，乃登极、正旦、寿节、会朝之正殿也，凡十一间，东西二百尺，深一百二十尺，高九十尺。殿后为柱廊七间，深二百四十尺，广四十四尺，高五十尺。[①]寝室制度，各书记载略有出入。萧洵《故宫遗录》云：

殿右连为主廊十二楹，……连建后宫，广可三十步，深入半之，不显楹架，四壁立，至为高旷，通用绢素冒之，画以龙凤。中设金屏障。障后即寝宫，深止十尺，俗呼为拿头殿，龙床品列

---

① 萧洵《故宫遗录》作"殿右连为主廊十二楹，四周金红琐窗，连建后宫。"（"右"字疑"后"字之讹）按柱廊，宋洛阳宫室已有之，在两殿或两门之间，为南北行，如今之穿廊。《宋史·地理志》卷八十五：洛阳宫室，垂拱殿北有通天门，柱廊北有明福门，门内有天福殿，殿北有寝殿。又《石林燕语》：紫宸殿在大庆殿之后少西，其次又为垂拱殿，自大庆后紫宸、垂拱之两间，有柱廊相通，每月视朝，则御文德，所谓过殿也；东西阁门皆在殿之两旁，月朔不过殿，则御紫宸，所谓入阁也。今日宫殿中，如奉先殿、毓庆宫之于后殿，以及文华之于主敬，武英之于敬思殿，亦有廊相连，俗称"工"字廊。

为三，亦颇浑朴。殿前宫东西仍相向为寝宫，中仍金红小平床。

《辍耕录》则云：

> 寝室五间，东西夹六间，后连香阁三间，东西一百四十尺，深五十尺，高七十尺。

综二书所记，一则曰"殿前宫东西仍相向为寝宫"，二则曰"寝室五间，东西夹六间"，其为三面相向之三合房无疑。朱启钤《元大都宫苑图考》不信萧录东西相向之说，谓"陶录不言东西相向"，不知《辍耕录》固明言"东西夹六间"也。按元代宫殿，后宫寝室都作三合式，故《故宫遗录》记隆福宫云："左右后三向皆为寝宫，大略亦如前制。"朱氏不信三合之说，故不得不曲解为"系后来添建"也。

文思殿在大明寝殿东，三间，前后轩，东西三十五尺，深七十二尺。紫檀殿在大明寝殿西，制度如之，皆以紫檀香木为之，缕花龙涎香间白玉，饰壁，草色鞣绿其皮为地衣。二殿《辍耕录》及《昭俭录》皆谓在大明寝殿之东西，独萧洵《故宫遗录》谓在延春阁后，《大都宫殿考》沿其误。按《禁扁》注云：大明西曰紫檀，东曰文思，北曰宝云，此四殿为大内前位，当以《辍耕录》为是。

寝殿之后为宝云殿，五间，东西五十六尺，深六十三尺，高三十尺。东庑之中为凤仪门，三间一门，南北一百尺，深六十尺，高如其深。西庑之中为麟瑞门，制度如之。钟楼又名文楼，在凤仪南；鼓楼又名武楼，在麟瑞南，皆五间，高七十五尺。嘉庆门在后庑宝云殿东，景福门在后庑宝云殿西，皆三间一门。周庑一百二十间，高三十五尺；四隅角楼四间，重檐。

凡诸宫殿，乘舆所临御者，皆丹楹朱琐窗，间金藻绘，设御榻，裀褥咸备；屋之檐脊，皆饰琉璃瓦。凡诸宫周庑，并用丹楹壁藻绘，琉璃瓦饰檐脊。

庖人室在凤仪门外，酒人室在庖人室稍南。内藏库在麟瑞门外，凡二十所，所为七间。以上外朝之大略也。

《元史·世祖纪》：至元十年（一二七三）十月初建正殿、寝殿、香阁、周庑，两翼室。十一年（一二七四）正月朔，宫阙告成，帝始御正殿，受皇太子诸王百官朝贺。十一月起阁南大殿及东西殿。

《元史·世祖纪》：至元十八年（一二八一）二月，发侍卫军四千，完正殿。二十一年（一二八四）正月，帝御大明殿，右丞相和尔果斯率百官奉玉册玉宝上尊号，诸王百官朝贺如朔旦仪。

《元史·世祖纪》：至元二十八年（一二九一）三月，发侍卫兵营紫檀殿。

《玉山雅集》：世祖建大内，移沙漠莎草于丹墀，示子孙无忘草地也。

《草木子》：元世祖思创业艰难，故所居之地青草植于大内丹墀之前，谓之誓俭草。

《元史·张珪传》：仁宗将即位，廷臣用皇太后旨，行大礼于隆福宫，法驾已陈矣，张珪言当御大明殿，帝悟，移仗大明。

《元史·王约传》：仁宗正位宸极，欲用阴阳家言，即位光天殿（偯按，即隆福宫），即东宫也。王约言于太保曲枢曰："正名定分，当御大内。"太保入奏，遂即位于大明殿。

《元史·英宗纪》：至治元年（一三二一）三月丁丑，御大明殿，受缅国使者朝贺。……二年（一三二二）闰月，作紫檀殿。

《元史·礼乐志》：元正受朝仪：大昕，侍仪使引导从护尉，各服其服，入至寝殿前报外办，皇帝出阁升辇，鸣鞭三，侍仪使并通事舍人分左右，引擎执护尉、劈正斧中行，导至大明殿外。劈正斧直正门北向立，导从倒卷序立，唯扇置于锜。侍仪使导驾时，引进使同内侍官，引宫人擎执导从入皇后宫廷，报外办。皇后出阁升辇，引进使引导从导至殿东门外，引进使分退押直至垩涂之次，引导从倒卷出。俟两宫升御榻，鸣鞭三，劈正斧退立于露阶东。司晨报时鸡唱毕，尚引引殿前班皆公服，分左右入日精、月华门，就起居位。朝毕，宴飨殿上，预宴之服，衣服同制，谓之济逊。（华言一色衣也）

## 宫词（《金台集》）

### 果啰洛纳延

千官鹄立五云间，玉斧参差拥画栏。

今日君王西内去，安排天仗趣仪鸾。

## 宫词（《玉山雅集》）

柯九思

万里名王尽入朝，法宫置酒奏箫韶。

千官一色真珠袄，宝带攒装稳称腰。

## 辇下曲（《张光弼诗集》）

张　昱

静鞭约闹殿西东，颁宴宗王礼数隆。

中使巡觞宣上旨，尽教满酌大金钟。

## 元宫词（《诚斋新录》）

周宪王

雨润风调四海宁，丹墀大乐列优伶。

年年正旦将朝会，殿内先观玉海青。

健儿千队足如飞，随从南郊露未晞。

鼓吹声中春日晓，殿前咸着只孙衣。

## 元日朝回书事诗（《柳侍制集》）

柳　贯

九宾陈仗建朱干，六译传声赞白环。

法部清商初按乐，宫闱重翟巳趋班。

云华遥映龙旗动，日色才临凤盖闲。

万岁玉杯谁刻字，忽闻送喜入天颜。

# 第三节　延春阁及玉德殿

大明殿之后，为延春阁，大内后廷之正宫也。自宝云殿后，横亘长道，中为延春门，延春阁之正门也，五间三门，东西七十七尺，重檐。左为懿范门，右为嘉则门，皆三间一门。延春阁九间，东西一百五十尺，深九十尺，高一百尺，三檐重屋，盖为楼阁，故又高于大明殿矣（大明殿高九十尺）。柱廊七间，广四十五尺，深一百四十尺，高五十尺。寝殿七间，东西夹四间，后香阁一间，东西一百四十尺，深七十五尺，高如其深，重檐。

慈福殿又曰东暖殿，在寝殿东，三间，前后轩，东西三十五尺，深七十二尺。明仁殿又曰西暖殿，在寝殿西，制度如之。寝殿之后曰清宁宫，引抱长庑，远连延春阁。东庑之中曰景耀门，三间一门，高三十尺。西庑之中曰清灏门，制度如之。钟楼在景耀南，鼓楼在清灏南，各高七十五尺。周庑一百七十二间，四隅角楼四间。

清灏门外为玉德殿，七间，东西一百尺，深四十九尺，高四十尺，饰以白玉，砌以文石，中设佛像。东为东香殿，西为西香殿，后为宸庆殿，九间，东西一百三十尺，深四十尺，高如其深。左右辟二红门，后山字门三间。东更衣殿在宸庆殿东，五间，高三十尺；西更衣殿在宸庆殿西，制度如之。此皆大内延春阁西之偏殿也。

清宁宫后为厚载门，即宫城之北门矣。《析津志》尝载《游皇城》一则云：自东华门内经十一室皇后斡耳朵前，转自清宁殿后，出厚载门。可想见大内之规制也。厚载门前为舞台，台西为内浴室，有小殿在前，东为观星台，并见萧洵《故宫遗录》，兹不多赘。

    《元史·成宗纪》：大德十一年（一三〇七）十二月，命留守同以来岁正月十五日，起灯山于大明殿后，延春阁前。

    《元史·英宗纪》：延祐七年（一三二〇）十二月，作延春阁后殿。

    《元史·泰定帝纪》：至治三年（一三二三）十二月，塑马哈吃剌佛像于延春阁之徽清亭。[1]

---

[1]《日下旧闻考》卷三十："徽清亭，据《禁扁》注，在延华阁。《昭俭录》：延华阁在兴圣宫后，徽清亭在延华阁后圆亭之东，与芳碧亭相对。《析津志》：绣女房墙外南墙内，是圆殿一，直板房前，即延华阁，西有娑罗树、徽清亭。据此，则徽清亭在延华阁后无疑。……《泰定纪》盖讹华作春，朱彝尊原书（指《日下旧闻》）未订其误，兹谨辨正如上。"

《元史·达尔玛①传》：帝宴大臣于延春阁，特赐达尔玛白鹰，以表其贞廉。

《元史·欧阳原功②传》：至正十七年（一三五七）将大赦天下，宣欧阳原功赴内府，原功久病，不能步履。丞相传旨，肩舆至延春阁下。

《元史·王结传》：元统二年（一三三四）王结召拜翰林学士。中宫命僧尼于慈福殿作佛事，已而殿灾。结言僧尼衰渎，当坐罪。

《元史·许有壬传》：至正初，许有壬进讲明仁殿，帝悦，赐酒宣文阁中。

《元史·英宗纪》：延祐七年（一三二〇）十二月，铸铜为佛像，置玉德殿。

萧洵《故宫遗录》：……又后为清宁宫，宫制大略亦如前，宫后引抱长庑，远连延春宫。

《日下旧闻考》卷三十：萧洵《故宫遗录》：延春阁又后为清宁宫，引抱长庑，远连延春宫，盖后宫之正殿也。《禁扁》作咸宁，注在延春阁后，而载清宁宫为上都殿名。今考《析津志》所载《游皇城》一则云：自东华门内经十一室皇后鄂尔多（一作斡耳朵，室名）前，转自清宁殿后，出厚载门。据此则大都亦有清宁宫也。

《草木子》：至正十一年（一三五一）正月，京师清宁殿灾，焚宝玩万计，由宦官薰鼠故也。

《元史·顺帝纪》：皇太子常坐清宁殿，分布长席，列坐西番高丽诸僧。


## 直延春阁（《蜕庵集》）

张　翥

蓬莱海上第三山，仙掌云间十二槃。

鸡树烟深殊宦寮，凤楼天近自高寒。

---

① 达尔玛，梵语法也，今常译作"答里麻"。——编者注
② 欧阳原功，即欧阳玄，字原功。——编者注

铜壶传漏声相应，紫诏封泥墨未干。

愿祝君王千万寿，坐施雄断济艰难。

### 明仁殿进讲诗（《玩斋集》）

贡师泰

春日君王出殿迟，千官帘外立多时。

舰棱雪转寒无奈，先许儒臣列讲帷。

黄绫写本奏经筵，正是虞书第二篇。

圣主从容听讲罢，许教留在御床边。

殿前冠佩俨成行，玉碗金瓶进早汤。

自愧平生饭藜藿，朝来得食大官羊。

黄金为带玉为檐，剑戟如林卫紫髯。

也爱儒臣勤讲读，向前轻揭虎皮帘。

奏对归来日已西，独骑官马踏春泥。

行从海子桥边过，犹望宫城柳色齐。

## 第四节　御苑

厚载门北为御苑，外周垣红门十有五，内苑红门五，御苑红门四，凡垣三重。内有水碾，引水自玄武池，灌溉种花木。自有熟地八顷，八顷内有小殿五所。元代诸帝，尝执耒耜以耕，拟于籍田也。（《顺天府志》卷三引《析津志》）考其地望，当在今景山西部及大高玄殿北至地安门一带，以垣三重及熟地八顷推之，面积颇广。所谓玄武池，盖即今北海也。

萧洵《故宫遗录》：……又后苑中有金殿，殿楹窗扉，皆裹以黄金，四外尽植牡丹百余本，高可五尺。又西有翠殿。又有花亭、毡阁，环以绿墙兽闼，绿障鲛窗，左右分布，异卉幽芳，参差映带；而玉床宝坐，时时如浥流香，如见扇影，如闻歌声。出户外若度云霄，又何异人间天上也。……苑后重绕长庑，庑后出内墙，东连海子，以接厚载门。绕长庑中皆宫娥所处之室。

## 第五节　万寿山或万岁山

万岁山在大内西北太液池之阳，即金之琼花岛，旧隶城北离宫大宁宫，遗山诗所谓"从教尽划琼华了，留住西山尽泪垂"是也。元世祖中统三年（一二六二）修缮之；至元八年（一二七一）赐名万寿；泰定以后，史作万岁，盖相沿互称耳。"山皆叠玲珑石为之，峰峦隐映，松桧隆郁，秀若天成。旧引金水河至其后，转机连磥，汲水至山顶，出石龙口，注方池，伏流至仁智殿后，有石刻蟠龙，昂首喷水仰出，然后由东西流入于太液池。"（《辍耕录》）读此可见元代建筑之技巧矣。

山前有白玉长桥，长二百余尺，直仪天殿后，即今之堆云积翠桥也。桥之北有玲珑石，拥木门五，门皆为石色；内有隙地，对立日月石。西有石棋枰，又有石坐床。左右皆有登山之径，萦迂万石中，洞府出入，宛转相迷，至一殿一亭，各擅一景之妙。山之东有石桥，长七十六尺，阔四十一尺，半为石渠，以载金水，而流于山后，以汲于山顶也。又东为灵圃，奇兽珍禽在焉。

山顶为广寒殿，今白塔所在地也，七间，东西一百二十尺，深六十二尺，高五十尺，重阿藻井，文石甃地，四面琐窗，板密其里，遍缀金红云，而蟠龙矫蹇于丹楹之上。中有小玉殿，内设金嵌玉龙御榻，左右列从臣坐，床前架黑玉酒瓮一，玉有白章，随其形刻为鱼兽出没于波涛之状，其大可贮酒三十余石。按《元史·世祖纪》云至元二年（一二六五）十二月，"渎山大玉海成，敕置广寒殿"，即指此也。嗣沦没古庙中，垂三百年。高士奇《金鳌退食笔记》云："今在西华门外真武庙中，道人作贮菜瓮。"朱彝尊《日下旧闻》卷五引《燕都游览志》，亦谓"今御用监院中有小亭，亭内一玉缸，色青碧，间以黑晕白章，体质颇润。……延袤如荷叶样，中有积水；外以朱阑障之，想即元时广寒殿中物也。[1]乾隆十年（一七四五），以千金易得，命移置承光殿前亭内，并制《玉瓮歌》《玉瓮诗》，且题序按于瓮内。玉瓮径四尺五寸，高二尺，围圆一丈五尺，今存，盖元代仅遗之古迹，已历六百七十一年矣。

### 乾隆御题玉瓮诗

玉瓮为金、元旧物（按：与金无关），嗣沦没古刹中（按：真武庙系道观非梵刹），以贮菜斋。后购得，仍于承光殿前，为起一小亭置之，并命内廷翰林等各赋一诗，即刻于楹柱。偶幸承光殿，复成是篇：

几年萧寺伴寒斋，仍置承光焕彩霓。

梦觉金源成故迹，声腾玉柱艳新题。

若为巧合延津畔，竟得天全露章西。

松杪照来千载月，夜凉依旧景凄凄。


广寒殿南下，为仁智殿，在山之半，三间，高三十尺，即今之普安佛殿是也。金露亭在广寒殿东，其制圆，九柱，高二十四尺，尖顶，上置琉璃珠，亭后有铜幡竿。玉虹亭在广寒殿西，制度如之。方壶亭在金露亭前，荷叶殿后，高三十尺，重屋八面；重屋无梯，自金露亭前复道登焉，又曰线珠亭。瀛洲亭在玉虹亭前，温石浴室后，制度如之；玉虹亭前仍有登重屋复道，亦曰线珠亭。荷叶殿在方壶前，仁智东北（《辍耕录》作西北，误），三间，高三十尺，方顶，中置琉璃珠。温石浴室在瀛洲前，仁智西北，三间，高二十三尺，方顶，中置涂金宝瓶。（考其地望，盖在今琼华岛静憩轩后）圜亭又曰燕粉亭，在荷叶稍西，八面，后妃添妆之所也。

介福殿在仁智东差北，三间，东西四十一尺，高二十五尺。延和殿在仁智西北，制度如之。（考其地望，盖今庆霄楼地）马湩室在介福前三间；牧人之室在延和前三间。庖室在马湩前；东浴室更衣殿在山东平地，三间两夹。


《元史·世祖纪》：中统四年（一二六三）三月，亦黑迭儿

---

[1] 按《日下旧闻考》：御用监今为玉钵庵，即明真武庙；又查慎行《人海记》：西华门外西南一里许，明御用监在焉；又南数十步，为真武殿，庭前有老桧一株，下有元时玉酒海，承以石床。可见真武庙与御用监实为一处。

丁请修琼华岛，不从。至元元年（一二六四）三月，修琼华岛。

《元史·兵志）：至元十四年（一二七七）五月，以蒙古军与汉军相参，备都城内外及万寿山宿卫，仍以也速不花领宿卫事。

《元史·世祖纪》：至元二十一年（一二八四）二月，立法轮竿于大内万寿山，高百尺。

《辍耕录》：国朝每宴诸王大臣，谓之大聚会。是日，尽出诸兽于万岁山，若虎豹熊象之属，一一列置讫，然后狮子至，身材短小，绝类人家所蓄金毛猱狗。诸兽见之，畏惧俯伏，不敢仰视。气之相压也如此。

《元史·泰定帝纪》：泰定二年（一三二五）六月朔，葺万岁山殿。四年（一三二七）十二月，植万岁山花木八百七十本。

《辍耕录》：文宗居金陵潜邸时，命臣房大年画京都万岁山，大年辞以未尝至其地。上索纸，为运笔布画位置，令按稿图上。大年得稿，敬藏之。意匠经营，格法道整，虽积学专工，所莫能及。

《元掖庭记》：顺帝为英英起采芳馆于琼华岛内。癸巳秋，乘龙船泛月池上，池起浮桥三处，每处分三洞，洞上结彩为飞楼，楼上置女乐。桥以木为质，饰以锦绣，九洞不相直达。

《元史·世祖纪》：至元三年（一二六六）四月，五山珍御榻成，置琼华岛广寒殿。

《元史·世祖纪》：至元四年（一二六七）九月，作玉殿于广寒殿中。

《元史·世祖纪》：至元十年（一二七三）三月，帝御广寒殿，遣摄太尉中书右丞相安童授皇后恭吉哩氏玉册玉宝；遣摄太尉同知枢密院事伯颜授皇太子真金玉册金宝。

《元史·世祖纪》：至元二十一年（一二八四）七月壬申造温石浴室及更衣殿。


**题万岁山玩月图诗（《海巢集》）**

丁鹤年

金银楼观郁嵯峨，琪树风凉秋渐多。

徙倚危阑倍惆怅，月中犹见旧山河。

## 元宫词（《诚斋新录》）

### 周宪王

瑞气氤氲万岁山，碧池一带水潺潺。

殿旁种得青青豆，要识民生稼穑难。

## 万岁山诗（《蒲室集》）

### 释大䜣

蜿蜒金翠倚青冥，虚谷时传万岁声。

翠葆惨髯云气湿，玉龙鳞甲夜寒生。

关河拱抱皇居壮，宫殿深严圣虑清。

自愧山林麋鹿性，也随鸀鹭到承明。

## 燕城怀古诗（《春雨斋集》）

### 刘彦昺

广寒宫殿玉为楼，万岁鳌峰压九州。

番国梵僧青鼠帽，天魔宫女彩龙舟。

钩陈苍阙山南拱，太液红桥水北流。

惟有卢沟沟上月，年年鸿雁不胜秋。

## 宫词（《金台集》）

### 果啰洛纳延

广寒宫殿近瑶池，千树长杨绿影齐。

报道夜来新雨过，御沟春水已平堤。

## 元宫词（《诚斋新录》）

### 周宪王

月宫小殿赏中秋，玉宇银蟾素色浮。

宫里犹思旧风俗，鹧鸪长笛序梁州。

## 第六节　太液池

太液池在大内之西，周回数里，旧植芙蓉，即今之三海也。北为万岁山仪天殿，东为宫城，西为兴圣、隆福二宫及御苑，中有犀山台。仪天殿左右皆架长桥，以通东西两岸。（仪天殿及犀山台，已见第四章，兹不赘述。）

《安雅堂集》：皇帝御极之初，即命两丞相与儒臣一月三进讲，于是益优礼讲官，既赐酒馔，又以高年疲于步趋也，命皆得乘舟太液池，径西苑以归。

《元掖庭记》：己酉（一三〇九）仲秋之夜，武宗与诸嫔妃泛月于禁苑太液池中，月色射波，池光映天，绿荷含香，鱼鸟群集。于是画鹢中流，莲舟夹持，往来便捷。帝乃开宴张乐，令宫女披罗曳縠，前为八展舞，歌贺新凉一曲。

### 宫词（《金台集》）

#### 果啰洛纳延

太液池头新月生，瑶阶最喜晚来晴。
贵人忽被西宫召，骑得骅骝款款行。

### 宫词（《萨天锡诗集》）

#### 萨都剌

清夜宫车出上阳，紫衣小队两三行。
石阑干外银灯过，照见芙蓉叶上霜。

### 宫词（《国雅》）

#### 王　蒙

南风吹断采莲歌，夜雨新添太液波。
水殿云廊三十六，不知何处月明多。

元宫词（《诚斋新录》）

周宪王

合香殿倚翠峰头，太液波澄暑雨收。

两岸垂杨千百尺，荷花深处戏龙舟。

海子东头暗绿槐，碧波新涨浩无涯。

瑞莲花落巡游少，白首宫人扫殿阶。

# 第七节　兴圣宫

太液池之西，有宫二，北曰兴圣，南曰隆福。兴圣宫当大内之西北，万寿山之正西。有砖垣二重：外夹垣东红门三，直仪天门吊桥；西红门一，达徽政院；北红门外有临街门一所三间；南红门史失载，然以理度之，必有无疑。内垣南辟红门三，东西北红门各一。宫一称西宫，皇太后亦尝居之。

正门曰兴圣门，兴圣殿之南门也；[①]五间三门，重檐，东西七十四尺。左曰明华门，右曰肃章门，各三间一门。兴圣殿七间，东西一百尺，深九十七尺。柱廊六间，深九十四尺。寝殿五间，两夹各三间，后香阁三间，深七十七尺。正殿四面悬朱帘琐窗，文石甃地，白玉石重陛，朱阑涂金昌楯覆以白磁瓦，碧琉璃饰其檐脊。

东庑之中曰弘庆门，西庑之中曰宣则门。各三间一门。凝晖楼在弘庆南，五间，南北六十七尺；延颢楼在宣则南，制度如之。嘉德殿在寝殿东，三间，前后轩各三间，重檐；宝慈殿在寝殿西，制度如之。

奎章阁在兴圣殿西庑宣则门北，天历初（一三二八）文宗所建，为屋三间。中间为诸官入直所：北间南向设御座，左右列珍玩，命群玉内司掌之。阁官署衔，初名奎章阁，隶东宫属官；及文宗复位，乃升为奎章阁学士院，置大学士五员，并知经筵事，侍书学士二员，承制学士二

---

[①]《辍耕录》谓"兴圣门，兴圣殿之北门也"，以《禁扁》考之："兴圣宫正门曰兴圣，左曰明华，右曰肃章；宣则（门）在延颢（楼）之北；弘庆（门）在凝晖（楼）之北。"与其他宫殿制度相同，必无正门北向之理。《辍耕录》误。

员，供奉学士二员，并兼经筵官。属官则有群玉内司，专掌秘玩古物；艺文监，专掌书籍；鉴书博士司，专一鉴辨书画；授经郎，专一训教集赛官大臣子孙；艺林库，专一收贮书籍；广成局，专一印行祖宗圣训及国制等书。盖以图书馆兼古物库及家塾与印刷所，有如宋之宣和殿，视后世之文渊阁，功用更为广也。至正元年（一三四一），改奎章阁为宣文阁，艺文监为崇文监。至正九年（一三四九），改宣文阁为端本堂，以为皇太子肄学之所。

《元史·谢端传》：文宗建奎章阁，搜罗中外才俊置其中。

《东山集》：上方向用文学，开奎章阁，置学士员，立艺文监，以治书籍；设艺林等库，任椠印；将大修圣贤经传之说，以为成书；知名之士，多见进用。自中朝至于外方，金石之锡，承诏撰作，几无虚日。

《元史·李洞传》：天历初，李洞以待制召，于是文宗方开奎章阁，延天下知名充学士员。洞数进见，奏对称旨，超迁翰林直学士；俄特授奎章阁承制学士。洞既为帝所知遇，乃著书曰《辅治篇》以进，文宗嘉纳之。

《辍耕录》：文宗开奎章阁，作二玺：一曰"天历之宝"，一曰"奎章阁宝"，命虞集篆文。

《研北杂志》：奎章阁壁有宋徽宗画承平殿曲宴图，并书自制曲宴记。

《元史·周伯琦传》：至正元年（一三四一），改奎章阁为宣文阁、艺文监为崇文监。伯琦为宣文阁授经郎，教戚里大臣子弟，每进讲，辄称旨，且日被顾问。帝以伯琦工书法，命篆"宣文阁宝"，仍题匾宣文阁；及摹王羲之所书《兰亭序》，智永所书《千文》，刻石阁中。自是累转官，皆宣文、崇文之间，而眷遇益隆矣。（按《析津志》：崇文监在咸宜坊北一小巷内，本官署名也。）

《元史·喀喇库库传》：大臣议罢先朝所置奎章阁、学士院及艺文监诸属官。喀喇库库进曰："民有千金之产，犹设家塾，延馆客，岂富有四海，一学房乃不能容耶？"帝闻而深然之，即日改奎章阁为宣文阁、艺文监为崇文监，存设如初，就命库库董治。

《王忠文集》：至正九年（一三四九）冬，诏以皇子春秋日长，宜亲师就傅以知学，拜谕德、赞善各一员，文学二员，仍命以翰林学士、直学士待制兼其职。复置正字、司经各二员。即兴圣宫西偏，故宣文阁改曰端本堂，以为肄学之所。

### 奎章阁感兴诗（《萨天锡诗集》）

萨都剌

奎章三月文书静，花落春深锁阁门。

玉座不移天步远，石碑空有御书存。

### 奎章阁进《皇朝经世大典》诗（《萨天锡诗集》）

萨都剌

文章天子大一统，馆阁词臣日纂修。

方丈奎光悬秘阁，九重春色满龙楼。

门开玉钥芸香动，帘卷金钩砚影浮。

圣览日长万几暇，墨光流出凤池头。

### 宫词（《复古诗集》）

杨维桢

海内车书浑一时，奎章御笔写乌丝。

朝来中使传宣急，南国宫娥拱凤池。

### 元宫词（《诚斋新录》）

周宪王

奎章阁下文章盛，太液池边游幸多。

南国女官能翰墨，外间抄得竹枝歌。

海晏河清罢虎符，闲观翰墨足欢娱。

内中独召王渊画，仿得黄荃孔雀图。

### 宣文下直诗（《近光集》）

周伯琦

亭亭翠柏倚朱阑，云母窗扉逼暮寒。

玉德殿前红杏树，数花犹作去年看。

宣文阁旁有秘密室，盖修秘密禅之所也。

### 辇下曲（《张光弼诗集》）

张　昱

似将慧日破愚昏，白昼如常下钓轩。

男女倾城求受戒，法中秘密不能言。

### 元宫词（《诚斋新录》）

周宪王

安息薰坛建众魔，听传秘密计宫娥。

自从受得毗卢咒，日日持珠念那摩。

　　山字门在兴圣宫后，延华阁之正门也。正一门，两夹各一间，重檐，脊置金宝瓶。又独脚门二，周阁缭以红版垣。延华阁五间，方七十九尺二寸，重阿，十字脊，白琉璃瓦覆，青琉璃瓦饰其檐，脊立金宝瓶，丹陛御榻从臣坐床咸具。阁左右为东西殿，各五间，前轩一间。圆亭在延华阁后，东为芳碧亭，三间，重檐，十字脊，覆以青琉璃瓦，饰以绿琉璃瓦，脊置金宝瓶；西为徽清亭，制度如之。浴室在延华阁东南隅东殿后，旁有鹿顶井亭二间，鹿顶房三间。畏吾儿殿在延华阁西，六间，旁有窨花半室八间。木香亭在畏吾儿殿后。

　　延华阁版垣之外，东为东鹿顶殿，正殿五间，前轩三间，东西六十五尺，深三十九尺；柱廊二间，深二十六尺；寝殿三间，东西四十八尺。前宛转置花朱阑五十八扇。西为西鹿顶殿，制度如之。妃嫔院四，二在东鹿顶殿后，二在西鹿顶殿后，正室各三间，东西夹各四间，前轩各三间，三椽半屋二间；侍女室各二十一间，在东者居院左西向，在西者居院右东向；室后各有三椽半屋十二间。东鹿顶殿寝殿之旁，有鹿顶房三间，又有庖室二间，面阳鹿顶房三间，妃嫔库房一间，缝纫女库房三间。东鹿顶殿红门外，有屋三间，鹿顶轩一间，鹿顶房一间。西鹿顶殿旁，有庖室三间，又有好事房二所各三间。

庖室一区，在凝晖楼后，正屋五间，前轩一间，后披屋三间，鹿顶房一间，鹿顶井亭一间；周庖室有土垣，前辟红门一。酒房一区，在宫垣东南隅，庖室之南，正屋五间，前鹿顶轩三间，南北房各三间；周酒房有土垣，前辟红门一。

西鹿顶殿门外西偏，为学士院三间；南为生料库，又南为鞍辔库，又南为军器库，又南为庖人、牧人、宿卫之室三间，又南为藏珍库，当宫垣西南隅，内有鹿顶半屋三间，庖室三间。

南红门外两旁附垣，有宿卫直庐四十间，东西红门外附垣，各有宿卫直庐三间。东西北门外，棋置卫士直宿之舍各二十一间。东夹垣外有宦人之室十七间，凌室六间，酒房六间；北门外有窨花室五间。（以上皆指内夹垣而言，其外更有外夹垣，诸庐舍盖在二垣之间。朱启钤《元大都宫苑图考》仅绘垣一层，故宦人之室十七间，凌室六间，酒房六间，本在东夹垣外者，不得不绘在内矣。）兴圣门前夹垣内，有省院台百司官侍直板屋。以上兴圣宫制度之大概也。

《析津志》：兴圣宫丹墀内多桃李。

《故宫遗录》：兴圣宫丹墀皆万年枝，殿制比大明差小。殿东西分道为阁门，出绕白石龙凤阑楯，阑楯上每柱皆饰翡翠，而真黄金，雕鸟狮座。中建小直殿，引金水绕其下，甃以白石，东西翼为仙桥，四起雕窗，中抱彩楼，皆为凤翅飞檐，鹿顶层出，极为奇巧。楼下东西起日月宫，金碧点缀，欲像扶桑沧海之势。壁间来往多便门出入，有莫能穷。楼后有礼天台，高跨宫上，碧瓦飞甍，皆非常制，盼望上下，无不流辉，不觉夺目，亦不知蓬瀛仙岛，又果何似也！

《元史·武宗纪》：至大元年（一三〇八）二月建兴圣宫。……二年（一三〇九）五月，以通政院使憨剌合儿知枢密院事，董建兴圣宫。……三年（一三一〇）十月，帝率皇太子诸王群臣朝兴圣宫，上皇太后尊号册宝。

《元史·刘德温传》：刘德温监建兴圣宫。

《元史·文宗纪》：天历元年（一三二八）十月，帝御兴圣殿；齐王月鲁帖木儿等奉上皇帝宝。

《清容居士集·兴圣宫上梁文》：陛下孝严温清，敬谨膳羞，谓神游太初，当广郁仪之宇；而养以天下，益新长乐之宫。（可见兴圣肇建之初，固为皇太后所居之宫也。）

《辍耕录》：皇后弘吉剌氏，……后至元二年（一三三六）丁丑三月立，性节俭，不妒忌，动以礼法自持。第二皇后奇氏素有宠，居兴圣西宫，帝希幸东内。左右以为言，后无几微怨望意。

《元史·后妃传》：宦者朴布哈，高丽人。皇后奇氏，微时与布哈同乡里；及选为宫人有宠，遂为第二皇后，居兴圣宫，生皇太子爱猷识理达腊。

## 兴圣殿进史作（《樵川集》）
### 黄清老

瑶编初进侍明光，日丽龙池昼刻长。

堤柳染成春水色，宫花并入御炉香。

金壶洒露层阶滑，玉碗分冰广殿凉。

矇瞍似知天意喜，凤笙新奏五云章。

## 元宫词（《诚斋新录》）
### 周宪王

兴圣宫中侍太皇，十三初到捧炉香。

如今白发成衰老，四十年如梦一场[①]。

奇氏家居鸭绿东，盛年才得位中宫。

翰林昨日新裁诏，三代蒙恩爵禄崇。

白酒新刍进玉壶，水亭深处暑全无。

君王笑向奇妃问，何似西凉打剌苏。

---

① 按诗指李宫人，善琵琶。

## 第八节　隆福宫及西御苑

隆福宫在太液之西，兴圣宫之前。南红门三，东西红门各一。又缭以砖垣，南红门一，东红门一，后红门一。宫旧为太子府，至元三十一年（一二九四）五月，改皇太后所居旧太子府为隆福宫。（《元史·成宗纪》）嗣后常为太后所居。继改光天殿，赵孟頫所拟也。

正门曰光天门，光天殿之南门也，五间三门，高三十二尺，重檐。左曰崇华门，右曰膺福门，各三间一门。光天殿七间，东西九十八尺，深五十五尺，高七十尺。柱廊七间，深九十八尺，高五十尺。寝殿五间，两夹各四间，东西一百三十尺，高五十八尺五寸，重檐。藻井琐窗，文石甃地，藉花毳裀，悬朱帘，重陛朱阑，涂金雕冒楯。正殿镂金云龙樟木御榻，从臣坐床重列，前两旁寝殿亦设御榻，裀褥咸备。（《辍耕录》）萧洵《故宫遗录》亦云："隆福宫……左右后三向皆为寝宫，大略亦如前制。"其为四合房之式，彰彰明甚。乃朱启钤氏《元大都宫苑图考》曲解云："按陶录但有寝宫五间，两夹四间；此云三向，或系后来添建。"不知陶录所谓两夹四间，即东西厢之谓，故亦称"两旁寝殿"也。

寿昌殿又曰东暖殿，在寝殿东，三间，前后轩，重檐。嘉禧殿又曰西暖殿，在寝殿西，制度如之。针线殿在寝殿后，引抱长庑，远连光天殿。

东庑之中曰青阳门，西庑之中曰明晖门，各三间一门。翥凤楼在青阳南，三间，高四十五尺。骖龙楼在明晖南，制度如之。周庑一百七十二间，四隅角楼四间。按翥凤、骖龙二楼与庑相连，同大明殿之文武楼，故翥凤楼后牧人、宿卫之室，实位于庑外；乃朱启钤氏《元大都宫苑图考》（《隆福宫及西御苑图》）绘二楼于庑前，误认为独立之建筑，因此牧人、宿卫之室，不得不绘在庑内，其为错误，已辨正如前。（见第二章）

针线殿后，有侍女直庐五所，又有侍女室七十二间，在直庐之后。左右浴室一区，在宫垣东北隅。文德殿在明晖门外，又曰楠木殿，皆楠木为之，三间，前后轩一间。睿安殿在青阳门外，制度如之。文德、睿安之后，各有鹿顶殿五间。唯此处记载，各家颇不相同：

> 《辍耕录》：鹿顶殿五间，在光天殿西北角楼西，后有鹿顶小殿。
>
> 《昭俭录》：鹿顶殿五间，在睿安东北；光天殿西北角楼西后，有鹿顶小殿。

从《辍耕录》，则光天殿西北角楼西，有二鹿顶；从《昭俭录》，则睿安东北及光天殿西北角楼西后，各有鹿顶，盖东西二鹿顶也。《辍耕录》盖脱载"睿安东北"四字，遂误以西北有二鹿顶，而东北则无之。朱启钤《元大都宫苑图考》仍陶录之误。考《元史·仁宗纪》"延祐五年（一三一八）二月，建鹿顶殿于文德殿后"，盖即《昭俭录》所谓"光天殿西北角楼西后"之鹿顶小殿，与东位睿安殿后五间鹿顶殿相配也。

香殿在宫垣西北隅，三间，前轩一间。前寝殿三间，柱廊三间；后寝殿三间，东西夹各二间。（按前寝殿当在香殿后，柱廊当在前后二寝殿之间；朱氏《元隆福宫及西御苑图》绘前寝殿于香殿前，遂不得不以柱廊属香殿，误矣。）文宸库在宫垣西南隅，酒房在宫垣东南隅，内庖在酒房之北，以上隆福宫之大略也。

御苑在隆福宫西，以厚载门外别有御苑，故本书称之为西御苑，后妃多居之。香殿在石假山上，三间，两夹二间；柱廊三间，龟头屋三间，丹楹琐窗，间金藻绘，玉石础，琉璃瓦。殿后有石台，山后辟红门，门外有侍女之室二所，皆南向并列。又后直红门，并列红门三；三门之外，有太子斡耳朵。[1] 荷叶殿二，在香殿左右，各三间。圆殿在山前，圆顶，上置涂金宝珠，重檐。后有流杯池，池东西流水。圆亭二，圆殿有庑以连之。歇山殿在圆殿前，五间，柱廊二，各三间。东西亭二，在歇山后左右，十字脊。东西水心亭，在歇山殿池中，直东西亭之南，九柱，重檐。亭之后，各有侍女室三所，所为三间，东房西向，西房东向。前辟红门三，门

---

① 《元史语解》卷二："（宫卫）鄂尔多，亭也。"《元史》卷二作"斡耳朵"，宫卫名。按《元史·一百六·后妃表》，其居则有斡耳朵之分；表内于历代后妃，分大斡耳朵，第二、第三、第四等斡耳朵，且引《岁赐录》，有不知所守斡耳朵者。此所谓太子斡耳朵，盖指太子妃所居而言。

内立石以屏内外。外筑四垣以周之。池引金水注焉。

棕毛殿在假山东偏，三间；后鹿顶殿三间；前启红门，立垣以区分之，盖西御苑中之别院也。仪銮局在三红门外西南隅，正屋三间，东西屋三间，前开一门。以上西御苑之大略也。

《元史·成宗纪》：至元三十一年（一二九四）五月，改皇太后所居旧太子府为隆福宫。……十一月，帝朝太后于隆福宫上玉册、玉宝。

《元史·礼乐志·国史院进先朝实录仪》：是日大昕，诸司官具公服，立于光天门外，侍仪使引《实录》案以入，监修国史以下奉随，至光天殿前，分班立。

《元史·顺帝纪》：至正七年（一三四七）三月，修光天殿。

《元史·月鲁不花传》：月鲁不花拜江南行御史台中丞，陛辞之日，帝御嘉禧殿慰劳之。

《元史·泰定帝纪》：泰定元年（一三二四）七月，作楠木殿。

《元史·英宗纪》：至治二年（一三二二）八月，诏画《蚕麦图》于鹿顶殿壁，以时观之。

《元史·杨恭懿传》：至元十二年（一二七五）正月二日，帝御香殿，以大军南征，使久不至，命杨恭懿筮之。

《元史·武宗纪》：至大元年（一三〇八）八月，李邦宁以建香殿成，赐金五十两，银四百五十两。

《元史·英宗纪》：至治元年（一三二一）三月，宝集寺金书西番《波若经》成，置大内香殿。

《日下旧闻考》卷三十二：石假山，明《图经志书》称"小山子"；韩雍《赐游西苑记》称"赛蓬莱"；本朝詹事高士奇《金鳌退食笔记》谓："兔园山在瀛台之西，殿曰清虚，池边多立奇石，曰小蓬莱。"皆此地也。今废。

萧洵《故宫遗录》：自瀛洲西渡飞桥，上回阑，巡红墙而西，则为明仁宫（按系兴圣宫之误）。沿海子导金水河，步邃河南行，为西前苑（按即指西御苑）。苑前有新殿，半临邃河。河流引自瀛洲西邃地，而绕延华阁阁后，达于兴圣宫；复邃地西折禾厩后老宫而出，抱前范，复东下于海，约远三四里。……新殿后有水晶二圆殿，起于水中，通用玻璃饰，日光回彩，宛若水宫（按盖指东西水心亭）。中建长桥，远引修衢而入嘉禧殿。桥旁对立二石，高可二丈，阔止尺余，金彩光芒，利锋如研。度桥步万花入懿德殿，主廊寝宫，亦如前制，乃建都之初基也。由殿后出掖门，皆丛林，中起小山，高五十丈，分东西延缘而升，皆叠怪石，间植异木，杂以幽芳（按盖指石假山）。自顶绕注飞泉，岩下穴为深洞，有飞龙喷雨其中；前有盘龙，相向举首而吐流泉，泉声夹道交走，泠然清爽，又一幽回，仿佛仙岛。山上复为层台，回阑遝阁，高出空中，隐隐遥接广寒殿（按系指香殿及二荷叶殿）。山后仍为寝宫，连长庑（按系指香殿后之龟头屋），庑后西绕邃河，东流金水，亘长街，走东北，又绕红墙，可二十步许，为光天门。（以上皆叙西御苑，但萧氏得之一览之余，印象杂陈，故记载不免混淆。）

《元史·泰定帝纪》：泰定元年（一三二四）十二月，新作棕殿成。……二年闰正月，作棕毛殿。

## 光天门进三朝实录诗（《范德机诗集》）

范梈

仪鸾簇仗满云端，玉钥初开众乐攒。
三后龙光周典册，群臣鹄立汉衣冠。
炉香着日浮晴霭，宫树班春试晓寒。
千骑前头都不避，只传学士拜金銮。

## 宫词二首（《松雪斋集》）

赵孟頫

日照黄金宝殿开，雕阑玉砌拥层台。
一时侍卫回身立，天步将临玉斧来。

殿西小殿号嘉禧，玉座中央静不移。
读罢经书香一炷，太平天子政无为。

燕京杂咏（《蒲庵集》）

释来复

锦貂公子跃龙媒，不怕金吾夜漏催。

阿剌声高檀板急，棕毛别殿宴春回。

元宫词（《诚斋新录》）

周宪王

棕殿巍巍西内中，御筵箫鼓奏薰风。

诸王驸马咸称寿，满酌葡萄献玉钟。

# 第九节　不可考之诸殿

以上各宫制度，根据陶录萧录，历历可考。唯尚有若干殿名，杂出正史别录，多不可考，列表如下，以存疑焉：

（一）见于王士点《禁扁》者

（1）咸宁殿　《禁扁》注在延春阁后。

（2）徽仪阁　《禁扁·阁之扁》：大内后宫正殿曰延春；兴圣殿后曰徽仪，其北曰延华。（朱启钤《元大都宫苑图考》引《禁扁》作徽仪殿，误）

（3）慈仁、龙光、慈德殿　《日下旧闻考》卷三十二："龙光殿《辍耕录》不载，见王氏《禁扁》。又有慈仁、慈德二殿。注云：三殿并巴延鄂尔多。考《元史》：太祖后妃有四鄂尔多，四十余人，世祖鄂尔多四，武宗鄂尔多一，盖后妃分居之地也。"今按《禁扁》，慈仁、龙光、慈德三殿。注：并伯亦斡耳朵，又在上都五殿之后。然则三殿皆上都殿名。[①]

（二）见于萧洵《故宫遗录》者

（1）沉香殿及宝殿　《故宫遗录》："隆福宫寝宫……东有沉香殿，西有宝殿。"按此盖即《辍耕录》之嘉禧、寿昌二殿。

---

[①] 萧洵《故宫遗录》："延华阁……少西出掖门，为慈仁殿。"按兴圣宫有宝慈殿，在寝殿西，无慈仁殿，疑讹。

（2）懿德殿　见《故宫遗录》，属于西前苑，引见前第八节。

（3）金殿翠殿　《故宫遗录》："又后苑中有金殿，殿楹窗扉，皆裹以黄金，四外尽植牡丹百余本，高可五尺。又西有翠殿，又有花亭球阁。"

（4）流杯亭　《故宫遗录》："兴圣宫……楼后有礼天台，……又少东有流杯亭，中有白石床如玉，临流小座，散列数多。刻石为水兽，潜跃其旁，涂以黄金。又皆制水鸟浮杯，机动流转而行，劝罚必尽欢洽，宛然尚在目中。"

（三）见于《辍耕录》者

坤德殿　《辍耕录》："皇后恭吉哩氏，居坤德殿，终日端坐，未尝妄逾户阈。"

（四）见于陶宗仪《元氏掖庭记》者

（1）七宝殿　　　　　　　　（2）瑶光殿

（3）通云殿　　　　　　　　（4）凝翠殿

（5）德寿宫　　　　　　　　（6）翠华宫

（7）择胜宫　　　　　　　　（8）连天楼

（9）红鸾殿　　　　　　　　（10）入霄殿

（11）五花殿（原注亦名五华）　殿东设吐霓瓶曰玉华，西设七星云板曰金华，南设火齐屏风曰珠华，北设百蕊龙脉曰木华，并中央木莲华，紫香琪座，千钧案，九朵云盖，为五华。

（12）清林阁　大内又有迎凉之所，曰涛林阁，四面植乔松修竹，南风徐来，林叶自鸣，远胜丝竹。

（13）松声亭　在东。

（14）竹风亭　在西。

（15）春熙堂　又有温室曰春熙堂，以椒涂壁，被之文绣香桂，设乌骨屏风，鸿羽帐，规地以阒宾氍毹。

（16）九引台　七夕乞巧之所。

（17）刺绣亭

（18）缉衰堂　冬至候日之所。

（19）九龙墀　龙形九曲，金髯玉鳞。

（20）罗亭　绕亭植红梅百株。

（21）延香亭　春时宫人折花传杯于此。

（22）拱璧亭　亭六角六璧旋拱，中置夜光珠一颗，晦衣灿若白昼，光烛数十步外，又名夜光亭。

（23）探芳径　　　　　　（24）逍遥市

（25）集贤堂　　　　　　（26）眺远阁

（27）留连馆　　　　　　（28）万年宫　以上并在禁苑。

（29）龙泉井　玛瑙石为井床，雨花台石为井湫，香檀为盖，离朱锦为索，云母石为汲瓶。

（30）联缟亭　熊嫔性耐寒，尝于月夜梨花亭，露袒坐紫斑石。元帝见其身与梨花一色，因名其亭曰联缟亭。

（31）迎祥亭

（32）漾碧池　每遇上巳日，令诸嫔妃，被于内园迎祥亭漾碧池，池用纹石为质，以宝石镂成，奇花繁叶，杂砌其间。

（33）宝光楼　藏丽嫔张阿玄所制巾服。

（34）翠鸾楼　改为奉御楼，程一宁未得幸时，尝于春夜登翠鸾楼，倚阑弄玉龙之笛。

（35）采芳馆　帝为才人英英所起，在琼华岛内。（见上第五节）

（五）见于《元史》者

（1）金脊殿　《泰定帝纪》："泰定元年（一三二四）八月庚午，作中宫金脊殿。"

（2）钦明殿　《泰定帝纪》："泰定四年（一三二七）八月庚辰，作钦明殿成。"

（3）宸德殿　《顺帝纪》："至正十四年（一三五四）四月，皇太子徙居宸德殿，命有司修葺之。"

## 元宫词（《诚斋新录》）

### 周宪王

东风吹绽牡丹芽，漠漠轻阴护碧纱。

向晓内园春色重，满栏清露湿桃花。

谷雨天时尚薄寒，梨花开谢杏花残。

内园张盖三宫宴，细乐喧阗赏牡丹。

## 第十节 太庙及社稷二坛

元太庙之沿革 《元史·祭祀志》：世祖至元十四年（一二七七）八月，诏建太庙于大都；十六年（一二七九）八月，以江南所获玉爵及坫，凡四十九事，纳于太庙。《元史·世祖纪》：至元十七年（一二八〇）十二月甲午，大都重建太庙成。《武宗纪》：至大二年（一三〇九）春正月，以受尊号，谢太庙，为亲祀之始。又《元史·祭祀志》：英宗至治元年（一三二一），诏议增广庙制；三年（一三二三）别建大殿于旧庙之前，用旧庙为寝殿；建大次殿三间于宫城之西北，东西棂星门亦南徙。此元太庙之沿革也。

元太庙之地点 《顺天府志·五》引《元一统志》云：太庙在都城齐化门之北。又《元史·祭祀志》云：太庙东西南开棂星门三，南门外驰道抵齐化门之通衢。由此考之，元太庙当在今朝阳门大街之北，直无量庵之东，[①] 今之大慈延福宫（俗称三官庙，明成化十七年敕建），盖即其遗址之一部。

> 《元史·田忠良传》：少府为诸王昌童建宅于太庙南，忠良往仆其柱，少府奏之，帝问忠良，对曰："太庙前岂诸王建宅所耶？"帝曰："卿言是也。"又奏曰："太庙前无驰道，非礼也。"即敕中书辟道。

元太庙之制度 旧庙制：前庙后寝。正殿东西七间，南北五间，内分七室，殿陛二成；三阶，中曰太阶，西曰西阶，东曰阼阶。寝殿东西五间，南北三间。环以宫城，四隅重屋，号角楼。正南正东正西宫门三，各五门，皆号神门。殿下道直东西神门曰横街，直南门曰通街，甓之。通街两旁井二，皆覆以亭。宫城之外，缭以崇垣。馔幕殿七间，在宫城南门之东，南向。齐班厅五间，在宫城之东南，西向。省馔殿一间，在东神门少

---

① 《日下旧闻》："无量庵在太庙西，昔之寅宾里，当在今之思诚坊也。"

北，南向。初献斋室在宫城之东，东垣门内少北，西向。其南为亚终献、司徒、大礼使、助奠、七祀献官等斋室，皆西向。雅乐库在宫城西南，东向。法物库、仪銮库在宫城之东北，皆南向。都监局在其东少南，西向。东垣之内，环筑墙垣为别院，内神厨局五间在北南向；井在神厨之东北，有亭；酒库三间，在井亭南，西向；祠祭局三间，对神厨局，北向；院门西向。百官厨五间，在神厨院南，西向。宫城之南复为门，与中神门相值；左右连屋六十余间，东掩齐班厅，西值雅乐库，为诸执事斋房。筑崇垣以环其外，东西南开棂星门三，南门外驰道，抵齐化门之通衢。以上未展筑以前之旧制也。

至治三年（一三二三），别建大殿一十五间于旧庙前，用旧殿为寝殿，中三间通为一室，余十间各为一室；东西两旁际墙各留一间，以为夹室，室皆东西横阔二丈；南北入深六间，每间二丈。由是观之，大殿都凡九十间，东西二百尺，南北一百二十尺，如是庞大之建筑，后世未尝有也。宫城南展后，凿新井二于殿南，作亭。东南隅角楼、西南隅角楼、南神门、馔幕殿、省馔殿、献官百执事斋室、中南门、齐班厅、雅乐库、神厨、祠祭等局皆南徙。建大次殿三间于宫城之西北隅。东西棂星门亦南徙；东西隅星门之内，卤簿房四所，通五十间。此展筑后之新制也。

社稷坛之沿革及地点　世祖至元七年（一二七〇）十二月，有诏岁祀太社太稷；三十年（一二九三）正月，始用御史中丞崔彧言，于和义门内少南，得地四十亩，为墠垣，近南为二坛。（《元史·祭祀志》）考其地点，盖在今西直门之南，遗址无可考矣。

社稷坛之制度　坛各高五尺，方广十之。社东稷西，相去约五丈。社坛土用青、赤、白、黑四色，依方位筑之，中间实以常土，上以黄土覆之；筑必坚实，依方面以五色泥（中黄、东青、南赤、西白、北黑）饰之，四面当中，各设一陛道，其广一丈，亦各依方色。稷坛一如社坛之制，唯土不用五色，其上四周，纯用一色黄土。坛皆北向，立北墉于社稷之北，以砖为之，饰以黄泥；瘗坎二于稷坛之北少西，深足容物。二坛周围墙垣，以砖为之，高五尺，广三十丈，四隅连饰。内墠垣棂星门四所，外垣棂星门二所，每所门二，列戟二十有四。

外墠内北垣下屋七间，南望二坛，以备风雨，曰望祀堂。堂东屋五间，连厦三间，曰齐班厅。厅之南西向屋八间，曰献官幕；又南西向屋三间，曰院官斋所。又南屋十间，自北而南，曰祠祭局，曰仪銮库，曰法物库，曰都监库，曰雅乐库。又其南北向屋三间，曰百官厨。外垣南门西，墙垣西南北向屋三间，曰大乐署；其西东向屋三间，曰乐工房。又北北向屋一间，曰馔幕殿；又北南向屋三间，曰馔幕。又北稍东南向门一间，院内南向屋三间，曰神厨；东西屋三间，曰酒库。近北少却东向屋三间，曰牺牲房，并有亭。望祀堂后，自西而东，南向屋九间，曰监祭执事房。此坛壝次舍之所也。

社主用白石，长五尺，广二尺，剡其上如钟，于社坛近南北向，埋其半于土中。稷不用主。后土氏配社，后稷氏配稷，神位版二，用栗，素质黑书，社树以松，于社稷二坛之南各一株，此作主树木之法也。

按明代以前，社稷分祀，各为一坛。明太祖建都金陵，"以为五土生五谷，所以养夫民者也；分而祭之，生物之意，若无所施，于是合祭于一，春祈秋报，岁率二祀"[1]。自此以后，社稷合为一坛，以迄于今。此今昔不同之点也。

---

[1]《洪武京城图志》。

# 第六章　结论

由上述宫阙坛庙观之，北京宫殿之制，至元而粲然大备，其宏丽伟大，甚且过于今日。朱君启钤，尝列举其工料之特色，曰石工玉工雕刻，曰珍异之材料（紫檀、楠木、玻璃、棕毛、黄金、皮毛），曰角楼。当时经始设计者，如也黑迭儿（大食国人），如张柔、段天祐、杨琼、邱土亨、李郝宁、憨剌令儿（尝董建兴圣宫）、养安，多一代宗匠；尤以杨琼世为石工，技巧绝伦。《光绪阳曲县志·工艺传》第七云：

> 元杨琼，世为石工，取二玉石，斫一狮一鼎，世祖许为绝艺。董工玉泉，刻黑石，得寿龟以献。生平所营建，如两都及察罕脑儿宫殿凉亭石门石浴室等工，不可枚举；其所雕北岳尖鼎炉，工巧绝伦。初为管领燕南诸路石匠，国初建两都宫殿及城郭诸营造，皆资其力。三迁为领大都等处山场石局总管，时与西京邱总管联事。至元九年，建朝阁大殿等，于近畿拨户五千，命琼督之，省官钱五千万缗。十二年授玉石提举，以白玉盆上，赐钞百锭。明年督造桥工，赐黄金上尊。又尽出赐金，于房山县北，置地千余亩，为农圃，以遗子孙。十五年卒。

按元代建造，董于将作院，下设采石、大木、小木、泥瓦等局，至刻玉、雕玉诸作，则别有玉局、石局，亦隶将作院，故能艰难缔造，蔚为大观。惜乎六百年来，遗物荡尽。然观于承光殿之玉瓮，以及今日故宫内础碣墀陛石工遗制，犹可想见其宏丽精美，遗风余韵，未尽泯也。故欲研究北京宫阙建筑制度，必先自元大都宫殿始。余既为此图考，将逐一说明明清以来之沿革，请别为他编，以申述之，于此不再多赘也。

# 明清两代宫苑建置沿革图考

# 自 序

　　有明一代，宫殿苑囿之盛，远逾清世。当时皇城之内，皆为宫苑及内府衙署所占：大内之外，复有"南内""西内"，其规模之宏壮，创造力之伟大，殊非满洲所可比拟。缪小山《云自在龛笔记》，尝记康熙二十九年，大内发出前明宫殿楼亭门名折子，共七百八十六座，清代所存，不及十分之三，当时诸臣复奏云："考故明各宫殿九层，基址墙垣，俱用临清砖，木料俱用楠木；今禁内修造房屋，出于断不可已，凡一切基址墙垣，俱用寻常砖料，木植皆用松木而已。"又四十九年康熙上谕，言明季宫女至九千人，内监至十万人，其宫中脂粉钱四十万两，供应银数百万两。此种宫廷经济，诚为史上巨观，读刘若愚《酌中志》，犹可想见其盛。余幼时家居地安门内帘子库，就学西什库，日常行踪所及，如内宫监、织染局、酒醋局、惜薪司、安乐堂等处，皇城以内地名，几无一非明代内府二十四衙署及大小各作遗迹也。试登景山而望，蓟门烟树，宫阙嵯峨，彼郁郁苍苍者，无一非朱明经始之烈；而自命遗老者，乃临睨而思前清，不亦数典而忘其祖耶？余昔在北平图书馆，得见清初《皇城宫殿衙署图》，既又在故宫博物院文献馆，得见乾隆京城地图，比较二图，参证群书，因得明清以来建置沿革。因汇为一编，作《故都纪念集》第二种，继《元大都宫殿图考》出版，为研究现代北京宫阙之先导也。

中华民国二十五年六月二十三日朱偰序于青溪

# 绪　论

　　述明清两代宫阙制度者，于明则有刘若愚《酌中志》、吕毖《宫史》，于清则有《国朝宫史》《国朝宫史续编》。叙明清两代宫苑沿革者，则有清康熙时朱彝尊之《日下旧闻》、乾隆时敕修之《日下旧闻考》，《光绪顺天府志》卷三缪荃孙覆辑之《辽金元明故宫考》。此外私人笔记，记载宫苑建置，网罗史事旧闻，则有孙承泽《春明梦余录》、毛奇龄《西河诗话》、高士奇《金鳌退食笔记》。他若游记杂录，如李默《游西内记》、韩雍《赐游西苑记》，以至于沈德符《野获编》《燕都游览志》《嘉隆闻见记》《眉公见闻录》《涌幢小品》《悫书》等，多至不可胜数。近人整理北平史迹，或编为长编（瞿宣颖《北平史表长编》，北平研究院史学研究会出版），或拟为方志（北平研究院拟出版之《北平志》），或汇为史料（北平中国营造学社汇刊各期单士元编《明代营造史料》）。上下五百年间，典章炳焕，图籍杂陈，似不必再穷心力、缀词藻，作此《明清两代宫苑建置沿革图考》，以一人之精力，与古人之著作或团体之物力竞胜。然余终不得已于言者，有二端焉：

　　（一）明清以来言故都掌故者，大都剿袭旧闻，敷陈词藻，欲求系统清晰，图绘精审，碻然以递嬗沿革之状，昭示后人者，实难多得。书籍虽众，皆非吾人所当意者。试将上列资料及参考书，分组批评如下：

　　（1）属于皇家编纂者　如清代之《国朝宫史》《国朝宫史续编》，大都颂扬功德，敷陈词藻，御题楹匾诗文，触目皆是。而于建置沿革、大内规制，以及建筑上之特点，反付阙如。名为"宫史"，实一代之宫禁叙置而已。且书中记载，亦不能完全无误。例如《国朝宫史续编》卷五十八，叙"雨华阁后，为昭福门；门外，西为梵宗楼"，实则雨华阁西北，即为梵宗楼，楼后始为昭福门也。且无地图，凭东南西北前后左右，以为叙置，仍不能令人想象全局。例如建福宫后西花园一带，于民国十二年被焚，专凭

《国朝宫史》，即已不能确定其位置。此为一般古籍叙述建筑之通病，固不止《国朝宫史》已也。

（2）《酌中志》及《明宫史》　刘若愚《酌中志》二十四卷，一名《芜史小草》，又称《明宫史》，亦有专指第十七卷，名曰《大内规制纪略》，与吕毖《明宫史》一书，同为纪实之作。盖二人身处宫禁，皆所亲历，较诸外间传闻，自不可同日而语，实为研究明代宫室之第一等材料。唯二书记载，不能纲举目张，往往于叙述规制之中，忽夹以宫廷琐事。驯至系统不明，条例不清，且叙述次序，随心所至，又无图以为之辅。故读者往往详细研求，尚有不能得其所述之地点者。此则二书之通病也。

（3）《日下旧闻》及《日下旧闻考》　以网罗旧闻、记载掌故为其职责，故搜罗材料不厌繁多，琐事逸闻不殆烦细，然往往旁征博引而迄无定见，前后矛盾而不思解决，是其缺点。又其所引材料，亦未能加以审查，如《日下旧闻考》卷三十三引明《太祖实录》，以为燕王府建筑符祖训定制，不知燕府因元旧内，未尝改作，燕王上建文书，固未尝讳言宫室僭越也。其所以然者，《太祖实录》两经篡改，遂致实录不实，特《日下旧闻考》及缪荃孙《明故宫考》，皆未见及耳。

（4）缪荃孙《明故宫考》　《明故宫考》（《顺天府志》卷三）一文，虽删繁就简，纲举目张，已略较《酌中志》为佳；然其中考证错误，记载复出，亦复不少。其考证错误者，如谓：万岁山上……有亭五，曰毓秀亭，曰寿春亭，曰集芳亭，曰长春亭，曰会景亭。不知毓秀亭实即毓秀馆，寿春、集芳二亭，注中谓出自《酌中志》，实则未见，而会景亭虽见于《酌中志》，但在山后而非山上。景山五亭，实建始于清乾隆十六年（见《国朝宫史》），故北平图书馆所藏《清初皇城宫殿衙署图》，景山上尚无亭也。缪氏盖不知景山五亭建于乾隆，而必欲于万岁山寿皇殿觅五亭以凑数，遂致前后复出，误引群书，亦可慨也。又如记大高玄殿云："旵真阁、焖灵轩、象一宫，皆供奉释道处，……殿门前有二亭，制极巧，中官呼为九梁十八柱。"此段记载，错误有二：大高玄殿全为供奉道教之所，与释无关，谓供奉释道，其误一也；殿门前二亭，制极巧，实即旵真阁及焖灵轩，今日尚存，其误二也。又缪氏所引诸书，疑未遍览，如引刘若愚《酌中志》，或作《大内规制记略》，或作《芜史》，或虽引《酌中志》而实不见于《酌中志》，盖辗转相引，遂不免名目复出耳。

（5）《北平史表长编》　瞿氏作《北平史表长编》，于其序例中自叙曰：

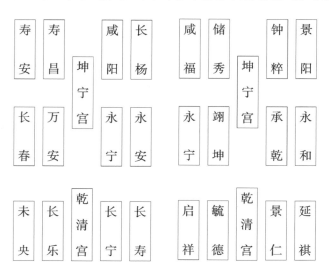

"于是先取辽、金、元、明诸史及《东华录》诸书之涉于北平史迹者，分年系之；不足，更取诸《日下旧闻考》《顺天府志》《皇朝文献通考》《大清一统志》《会典事例》《宫史》《图书集成》诸书，而诸私家记载之可信者亦多采焉。"然夷考其实，取材不过上列诸书，足供明清两代建置中心史料之实录，未尝采取。故阙漏既多，错误亦繁。试略举数例，以见其阙误：（甲）明永乐时之十二宫，原名正史失载，唯据《明宫殿额名》《明会要》及刘若愚《酌中志》，犹可考见。东一长街之东，由南而北，曰长宁宫、永宁宫、咸阳宫；东二长街之东，由南而北，曰长寿宫、永安宫、长杨宫。西一长街之西，由南而北，曰长乐宫、万安宫、寿昌宫；西二长街之西，由南而北，曰未央宫、长春宫、寿安宫。《北平史表长编》概未采入，犹不足怪。所可怪者，嘉靖十四年（一五三五）五月，尽更十二宫名，为明代宫史之一大转变，散见《明宫殿额名》《春明梦余录》《明会要》《酌中志》诸书，乃亦一字未着，是诚不免疏漏矣。按《明宫殿额名》：嘉靖十四年五月，更永安宫曰永和宫，长杨宫曰景阳宫，万安宫曰翊坤宫，寿昌宫曰储秀宫，长春宫曰永宁宫，寿安宫曰咸福宫。又据《春明梦余录》，嘉靖十四年五月，更长宁宫曰景仁宫，更据《明会要》卷七十一，同年同月，更未央宫曰启祥宫。以上更名年月可考者凡八宫，其他四宫，虽不可考其更名年月，然十二宫本为对称，既有景仁，必有毓德，既有翊坤，必有承乾，既有储秀，必有钟粹，既有启祥，必有延祺也。更名前后之十二宫，略图如下。以如此重大之变更，而《北平史表长编》一字未提，不谓之疏漏不可也。（乙）李自成之入京也，于崇祯十七年（一六四四）四月二十九日夜，焚宫殿及九门城楼西逋，见《明史·流寇传》《烈皇小识》《明季遗闻》等书，是为北京宫殿之有数浩劫，故清人入关不得不亟事修复，乃《北平史表长编》亦一字未提，其疏漏二也。（丙）《北平史表长编》一二七页，于雍正十三年（一七三五）下，系以建先蚕坛事，但识其疑曰："按《会典》亦以建先蚕坛为雍正十三年事，《清史稿》于《高宗纪》复有正月乙卯建京师先蚕坛之文，恐即一事。但《国朝宫史》《嘉庆一统志》及《皇朝文献通考》皆称先蚕坛乾隆七年建，姑记其异于此。"偰按：雍正十三年所建之先蚕坛，北郊之先蚕坛也。"乾隆七年，廷臣议以郊外道远，且水源不通，无浴蚕所，考唐宋时后妃亲蚕，多在宫苑之中，明代亦改建于西苑。高宗纯皇帝监前制，于苑之东北隅，筑……先蚕坛。"[1]盖一在北郊，一在西苑，《北平史表长编》竟混而为一，于此可见瞿氏之学力矣。（丁）《北平史表长编》根据《大清会典·事例八六三》，于康熙十六年（一六六七）曰"因咸安宫旧址改建寿安宫"，曰"重修慈宁宫"，乃于乾隆十六年（一七五一）亦云然，前后一字不爽；又根据《会典·事例八六三》，于康熙二十九年（一六九〇）曰："天安门外建石桥七座。"于三十年（一六九一）曰：重修太和殿、中和殿、保和殿，乃于乾隆二十九年、三十年（一七六四、一七六五）亦云然，前后亦未差一字。又于康熙三十九年（一七〇〇）曰：敕建文渊阁于文华殿之后，以为藏弄《钦定四库全书》之所；乃于乾隆三十九年（一七七四）又云：命建文渊阁于文华殿后。按文渊阁实建于乾隆三十九年，见《国朝宫史续编》卷五十三，时《四库全书》尚未成也。[2]今瞿君乃欲速观其成于七十四年以前，史表云乎哉！长编云乎哉！

至于其他私人笔记，以及史料汇编，则或本东鳞西爪，漫无统属，且本身之可信与否，尚待审查，或则本为史料，尚待整理。故典籍虽众，而差强人意者尚未之有也。著者生长燕京二十余年，宫廷苑囿，无不遍览，自信对于实地考察方面，尚有一日之长，故不揣简陋，究其沿革，制为图考。此写述本书之动机一也。

（二）自东北沦亡，热河失守，日人方面，已有《热河行宫》一书问

---

[1]《国朝宫史续编》卷六十八。

[2] 见乾隆《文渊阁记》。

世。国人不自奋发，不自宝其祖宗遗物，一旦沦于异域，乃始俟异国人为之整理，不亦大可悲乎！吾人读日本今西龙君《高丽诸陵墓调查报告书》，辄深亡国之痛也。夫今日北平，已成四面楚歌之危境，吾列代相承之文物制度，吾七百年来艰辛缔造之故宫苑囿、坛庙寺观，无一非民族文化之结晶、先民心血之所创造也。吾知国人之心不死，大汉之魂不灭，必不容异族长此穷兵黩武、蚕食鲸吞也！故吾当此绝续存亡之际，写《故都纪念集》问世，共有七种：一曰《元大都宫殿图考》，二曰《明清两代宫苑建置沿革图考》，三曰《北京宫阙图说》，四曰《北京坛庙图说》，五曰《北京苑囿图说》，六曰《北京寺观图说》，七曰《北京附近陵寝图说》。冀以激发国人民族之思想，而长慷慨赴义之志气也。于此篇中，尤再三致意于明代创造之规模，盖今日之北京，宫阙嵯峨，云树郁苍者，固无一非朱明经始之烈也。

有此二端，故不揣个人学力之渺小，图书设备之不足，毅然肩此重任，写为此书行世。本书之目的，在昭示北京宫阙递嬗沿革之迹，期以清晰之系统，精审之图绘，叙述故宫之沿革。然余既非建筑学者，又非考古学家，徒以一己之兴趣，发乎兴亡之感慨，勉而为此。尚望海内学者，有以见教之也。

# 第一章　明代之建置

本章论明代建置，偏于历史方面之叙述，欲以简单扼要之文辞，说明有明一代宫苑递嬗变迁之阶段。凡分四期：一曰缔造时期，自永乐历洪熙、宣德、正统以迄景泰。盖北京宫阙，奠基于永乐，中经焚毁，至正统六年（一四四一），始修复三殿两宫，废行在称；建九门城楼，定都北京，宫阙规模，至是始备也。二曰扩充时期，自天顺历成化、弘治、正德以至嘉靖。在此期中，南内既增建于前（天顺三年），西苑又营造于后（天顺四年），而嘉靖一朝，又刻意经营、皇史宬、慈宁宫、大高玄殿、大光明殿、万寿宫皆以是时建置，比之以清代之乾隆，不为过也。三曰守成时期，隆庆万历以后，建置较少，一方面金元旧物，逐渐圮倾（如广寒殿），他方面偶有修建（如乾德阁），亦毁于天启、崇祯，而修理宫殿，则史不绝书，旧时规模，尚能保存而不坠，故曰守成也。四曰毁坏时期，李自成焚大内，西苑、万寿宫等处同被劫灰，金碧摧毁，荒凉惨目，故以是时期为殿焉。至若大内之规制，苑囿之曲折，详于第二章，兹不多赘焉。

## 第一节　缔造时期

**元代之遗产**　当元之亡，大都宫殿，岿然独存。元代宫苑，夹太液池两岸，分为三区：东为大内，大明宫在焉。西北当广寒殿、仪天殿之西，为兴圣宫（今北平图书馆后一带）；其前则隆福宫也（今集灵囿一带）。方元之亡，萧洵为工部郎中，奉命至北平毁元旧都（《故宫遗录》吴节序文），按萧洵于洪武六年，以工部主事任长兴县（见《长兴县志》），则明初毁元故宫，当在洪武六年以前，而大明宫为大内正殿，亦必先遭摧毁。

故元代遗产，留存于明者，厥为太液池之广寒殿、仪天殿及西岸之兴圣宫、隆福宫、西御苑而已。①

燕王府之设置　明初分封诸王，燕府因元旧内。《明太祖实录》：

> 洪武三年七月，诏建诸王府，工部尚书张允言诸王宫城宜各因其国择地，请秦用陕西台治，晋用太原新城，燕用元旧内殿，楚用武昌灵竹寺基，齐用青州益都县治，潭用潭州玄妙观基，靖江用独秀峰前。上可其奏，命以明年次第营之。

《祖训录·营缮门》亦云：

> 见诸王宫室，并依已定格式起造，不许犯分。燕因元旧有。若王孙繁盛，小院宫室，任从起造。

可见燕府因元旧内，未依定制。《日下旧闻考》卷三十三及《顺天府志三·明故宫考》侈引二次改纂之《太祖实录》，叙述燕府，悉依定制②，与《明史·舆服志》所书王宫制度尽合，不知此系改纂后之记载，盖成祖欲掩其僭越逾制一事，故修改实录，使之不实也。试引《明太宗实录》证之：

> 建文元年，燕王上书陈八事，其七曰：……谓臣宫僭侈，过于各府，此盖皇考所赐，自臣之国以来二十余年，并不曾一毫增益，其所以不同各王府者，盖祖训营缮条云，明言燕因元旧有，非臣敢僭越也。

---

① 参阅拙著《故都纪念集》第一种《元大都宫殿图考》。

② 《明太祖实录》云："燕府营造讫工，绘图以进，其制，社稷、山川二坛在王城门之右。王城四门：东曰体仁，西曰遵义，南曰端礼，北曰广智。门楼廊庑二百七十二间，中曰承运殿，十一间。后为圆殿，次曰存心殿，各九间。承运殿之两庑，为左右二殿，自存心、承运周围两庑至承运门，为屋百三十八间。殿之后为前、中、后三宫，各九间，宫门两厢等室九十九间。王城之外，周垣四门：其南曰灵星，余三门同王城门名。周垣之内，堂库等室一百三十八间，凡为宫殿室屋八百一十一间。"

若燕府果不违制，则又何必有此申辩耶？《明太宗实录》，燕王自承其宫室僭越；而《明太祖实录》则又书燕府落成，极合定制，何前后矛盾若是？盖建文朝事迹，万历时以允科臣杨天民请，始附于《明太祖实录》后①，燕王上建文书，盖为永乐逝世后将二百年，后人所附入，此则非雄才阴鸷之永乐帝所能见及矣。然由此可证明燕府因元旧内，为无可疑义者矣。

按燕府所因元旧内，即为元隆福宫，在太液池西岸。故孙承泽《春明梦余录》云："初燕邸因元故宫，即今之西苑，开朝门于前。元人重佛，朝门外有大慈恩寺，即今之射所；东为灰厂，中有夹道，故皇墙西南一角独缺。"

燕府改建西宫　成祖即位，尚都南京，唯就燕府改建西宫，以备巡幸受朝，尚非正式宫殿也。《明太宗实录》云：

　　永乐十四年（一四一六）八月丁亥，作西宫。初，上至北京，仍御旧宫。及是将撤而新之，乃命工部作西宫，为亲朝之所。……

　　十五年四月癸未，西宫成。其制中为奉天殿，殿之侧，为左右二殿，奉天殿之南为奉天门，左右为东西角门。奉天门之南为午门，午门之南为承天门。奉天殿之北有后殿、凉殿、暖殿及仁寿、景福、仁和、万春、永寿、长春等宫，凡为屋千六百三十余楹。

《春明梦余录》亦云：

　　永乐十四年，车驾巡幸北京，因议营建宫城。……即故宫建奉天三殿，以备巡幸受朝。

考其制度，中为奉天三殿，左右为六宫，俨然大内规制也。

正式宫殿之营建　成祖虽建西宫，然不过备巡幸受朝而已，既决定迁都北京，遂不得不营建正式宫殿。《春明梦余录》云："十五年（一四一七）

_____

① 《明史·艺文志》。

改建皇城于元故宫东，去旧宫可一里许，悉如金陵之制而宏敞过之。"是年正月，平江伯陈瑄督漕运木赴北京，泰宁侯陈珪董建北京，柳升王通副之。三月，杂犯死罪以下囚输作北京赎罪。①六月，建郊庙。十一月，建乾清宫，②始作奉先殿。③永乐十七年，又拓北京南城，计二千七百余丈。④次年（一四二〇）北京宫室告成，乃命礼部正北京为京师，不称行在。⑤北京宫阙规模，实奠基于此时焉。

宫殿之焚毁　然北京宫室落成不久，即遭焚毁：永乐十九年（一四二一），奉天、华盖、谨身殿灾，⑥次年（一四二二），乾清宫亦灾，⑦成祖之惨淡经营，悉成灰烬。历洪熙、宣德两朝，未遑修复，然此时期中建置，亦有可述者。

（1）作观天台　永乐二十二年（一四二四）作观天台于禁中。《明通纪》云：在子城西偏，一名灵台，今织女桥南是也。⑧

（2）建弘文阁　洪熙元年（一四二五）建弘文阁，命儒臣入直，杨溥掌阁事。⑨

（3）移东华门于玉河之东　宣德七年（一四三二）扩禁城东部，移东华门于玉河之东，迁居民于灰厂西之隙地。⑩

（4）建朝天宫　宣德八年（一四三三）仿南都之制，建朝天宫于皇城西北。（按即今阜成门内宫门口一带）。⑪

（5）置六科文书所　宣德十年（一四三五）置六科庋阁文书之所于承天门外。⑫

---

① 《明史·成祖纪》。

② 《日下旧闻考》卷三十三引《明典汇》。

③ 《春明梦余录》。

④ 《日下旧闻考》卷三十八引《明成祖实录》。

⑤ 《明史·成祖纪》及《图书集成·职方典》。

⑥ 《日下旧闻考》卷三十四引《明成祖实录》。

⑦ 《明史·成祖纪》。

⑧ 《图书集成·考工典》引《皇明大政记》。

⑨ 《明史·仁宗纪》。

⑩ 《春明梦余录》。

⑪ 《日下旧闻考》卷五十二引《帝京景物略》。

⑫ 同上，卷六十三引《明宣宗实录》。

（6）建九门城楼　正统元年（一四三六）命大监院阮安、都督同知沈清、少保工部尚书吴中率军夫数万人，修建京师九门城楼。[①]四年（一四三九）修门楼城濠桥闸告成。[②]

（7）作公生门　正统元年（一四三六）作公生门于长安左右门外之南，按即今履顺、蹈和二坊所在地也。[③]

宫殿之修建　英宗正统五年（一四四〇）始重建奉天、华盖、谨身三殿，乾清、坤宁二宫，[④]次年（一四四一）三殿两宫成。[⑤]自此以后，至第一时期之末为止，兴废有可述者。

（1）文渊阁灾　正统十四年（一四四九）文渊阁灾，所藏之书悉为灰烬。[⑥]

（2）增建御花园　景泰六年（一四五五）增建御花园。[⑦]

以上，第一时期即缔造时期之综述也。自永乐十四年（一四一六）初建西宫起，至景泰六年（一四五五）增建御花园止，凡四十年，经明初诸帝惨淡经营，成而复　灾，毁而复建，始规模粗备。英宗复辟以后，遂入于第二时期，即扩充时期矣。

## 第二节　扩充时期

英宗复辟，改元天顺，首修南内，继营西苑，明代宫室至此，已入于扩充时期矣。天顺朝宫苑兴废，略如下述：

（1）承天门灾　天顺元年（一四五七）承天门灾。[⑧]

---

① 《图书集成·职方典》引《明英宗实录》。

② 《日下旧闻考》卷三十八引《明英宗实录》。

③ 《图书集成·职方典》引《明英宗实录》。

④ 《明会要》卷七十二：正统五年三月戊申，建北京宫殿。初，永乐中，宫阙未备，奉天、华盖、谨身三殿，成而复灾，以奉天门为正朝。至是重建三殿，并修缮乾清、坤宁二宫，役工匠官军七万余人。

⑤ 《日下旧闻考》卷三十四引《明英宗实录》。

⑥ 《山樵暇语》。

⑦ 《图书集成·职方典》。

⑧ 《明史·英宗后纪》。

（2）修南内　初，英宗在南内，悦其幽静，既即位，数幸焉，因增置殿宇。天顺三年（一四五九）十一月，工成。[1]南内宫观详情，见第二章第二节，兹不多赘。

（3）经营西苑　天顺四年（一四六〇）九月，新作西苑殿宇轩馆成。苑中旧有太液池，池上有蓬莱山（即琼华岛），帝命即太液池作行殿三：池西向东对蓬莱山者曰迎翠，池东向西者曰凝和，池西南向者，以草缮之而饰以垩，曰太素。（今五龙亭北）[2]

宪宗即位，改元成化，孝宗（弘治）、武宗（正德）继之三朝营建宫苑，稍逊于天顺、嘉靖，兹列其重要建置如下：

（1）造承天门　成化元年（一四六五）命工部尚书白圭，董造承天门。[3]

（2）乾清门灾　成化十年（一四七四）乾清门灾。[4]

（3）缮南海子垣墙　弘治三年（一四九〇）缮南海子垣墙。[5]

（4）清宁宫灾　弘治十一年（一四九八）清宁宫灾，次年（一四九九）重建清宁宫成。[6]

（5）两宫灾　弘治十二年（一四九九）两宫灾，所谓两宫，盖指乾清、坤宁二宫。[7]

（6）文渊阁灾　正德四年（一五〇九）西苑文渊阁灾，自历代国典稿簿俱焚。[8]

（7）乾清宫灾　正德九年（一五一四）因赏万灯，延烧宫殿俱尽。[9]

（8）重建二宫　正德九年十二月，重建乾清、坤宁二宫。[10]

（9）重修大素殿　正德十年，重修大素殿，殿旧规垩饰茅覆，实与

---

[1]《图书集成·职方典》引《明英宗实录》。

[2]《日下旧闻考》卷三十六引《明英宗实录》。

[3]《日下旧闻考》卷三十三引《明宪宗实录》。

[4]《明史·宪宗纪》。

[5]《明史·刘吉传》。

[6]《明史·孝宗纪》。按《酌中志》及《明宫史》皆无清宁宫，不知所指何宫。

[7]《野获编》。

[8]《山樵暇语》。

[9]《日下旧闻考》卷三十四引《明武宗实录》。

[10]《图书集成·职方典》引《明武宗实录》。

名称；新制务极华侈，凡用银二十余万两，役军匠三千余人，岁支米二万三千余石，盐三万四千余斤，他浮费及续添工程不在此数。（按大素殿即今五龙亭地，创于天顺年，见《金鳌退食笔记》。）①

（10）乾清宫成　正德十六年（一五二一）乾清宫成。②

嘉靖一朝，为明代营建宫苑极盛时期，皇史宬、慈宁宫、大高玄殿、大光明殿、万寿宫，皆以是时先后创建，亦犹清代之有乾隆也。兹将其重要建置，汇列如下：

（一）属于创建者

（1）作观德殿于奉先殿西　嘉靖三年（一五二四）建庙奉先殿西曰观德殿。③六年（一五二七）移建观德殿于奉先殿之左，改称崇先殿，奉安恭穆献皇帝神主。④

（2）作世庙　嘉靖四年（一五二五）作世庙祀献皇帝。次年，世庙成。⑤

（3）作玉德殿景福、安喜二宫　嘉靖四年（一五二五）作玉德殿景福、安喜二宫。⑥

（4）作圜丘、方泽、朝日、夕月、先蚕各坛　嘉靖九年（一五三〇）作圜丘于天地坛，稍北为皇穹宇。⑦又建方泽坛，为制二成，又建朝日坛，在朝阳门外；夕月坛，在阜成门外，均缭以垣墙。⑧同年，作先蚕坛于北郊。⑨

（5）建历代帝王庙　嘉靖十年（一五三一）建历代帝王庙成，庙在阜成门内大街北，今存。⑩

---

① 《图书集成·职方典》引《明武宗实录》。

② 《明史·世宗纪》。按《日下旧闻考》卷三十四引《明实录》，称十一年十一月乾清宫成；继则称御史郑本公上疏有"八年营构一旦落成"之语。乾清宫以九年十二月灾，至十六年适将八年，然则《旧闻考》误引。

③ 《明史·睿宗献皇帝传》。

④ 《日下旧闻考》卷三十三引《明世宗实录》。

⑤ 《明史·世宗纪》及《睿宗献皇帝传》。

⑥ 同上。

⑦ 《日下旧闻考》卷五十七引《明典汇》。

⑧ 《春明梦余录》卷十六。

⑨ 《明史·世宗纪》。

⑩ 《日下旧闻考》卷五十一引《明典汇》。

（6）建太岁坛　嘉靖十一年（一五三二）即山川坛为天神、地祇二坛，以仲秋中旬致祭；别建太岁坛。（皆在今先农坛）①

（7）建皇史宬　嘉靖十三年（一五三四）建皇史宬于重华殿西。②

（8）作九庙　嘉靖十四年（一五三五）作九庙，十五年（一五三六）九庙成。③（二十年九庙灾，二十三年重建）

（9）建金海神祠于西苑　嘉靖十五年，建金海神祠于大内西苑涌泉亭。④

（10）建慈庆宫及慈宁宫　嘉靖十五年，以清宁宫后半地建慈庆宫，以仁寿宫故址并撤大善殿建慈宁宫。⑤十七年（一五三八）慈宁宫成，十九年（一五四〇）慈庆宫成。⑥

（11）造献帝庙　嘉靖十五年，造献帝庙于太庙之巽隅。⑦

（12）作圣济殿　嘉靖十七年（一五三八）作圣济殿于文华殿后，以祀先医。⑧

（13）建大高玄殿　嘉靖二十一年（一五四二）大高玄殿成。⑨

（14）建佑国康民雷殿　嘉靖二十二年（一五四三）帝用方士陶仲文言，建佑国康民雷殿于太液池西。⑩

（15）作雷霆洪应殿　嘉靖二十二年，新作雷霆洪应殿成。⑪

（16）作圆明阁阳雷轩　嘉靖二十六年（一五四七）圆明阁阳雷轩工成。⑫

（17）建大光明殿　嘉靖三十六年（一五五七）大光明殿工成。⑬

---

① 《春明梦余录》卷十六。

② 《日下旧闻考》卷四十引《大政纪》。

③ 《明史·世宗纪》及《日下旧闻考》卷三十三。

④ 《日下旧闻考》卷三十六引《明典汇》。

⑤ 《春明梦余录》卷六；《图书集成·职方典》引《明会典》。

⑥ 《明史·世宗纪》。

⑦ 《野获编》。

⑧ 《日下旧闻考》卷三十五引《明典汇》。

⑨ 《明史·世宗纪》。

⑩ 《明史·刘魁传》。

⑪ 《日下旧闻考》卷三十六引《明世宗实录》。

⑫ 《日下旧闻考》卷四十一引《明世宗实录》。

⑬ 《日下旧闻考》卷四十二引《明世宗实录》。

（18）建万法宝殿　嘉靖四十四年（一五六五）定新建万法宝殿，名中曰寿憩，左曰福舍，右曰禄舍。①

（19）建玉芝宫　嘉靖四十四年，芝生睿宗原庙柱，遂建玉芝宫。②

（20）作御憩殿朝元馆　嘉靖四十五年（一五六六）二月，造御憩等殿于大道殿果园中；五月，建朝元馆。③

（21）建真庆乾光等殿　嘉靖四十五年正月，建真庆殿；九月，建乾光殿；闰十月，紫宸宫成。④

（二）属于重建及拓置者

（1）修建文华殿　嘉靖元年（一五二二）修建文华殿。⑤

（2）重建仁寿宫　嘉靖四年（一五二五）三月，仁寿宫灾；八月作仁寿宫⑥。十九年（一五四〇）又诏修仁寿宫。⑦

（3）修建西苑宫殿　嘉靖九年（一五三〇）西苑宫殿成。⑧

（4）建清馥殿前二亭　嘉靖十一年（一五三二）建清馥殿前丹馨门锦芳、翠芳二亭。⑨

（5）建乾清宫左右小殿　嘉靖十四年（一五三五）乾清宫左右小殿成，左曰端凝，右曰懋勤。⑩

（6）改十二宫制　嘉靖十四年（一五三五）因未央宫为兴献皇发祥之地，改为启祥宫，并于宫前建一石坊，向北匾曰"圣本肇初"，向南匾曰"元德永衍"。⑪又尽改十二宫名，改长宁曰景仁，长乐曰毓德；永

① 《日下旧闻考》卷四十一引《明世宗实录》。

② 《明史·世宗纪》。

③ 《日下旧闻考》卷四十二引《明世宗实录》及《明宫殿额名》。

④ 《野获编》。

⑤ 《图书集成·职方典》引《明典汇》。

⑥ 《明史·世宗纪》。

⑦ 同上。

⑧ 《明史·世宗纪》。何以知其系重建而非创建？《明世庙圣政纪要》云："嘉靖十年八月，帝御无逸殿之东室曰：'西苑旧宫，是朕文祖所御，近修葺告成，欲于殿中设皇祖位祭告之，祭毕宜以宴落成之。'"可见西苑宫殿，原系成祖旧宫也。

⑨ 《图书集成·职方典》引《宫殿额名》。

⑩ 《日下旧闻考》卷三十四引《明典汇》。

⑪ 《顺天府志》卷三引《嘉隆闻见录》并刘若愚《酌中志》卷十七。

宁曰承乾，万安曰翊坤；咸阳曰钟粹，寿昌曰储秀。改长寿曰延祺，未央曰启祥；永安曰永和，长春曰永宁；长杨曰景阳，寿安曰咸福。① 于是十二宫名，东西尽成对称焉。改名前后之十二宫，略图如上，以醒眉目。

（7）拓文渊阁制　嘉靖十六年（一五三七）命工匠相度，以文渊阁中一间恭设孔圣暨四配像，旁四间各相间隔开户于南，以为阁臣办事之所；阁东诰敕房装为小楼，以贮书籍，阁西制敕房南面隙地添造卷棚三间，以处各官书办，而阁制始备。②

（8）修仁寿宫　嘉靖十九年（一五四○）三月，诏修仁寿宫。③

（9）重建九庙　嘉靖二十年（一五四一）九庙灾。二十三年（一五四四）重建九庙，次年，新庙成。④

（10）更承光殿为乾光殿　嘉靖三十一年（一五五二）更承光殿为乾光殿。⑤

（11）重建奉天门　嘉靖三十七年（一五五八），重建奉天门成，更名

---

① 参阅《明宫殿额名》《春明梦余录》《酌中志》卷十七及《明会要》卷七十一。

②《图书集成·考工典》。

③《明史·世宗纪》。

④《明史·世宗纪》及《日下旧闻考》卷三十三。

⑤《图书集成·职方典》引《宫殿额名》。

曰大朝门。①

（12）重建三殿　嘉靖三十六年（一五五七）奉天等三殿灾。②三十八年（一五五九）三殿兴工。③四十一年（一五六二）三殿成，改奉天曰皇极，华盖曰中极，谨身曰建极。④

（13）重作万寿宫　嘉靖四十年（一五六一）万寿宫灾；⑤次年，重作万寿宫成。⑥

（14）重建惠熙等殿　嘉靖四十三年（一五六四）重建惠熙、承华等殿，宝月等亭既成，改惠熙为元熙延年殿。⑦

计上所列，属于创建者二十一处，属于重建及拓置者十四处，重要工程，次第完成，终嘉靖之世，劳作弗辍，皇城之内，大厦连云，金碧辉耀，楼阁相望。诚明代宫史之极盛时期也。

## 第三节　守成时期

隆庆而降，历万历、泰昌、天启以至崇祯，明代宫室，已无重大拓置，仅能保持旧规，略有增建，故综其时期，曰守成时期。其重要创建如下：

（1）建英明阁　隆庆四年（一五七〇）建英明阁于禁中。⑧

（2）建端敬殿　万历二十七年（一五九九）建端敬殿。⑨

（3）建景德殿　万历二十八年（一六〇〇）建景德殿。⑩

（4）建乾佑阁　万历二十九年（一六〇一）于禁城内乾方筑一高台，

---

① 《日下旧闻考》卷三十四引《明典汇》。

② 《日下旧闻考》卷三十四引《明世宗实录》。

③ 同上，引《太和稿》。

④ 同上，引《明世宗实录》。

⑤ 《明史·世宗纪》。《野获编》亦记载之。

⑥ 同上。

⑦ 《野获编》。

⑧ 《日下旧闻考》卷三十五引《明穆宗实录》。

⑨ 《日下旧闻考》卷三十五引《明神宗实录》。

⑩ 《日下旧闻考》卷四十二。

台名乾德，阁名乾佑，亦称乾德阁。① （按在北海西北隅）

（5）建显阳殿　万历二十九年，建显阳殿。② （按在兔儿山）

（6）建嘉乐殿、嘉豫殿　天启二年（一六二二）毁乾佑阁，即其处作嘉乐殿。③（按《明宫史》，作天启五年）四年（一六二四）添建嘉豫殿。④

（7）奉先殿外别建一殿　崇祯十五年（一六四二）于奉先殿外别建一殿，祀孝纯及七后。⑤

（8）创文昭阁直房　崇祯十五年，创文昭阁直房。⑥

其随毁随建，属于修复者，有下列各工事：

（1）重修乾清等宫　万历五年（一五七七）重修乾清等宫。⑦

（2）重建慈宁宫　万历十一年（一五八三）慈宁宫灾。十三年（一五八五）慈宁宫成。⑧

（3）修后苑浮碧、澄瑞二亭　万历十一年（一五八三）修后苑浮碧、澄瑞二亭。⑨

（4）重建乾清、坤宁二宫　万历二十四年（一五九六）乾清、坤宁两宫灾。⑩次年，重建二宫。⑪又一年，两宫告成，并建交泰殿、暖殿、披房、斜廊、乾清、日精、月华、景和、隆福等门及围廊房一百一十间；又带造神霄殿、东诏库、芳玉轩。⑫

（5）修万法宝殿　万历二十九年（一六〇一）修万法宝殿，添盖佛殿连房。⑬

--------

① 《野获编》及《明神宗实录》（万历二十九年）。

② 《日下旧闻考》卷四十一。

③ 《闽史掇遗》及《图书集成·职方典》。

④ 《日下旧闻考》卷三十六。

⑤ 《明史·皇后传》。

⑥ 《图书集成·职方典》。

⑦ 《两宫鼎建记》。

⑧ 《明史·神宗纪》。

⑨ 《春明梦余录》。

⑩ 《明史·神宗纪》。

⑪ 《春明梦余录》。

⑫ 《日下旧闻考》卷三十四引《冬官纪事》。

⑬ 《日下旧闻考》卷四十一引《明宫殿额名》及《春明梦余录》。

（6）重建乾清、坤宁二宫　万历三十年（一六〇二）重建乾清、坤宁二宫，三十二年（一六〇四）乾清宫成。①

（7）重建三殿　先是万历二十五年（一五九七）三殿灾，因归极门火，延烧皇极等殿，文昭、武成二阁回廊皆尽。② 终万历之世，迄未修复。③ 万历四十三年（一六一五）虽动工重建，但终未果。④ 天启五年（一六二五）始修三殿。⑤ 次年皇极殿成，又一年中极、建极殿成。⑥

（8）修皇极门　泰昌元年（一六二〇）修皇极门。⑦

（9）修隆德殿　先是万历四十四年（一六一六）隆德殿灾；天启七年（一六二七）修隆德殿。⑧

（10）重建太学　崇祯十四年（一六四一）重建太学成，拜奠于先师孔子。⑨

此时期中，兴工建筑，已不如前，宫殿楼阁，任其毁坏而不加修复者，如广寒殿⑩、朝元阁⑪、贞庆殿⑫、昭和殿⑬、怡神殿⑭、哕鸾宫⑮、朝天宫⑯，元代及明初旧筑，先后圮毁，朱明国势已衰，故于宫殿亦仅能守成而已。

---

① 《明史·神宗纪》。按重建二宫之举，《春明梦余录》系于万历二十五年；《日下旧闻考》卷三十四引《冬官纪事》，则云二十四年七月初十日开工，二十六年七月十五日告成；今《明史·神宗纪》又言三十年复建，三十二年告成，《旧闻考》未引，亦不审其何以复建也。

② 《日下旧闻考》卷三十四引《明神宗实录》。

③ 《明会要》卷七十二引《已上三编》。

④ 《明史·神宗纪》。

⑤ 《春明梦余录》。

⑥ 《明史·熹宗纪》。

⑦ 《图书集成·职方典》。

⑧ 《明史·熹宗纪》。

⑨ 《明史·毅宗纪》。

⑩ 《春明梦余录》，广寒殿，万历七年五月初四日坍塌，六月初六日拆去。

⑪ 《日下旧闻考》卷四十二引《明宫殿额名》：万历二十八年五月，朝元阁坏。

⑫ 《日下旧闻考》卷四十一引《明宫殿额名》：羊房夹道旧有贞庆殿，万历三十一年八月坏。

⑬ 《明史·神宗纪》：万历三十三年九月甲午，昭和殿灾。又《熹宗纪》：天启元年闰二月戊戌，昭和殿灾。

⑭ 《明史·神宗纪》：万历三十九年四月戊子，怡神殿灾。

⑮ 《明史·熹宗纪》：泰昌元年十月丁卯，哕鸾宫灾。

⑯ 《春明梦余录》：天启六年六月二十日，朝天宫灾，只存张真人府，府设道箓司，元三碑存。又《日下旧闻考》卷五十二，亦云天启六年六月二十日夜朝天宫十三殿齐灾。

## 附天启宫词选（录自抄本《酌中志余》）

陈 悰

越水吴山千万重，御楼图画作屏风。

君王尽日含颦坐，佳丽江南在眼中。

魏忠贤命御用监作五彩围屏，绘西湖虎丘诸胜，设御榻左右，欲导上效武庙南巡故事也。上玩之忘倦。

金海桥西问旧堂，几回清泪滴霓裳。

不知阿母传何语，罢遣宫人到洛阳。

客氏惮张后严明，谤以蜚语，谓后父非张国纪，乃系狱海寇孙官哥所生也。内安乐堂在金海桥西，宫人有罪及老病者居之。宪庙时，万妃怙宠，纪后托病驻辇于此，笃生孝庙。客氏扬言欲奏请修筑，行纪后故事。又将遣名下宫人潜往河南访后家世，故使后闻之。后窘甚，无计。适客氏归私第，其母动以危言，事乃得寝。

众中自恃独承恩，锦帐宵分细语频。

回首繁华成往事，潇潇雪霰别长春。

长春宫即永宁宫，上改今名，以居李成妃。自张裕妃不得其死，范慧妃失爱，独李侍寝。一夕，密为范妃乞怜。客魏俱知之，矫旨革李封，绝其饮食，欲如处裕妃故事。李先是见张妃之死，惧，于檐端壁隙遍藏食物，至是借以充馁。久之，二逆怒解，黜为宫人，自长春宫逼迁乾西四所。迁之日，风雪寒沍，行色惨瘁，见者冤之。

凄风行昼起乾清，乱叶高枝似雨零。

东望省愆阶畔草，长随辇路自青青。

甲子五月十日，旋风骤从西至，乾清宫前，荷叶堆积，罔测所自。省愆居在文华殿后，旧制，凡灾异凶荒，圣驾居此。辛酉而后，阑陛尘封矣。

中宫宴散玉山颓，枕上闻呼号殿灾。

欲卫天家持五尺，锦衾香暖梦初来。

甲子岁一号殿火灾，诸内官适以是日开宴，醉饱酣卧，御前防卫仅三人。五尺攒竹为之宫中有警持以护驾者。

石梁深处夜迷藏，雾露溟濛护月光。

捉得御衣旋放手，名花飞出袖中香。

乾清宫丹陛下有老虎洞，不知所始。洞背为御街，洞中甃石成壁，可通往来。上尝于月夕率内侍赌迷藏为戏，潜匿其内。诸花香气，上所笃爱，时采一二种贮襟袖间，故圣驾所至，数武外辄识之，以芬芳袭人也。

> 玄武初更堕玉钩，长街杳杳夜愁愁。
>
> 石台铜壁依然在，内府宫人不上楼。

禁中有东一长街、西一长街等街。街有楼，楼设路灯。其楼石为基，铜为墙，铜丝为窗户。每日晚，内府供用库差宫人灌油燃火达曙，荧煌若昼。魏忠贤概命废之，盖以便于侦伺诸宫诸直房之动静也。玄武楼据紫禁城之艮方，更鼓楼在焉。

> 西苑冬残冰未澌，胡床安坐柘黄衣。
>
> 行行不藉风帆力，万里霜原赤兔飞。

西苑池冰既坚，以红版作柁床，四面低阑亦红色，旁仅容一人，上坐其中，诸珰于两岸用绳及竿前引后推，往返数里，瞬息乃已。

> 六宫深锁万娇娆，多半韶华怨里消。
>
> 灯影狮龙娱永夜，君王何暇伴纤腰。

上不好女色，夜宴既毕，遽陈种种杂戏，宵分就枕，夹纱灯亦其一也。中所缀有狮蛮滚球、双龙赛珠等像。

> 良宵凤彩绣围空，恨别心期两地同。
>
> 一日内批三遍召，夫人侵晓报回宫。

客氏直房一在凤彩门。直房，与忠贤密晤之所也。凡归私第，未浃旬，忠贤必矫旨召入。其出入恒以五更。

> 封本呈来会极门，烧灯分勘坐黄昏。
>
> 关心字句无多少，一一行间印爪痕。

每日所进本，司礼监官集乾清宫分看。唯会极门接入通政司封本，捧匣官人于日暮送至王梁诸人直房再加参阅。诸人各据私意，掐指爪痕于上下空纸以志之。翌日御览时托侍立者口奏施行。

> 此日英华法事停，鸣螺捧杵尽倾城。
>
> 弓鞋不便连环变，伞底招花自在行。

番经厂内官百人习西方梵呗，遇万寿、元旦等节，于英华殿作法事。卒事之日，一人扮韦驮，抱杵面北立，余人披璎珞，鸣锣鼓、海螺诸乐器，赞唱经咒至夜。五方设佛位，立五色伞，数十人鱼贯行于其间。有所谓九连环者，其行颇速，至九连环变，则体迅飞鸟，观者目眩矣，此旧例也。辛酉后，奉旨教宫人为之。

> 秋风拂面猎场开，匹马横飞去复来。

> 玉腕控弦亲射杀，山呼未毕厂公回。

上猎于宝善门，魏忠贤驰马过御前，上恶而射之，马中颊立毙。群下叩首呼万岁，忠贤怏怏，称病先还。印公、厂公皆宫中称忠贤之词也。

> 半夜惊传虏寇边，两行红袖御床前。

> 黄金睡鸭香楠架，明日重悬一把莲。

每夜寝，殿门既阖，内臣散归直房，所御衣总挂床前架上，熏以兰麝，名曰一把莲。夜间御前有事，顷刻装束趋赴。岁丙寅，边警再至，皆于夜奏闻。圣驾惊起，侍立唯宫人数辈。食顷，内侍方至，盖以散置衣冠装束，未便故也。上为色恤。尔后稍有修复一把莲故事者。

> 乾西移住翠华来，新例传宣女秀才。

> 为是初升仪未熟，玉腮红映两三回。

客氏初迁乾西二所，上临幸，客氏拜迎，用女秀才引赞，非礼也。凡圣母及后妃行礼，女秀才为引赞，礼官初升者，往往举止羞涩，经年后周旋合度，音声朗然矣。

> 河流细绕禁墙边，疏凿清流胜昔年。

> 好是南风吹薄暮，藕花香拂白鸥眠。

紫禁城内河壅塞岁久，忠贤命疏浚之。春夏之交，景物尤胜，禽鱼菱藕，仿佛江南。

> 煤山夏日树青青，高处晴霞五色横。

> 未接六科廊下报，满宫齐贺庆云生。

万岁山嘉树郁葱，鹤鹿成群，俗称煤山。甲子六月，椒山有五色云。灵台占曰：景星将降。奉旨行庆贺礼。适六科廊灾，事乃寝。

> 奉先高殿月明天，寒犬金铃吠路边。

> 白发内官残梦破，几回惊听不成眠。

奉先殿即太庙（按误），其地禁鸡犬。有潘某者，私蓄细狗于殿之后街，以其人为权珰所昵，众莫敢诘。

> 琉璃波面浴鸥凫，艇子飞来若画图。

> 认看君王亲荡桨，满堤红粉笑相呼。

上数同中官泛轻舟于西苑，手操篙舻，去来便捷。

倚殿阴森奇树双，明珠万颗映花黄。

九莲菩萨仙游远，玉带公然坐晚凉。

英华殿前菩萨树二株，六月开黄花，秋深子落。子不从花结，与花并发而附于叶之背，莹润圆整，可作佛珠。此树为李太后所植。太后上宾，神庙上尊号曰九莲菩萨，祀慈容于树北之别殿。

美人眉黛月同湾，侍驾登高薄暮还。

共讶洛阳桥下曲，年年声绕兔儿山。

兔儿山即旋磨台。乙丑重阳，圣驾临幸，钟鼓司掌印官印□版唱《洛阳桥记》，攒眉锁黛，不开一阕。次年，复如之。宫人知书者，相顾疑怪，非特于景物无取，语意实近不祥也。不期月而鼎湖龙逝矣。

风吹苍震雪痕干，七字凭消九九寒。

无限红罗香屑炭，司官日日献咸安。

苍震门恒闭，扫雪暂开，每年长至节，司礼监刷印《九九消寒图》，宫眷粘之壁间，每九系以一诗。

坤宁花落砌痕斑，书卷炉香伴玉颜。

镜里寻思灯畔语，承恩端不为幽闲。

张后既失宠，绝不露怨望之色，唯以文史自娱，或清坐絮絮独语而已。


## 第四节　毁坏时期

李自成之乱，明大内宫室，强半被焚。唯诸书记载，异常简略，又适值明、清易代之际，此问题竟无人注意。《明史·流寇传》《烈皇小识》《明季遗闻》等书，仅称崇祯十七年（一六四四）四月二十九日，李自成即位武英殿，是夕，焚宫殿及九门城楼西遁，未言摧毁至何程度。刘敦桢君《清皇城宫殿衙署图年代考》（《中国营造学社汇刊》第六卷第二期）谓"今所知者，唯武英、保和、钦安三殿，未遭劫火，其余殿阁，是否全部付诸一炬，无从查考"。今平心而论，刘君专从消极方面考察，未免言之过甚；以情理推之，大内及十二宫或焚毁殆尽，至若御花园中万春、千秋、金香、玉翠、浮碧、澄瑞、御景诸亭，以及僻在西北之英华等殿，未必悉召焚如也。

他方面则李自成所焚，绝不限于大内，明之西苑万寿宫，承元代隆福宫规模，体制崇宏，见于《酌中志》诸书。然宫何时被焚，诸书记载不详。刘若愚《酌中志》成于崇祯十四年以后，未言其灾；然则终明之世，万寿宫尚无恙也。《金鳌退食笔记》成于清康熙后，已言其沦为草厂柴阑，然则万寿宫之毁，当在明末清初，与李自成焚大内，不无关系。至于太液池东西北三面行殿（迎翠、凝和、太素），兴建于天顺，而踵事增华于正德、嘉靖者，何时被毁，亦不可考。是则或在李闯之乱，或在清初营建三海之际，今亦莫得而知矣。

## 明季咏史

张笃庆

思陵苛察误宸聪，国计周章践祚中。
高栋已看倾大厦，神奸转复认孤忠。
论兵缪辖终无定，驭将宽严失至公。
独有俭勤关睿虑，年年水旱瘁深宫。

赤眉分道乱中原，海内征轮怨正繁。
天子常虚大盈库，军储折入小黄门。
伤心陵墓樵苏尽，回首乾坤战气昏。
赖有范倪诸节烈，犹能一死答君恩。

潼关不守竟仓皇，遗恨中涓促丧亡。
骁贼直闻趋洛下，行营又见溃河阳。
将军力战捐躯脰，竖子迎降类犬羊。
从此三关似刿竹，谁人决策守金汤。

铜蹄谁见下襄阳，坐致鲸鲵入未央。
秘殿遗音怜赤子，大荒披发诉高皇。
九原龙剑沉王气，三月乌号哭国殇。
死难纷纭酬养士，由来义烈重纲常。

# 第二章 明崇祯朝之皇城及宫阙制度

述明代宫阙制度者，就余个人所见，有下列各书：

（一）吕毖《宫史》

（二）刘若愚《酌中志》卷十七《大内规制纪略》，一名《芜史小草》

（三）朱彝尊《日下旧闻》

（四）孙承泽《春明梦余录》

（五）《日下旧闻考》

（六）《顺天府志》卷三缪荃孙覆辑《明故宫考》

其中记载较详者，唯吕毖《宫史》及刘若愚《酌中志》，盖二人身处宫禁，皆所亲历，较诸外间传闻者不同，研究明代宫室之第一等材料也。唯《宫史》五卷，皆在《酌中志》之中，间有异同，亦有毖是而若愚非者。系毖抄袭若愚，抑二人皆窃取明内臣记载之书，今已不可考，亦且无关宏旨。细绎《酌中志》一书，盖成于崇祯十四年（一六四一）以后，其所记载大内规制，颇可代表明末宫阙情形。故以此书为本，参以他书，并手自为图，述明代宫阙制度如下。

## 第一节 皇城及紫禁城（参看明代宫禁图）

皇城 明皇城外围墙凡三千二百二十五丈九尺四寸。（《春明梦余录》）向南者曰大明门，与正阳门、永定门直对。稍东而北，过公生左门，向东者曰长安左门。再东过玉河桥，自十王府西夹道往北，向东者曰东安门。转而过天师庵草场，西折向北者，曰北安门，即俗称厚载门是也。转而过太平仓，迤南向西，曰西安门。再南过灵济宫、灰厂，向西曰长安右门。

此外围之六门。墙外周围红铺七十二处也。

　　**紫禁城**　紫禁城外向南第一重，曰承天门，第二重曰端门，第三重曰午门，魏阙两分，曰左掖门、右掖门。转而向东曰东华门，向西曰西华门，向北曰玄武门。此内围之八门。墙外周围红铺三十六处也。

　　**外朝**　大明门内为承天门，其门北之东一门内，则太庙也；西一门内，则大社大稷也。端门之内，则六科也，东曰阙左门，西曰阙右门。午门内居中向南者，曰皇极门，即奉天门（铜壶滴漏在此）。其左曰宏政门，即东角门；右曰宣治门，即西角门也。居西向东曰归极门，即右顺门；居东向西为会极门，即左顺门。皇极门内居中向南者，曰皇极殿，即奉天殿也。殿两旁左向西者曰文昭阁，① 即文楼；右向东者曰武成阁，即武楼也。南北连属穿堂，上有渗金圆顶者，曰中极殿，即华盖殿。殿两旁，东曰中左门，西曰中右门，正北曰建极殿，即谨身殿也。殿后居中，高踞三缠白玉石栏杆之上，与乾清门相对者，云台门也。两旁向后者，东曰后左门，西曰后右门，即云台左右门，亦曰平台。

　　过皇极门而东，曰会极门，凡京官上本、接本俱于此，各项本奉旨发抄，亦必由此。会极门里，向东南入曰内阁，辅臣票本清禁处也。宣宗赐有文渊阁印一颗，玉箸篆文，凡进封票本、揭帖、圣谕、敕诏，用此印钤封。出会极门，循东阶下，有殿曰佑国殿（供玄帝圣像）。东为内承运库，银两表里等钱粮贮藏之所也。再东过小石桥曰香库。又稍北有库一连，坐东向西，有石牌曰古今通集库，系印绶监所掌，古今君臣画像、符券、典簿贮此（今此石犹存，在銮仪卫内銮驾库前，名实已不相符）。再北曰东华门，门内石桥北有树二，曰马缨花。再北曰马神庙、御马监。会极门东向南者，曰文华殿，殿内围屏，中数扇画舆地图，左数扇贴文官职名，右数扇贴武官职名，遇升迁则易之，万历初张居正所创也。殿之侧，有九五斋、临保室、精一堂、恭默室。殿之后曰玉食馆、端敬殿、理办房。过小门而北，曰省愆居，其制用木为通透之基，高三尺余，下不令墙壁至地，其四围亦不与他处连接。凡遇天变灾眚，天子居此，以示修省之意焉。殿之东曰神祠，祠内有井，（《芜史》）殿之西曰崇本门，殿之后曰刻漏房。又殿之东北向后者，曰圣济殿，供三皇历代名医，御服药饵之处。再后入

---

① 海山仙馆本《酌中志》作"昭文阁"，误。

徽音门（亦曰麟趾门），即慈庆宫，属于内廷矣。

过皇极门而西，为归极门，西南阶下有铜缸，宣德中，汉王高煦炙死于此（天启年间，魏忠贤泯其迹）。归极门外，向西南入曰六科廊，东南两房掌司所居，精微科及章疏在焉。归极门西，逾桥南向者曰武英殿，命妇朝皇后于此。再西曰大庖厨、尚膳监。武英殿西南，曰御用里监，再东曰南薰殿，凡遇徽号册封大典，阁臣率领中书篆写金宝金册在此。武英殿北，曰仁智殿，俗称白虎殿，凡大行帝后梓宫灵位，在此停供。其西南曰御酒房，西北曰马房，监官典簿奉旨开刑拷打内犯之所，门外有二大桥，俗云里马房是也。东南曰思善门，门外桥西即武英殿。仁智殿东北入宝宁门，即为内廷矣。

以上，明外朝之叙置也。

内廷　建极殿之后，东为景运门，西为隆宗门，正中南向者，则乾清门也。门外左右金狮二，入门后丹陛连属，至乾清宫大殿，其匾曰"敬天法祖"四字，崇祯元年（一六二八）八月初四日悬安，系高时明笔也。殿左曰日精门，右曰月华门。日精门北，向西者曰端宁殿，尚冠等近侍所司御服、衮冕、圭玉、冠带、钱粮贮此。月华门北，向东者曰懋勤殿，天启帝创造地炕于此，恒临御之。二殿之北，左小门曰龙光，右小门曰凤彩，乾清宫东西有廊，廊后左曰昭仁殿，右曰宏德殿，皆南向。宫后披檐，东曰思政轩，西曰养德轩。再北则穿堂居中圆殿曰交泰殿，渗金圆顶，如中极殿制。再北曰坤宁宫，皇后所居也，有中门向后，闭而不开。（《芜史》）宫左曰永祥门，右曰增瑞门，俱万历二十五年（一五九七）二月添额。宫之东披檐曰清暇居，北回廊曰游艺斋，崇祯五年（一六三二）十月二十三日悬安者也。宫两庑左曰景和门，右曰龙德门（一作龙福门）；再北左曰基化门，右曰端则门①，便接琼苑东西门矣。坤宁宫之北有中门，曰广运门，嘉靖十四年（一五三五）七月初二日改曰坤宁门。以上内廷中路之叙置也。

十二宫　十二宫分东六宫与西六宫，俱在乾清宫左右，分述如下：

日精门外稍北，向南者曰景明门，今曰顺德左门，内为东一长街。再北向西，与龙光门斜对者，曰咸和左门，门内南向者曰景仁宫；其东则

---

① 《酌中志》卷十七原文，作"左曰端则门，右曰基化门"；唯又云："广和左门之北，与基化门相对者，曰大成左门。"按广和左门、大成左门俱在东一长街，东左而西右，以是知基化在左而端则在右矣。

东二长街也，南首曰麟趾门，北首曰千婴门。麟趾门之东，南向者曰延祺宫、怡神殿①；再东曰嘉德左门，再东则苍震门也。咸和左门之北，向西与景和门相对者，曰广和左门，门内南向者曰承乾宫，《酌中志》云："东宫娘娘所居也。"东二长街之东，曰永和宫。广和左门之北，向西与基化门相对者，曰大成左门。门内南向者曰钟粹宫，崇祯时为皇太子所居，改称兴龙宫。东二长街之东，曰景阳宫，孝靖皇后尝居焉。千婴门之北并列者，为乾清宫东之房五所，又宫正司、六尚局，皆在乾清宫之东。以上东六宫及乾东五所之大略也。

月华门外稍北，向南者曰顺德右门，内为西一长街。再北向东，与凤彩门斜对者，曰咸和右门，即广安门。门内南向者曰毓德宫，即长乐宫，万历四十四年（一六一六）冬，更曰永寿宫。其西则西二长街也。南首曰螽斯门，北首曰百子门。螽斯门之西，南向者曰启祥宫，此宫乃兴献帝发祥之所，原名未央宫，嘉靖入继大统，至十四年（一五三五）夏，更曰启祥宫。宫门内石坊，向北，扁石青地，金字四，曰"贞源茂始"，后改曰"圣本肇初"；向南四字曰"庆泽无终"，后更曰"元德永衍"。再西曰嘉德右门，即景福门也。咸和右门之北，向东与龙德门相对者，曰广和右门；门内南向者曰翊坤宫，《酌中志》云："西宫李娘娘之所居也。"西二长街之西，曰永宁宫，天启改曰长春宫。广和右门之北，向东与端则门相对者，曰大成右门，门内南向者曰储秀宫。西二长街之西，曰咸福宫，万历时惠王、桂王共居之。百子门之北，并列者，则乾清宫之西房五所。以上西六宫及乾西五所之大略也。

御花园　坤宁宫之后，为宫后苑。中为钦安殿，供玄天上帝。殿之东西，有足迹二，相传嘉靖时两宫被灾，玄帝曾立此，默为救火。崇祯五年（一六三二）秋，隆德殿、英华殿诸像，俱送至朝天等宫、大隆善等寺安藏，唯此殿圣像不动也。殿前有门，曰天一之门。殿后有门，中曰承光门，左曰集福门，右曰延和门。再北为坤宁门，嘉靖十四年（一五三五）秋，更名曰顺贞门，其宫墙外，则紫禁城之玄武门，报夜更鼓在焉。苑内曰万春亭、千秋亭，曰对育轩（今位育斋）、清望阁（今延晖阁），曰金香亭（今凝香亭）、玉翠亭（今毓翠亭），曰乐志斋（今养性斋）、曲池馆，

---

① 《春明梦余录》云：怡神殿，万历三十九年四月十九日被毁。万历四十三年五月二日，拆西城清虚殿，添盖连房。

曰四神祠、观花殿，万历十一年（一五八三）拆去。垒垛石山子券门石匾，名曰"堆秀"，上盖亭一座，名曰御景亭。东西两处鱼池二，其东曰游碧（疑浮碧之误）亭，西曰澄瑞亭。其间奇花异卉，禽声上下，春花秋月，景色宜人。东南曰琼苑东门，西南曰琼苑西门，外即东一长街、西一长街之北首矣。

奉先殿　日精门之东，曰崇仁门，稍南曰内东裕库，曰宏孝殿、神霄殿，即崇光殿也。再东曰奉先殿，即内太庙也。殿外西与景运门相对者，曰隆祀门，其内则外东裕库也。

一号殿仁寿宫　奉先殿之东、当苍震门外，为南北长街。街东并列二门向西者，曰履顺，曰蹈和，则一号殿仁寿宫之外层小门也。宫往往为太后辈所居，《酌中志》卷十七云："苍震门……恒闭，遇扫雪、修造则开。孝靖皇后王老娘娘疾革时，光庙每日来问安，出入此门。"盖由乾清宫至仁寿宫，以入苍震门为捷径也。内有哕鸾宫、喈凤宫，凡先朝有名封之妃嫔、无名封之宫眷养老处也。

慈庆宫　奉先殿之南，文华殿、圣济殿之北，为慈庆宫。由圣济殿入徽音门，再进亦曰麟趾门，内为慈庆宫，《酌中志》卷十七："神庙（万历）时，仁圣陈老娘娘居之。"后改端本宫，则皇太子之东宫矣①。内有宫四，曰奉宸宫、勖勤宫、承华宫、昭俭宫。其园之门，曰韶舞门、丽园门，曰撷芳殿、荐香亭。麟趾门之东，曰关雎左门，其内则掌印、秉笔直房，所云梨园是也，西曰关雎右门。

按《悫书》及《春明梦余录》所记慈庆宫规制，与《酌中志》及《宫史》略有出入，并述如下，以供参考：

据《悫书》，宫前门为徽音门，后改前星门，左右为关雎门，后改麟祥、燕翼门②。第二重门为麟趾门，后改重晖门，第三重门为慈庆门，后改

---

① 《悫书》："端本宫在东华门内，即端敬殿之东，前庭甚旷，长数十丈，左为东华门，右为文华门。光宗皇帝青宫时所居也。天启末，懿安张皇后移居于此，名慈庆宫。壬午（一六四二）八月，懿安移居仁寿殿，因改为端本宫。宫中设皇太子座，画屏金碧，座左右二大镜屏，高五尺余。左右各有连房七间，上各堆纱，画忠孝廉节故事。左七间即寝宫，内有二雕床；右七间有雕红宝座及奥室。"

② 据《酌中志》卷十七"麟趾门之东曰关雎左门，西曰关雎右门"，是二门系属于第二重而非第一重，与《悫书》所记不同。

端本门；左右为纯禧门，后改养正、体元门。其内为慈庆宫，后改端本宫；宫内有宏仁殿，规制曲折。又后为穿殿，两庑翼然，有清正二轩，又后则凝宁门（原名聚宁门）。又后为龙圃门，门内为奉宸宫，又有迎禧宫。其后有承华门，左为勖勤宫，右为昭俭宫。又后为丽园门云。据此作图（见右图）。

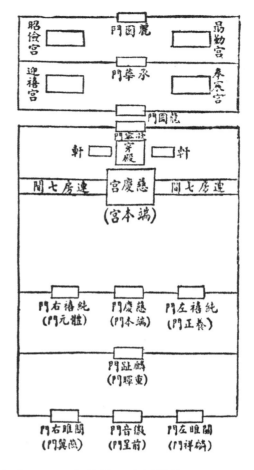

关雎右门之西，转角西向者曰元辉殿，《酌中志》卷十七云："光庙元妃郭娘娘选中时，在南配殿住，……后福王妃邹娘娘选中，在正殿北一间住。""凡诸王馆选中淑女，候钦差某封某位娘娘，亲到元辉殿；选不中者送出。凡选中者，或后、或妃、或王妃，皆先居于此，以便次第奏举行吉礼也。"再北曰御马监直房，曰御用监等库。再北朝南者曰宝善门。门之西，旧有核桃、枣树数株，乃二百余年所培植者，天启二年（一六二二）夏，魏忠贤因风变伐去，遂沦为驰马场矣。门内迤东，即慈庆宫后门。门之外，万历末年开一井，味极甘冽。直北即奉先殿矣。以上东六宫外东路之叙置也。

养心殿　月华门之西，曰遵义门，即膳厨门。门内向南者曰养心殿，前东配殿曰履仁斋，前西配殿曰一德轩；后殿曰涵春室，东曰隆禧馆，西曰臻祥馆。门内向北者为司礼监掌印秉笔直房，其后尚有大房一连，紧靠隆道阁后，旧制为宫中膳房，魏忠贤移膳房于东六宫之怡神殿，遂改此房为秉笔直房。养心殿之西南，曰祥宁宫，宫前向北者曰无梁殿，系嘉靖炼丹药之处，其制不用一木，皆砖石砌成者。

隆道阁　月华门之西南，巍然者曰隆道阁，原名皇极阁，后更道心阁。左曰仁荡门，右曰义平门，此二门原名归极、会极，嘉靖时改之。阁之下曰仁德堂，即旧精一堂，亦隆庆四年（一五七〇）所更；前曰仁德门，《酌中志》卷十七："万历二十四年（一五九六）两宫灾后，开此门出入，至神庙晚年移居乾清宫，始闭不恒开。"阁之东曰忠义室，室三间，黄琉璃瓦，绿琉璃龟背腰墙，其藻井棱叶皆龙凤文。阁之西南，过义平门，则慈宁宫矣。

慈宁宫　慈宁宫成于嘉靖十七年（一五三八）七月（《明史·世宗纪》），母后之所居也，然亦有例外①。宫制诸书不详，前有园，曰慈宁宫花园，有亭，曰咸若亭，前有池，池上有亭曰临溪亭。（《春明梦余录》）

自隆宗门外，朝东者曰司礼监经厂直房，日用纸札书箱皆贮于此，候御前取用。过慈宁宫外层向东小门之南，曰北司房，即文书房也。再南曰司礼监管掌处。再南曰外膳房。再南曰南司房，即监官典簿直房也。再南则宝宁门，门外偏西，即仁智殿矣。

中正殿、英华殿、咸安宫　西六宫之西，为中正殿、英华殿，祀释道之处，曰咸安宫，亦太后辈所居。启祥宫之西，其两幡竿插云，向南建者，隆德殿也。旧名立极宝殿，亦名玄极宫，（《明宫史》）隆庆元年，更曰隆德殿，供三清上帝诸神。万历四十四年（一六一六）冬被灾，天启七年（一六二七）三月修建。崇祯五年（一六三二）九月，将诸像移送朝天等宫安藏。六年（一六三三）四月十五日，更名中正殿，东配殿曰春仁，西配殿曰秋义。东顺山曰有容轩，西顺山曰无逸斋。再西北曰英华殿，即隆禧殿，供西番佛像，殿前有菩提树二株，婆娑可爱，结子堪作念珠；又有古松翠柏，幽静如山林焉。自嘉德右门之西，向南者曰二南门，门之北则八角井（今存），直北曰四德门，中为永巷。巷西曰咸安宫，《酌中志》卷十七："穆庙（隆庆）继选皇后陈老娘娘居此，天启年间客氏移住者。"以上，西六宫外西路之叙置也。

廊下家　自嘉德右门之西，曰太安门，其外向西曰长庚门，凡放夫匠淘沟及修造，或年老有劳宫人病故，皆奏开此门，以便出入。玄武门内

---

① 《酌中志》卷十七："慈宁宫，万历时慈圣李老娘娘所居。泰昌元年八月，皇贵妃郑娘娘亦曾居之。光庙圣孝，凡前谒尊礼，一如神庙时见仁圣陈老娘娘、慈圣李老娘娘故事，中外毫无间言，从来疑端讹语，一时冰释。王太监安调剂力也。先帝（天启）登极，复迁郑老娘娘于一号殿之仁寿宫，请神庙东宫昭妃刘老娘娘于慈宁宫居住。天启七年八月后，熹庙皇贵妃范娘娘亦共居此宫，非制也。此王体乾之误也。"

迤东，有廊下家，可十一门，尽东首为更鼓房，紫禁城之艮隅也。玄武门内迤西，可九门，自北而南，过长庚桥至御酒房后墙，曰长连，可三十一门，再前曰短连，可三门。并玄武门东计之，通共五十四门，总曰廊下家，俱答应、长随所住，各有佛堂，以供香火，三时钟磬，宛如梵宫。各门所栽枣树森郁，其实甘脆异常，众长随各以麹制酒，货卖为生，都人所谓廊下内酒是也。

　　总结　综观明代大内，其规制见全系对称。（后经清代改建，始渐趋参差）前为外朝三殿，左文华，右武英。后为内廷三殿，左右各六宫，后为东西五所。东路奉先殿，与西路养心殿相当，仁寿宫相当于咸安宫，慈庆宫则相当于慈宁宫也。明代宫廷建筑，西路盛而东路不及，盖东华门以宣德七年（一四三二）始东移于玉河之东，（《春明梦余录》）紫禁城东北隅，仅一号殿仁寿宫，尚多隙地。至清乾隆筑宁寿宫，始呈今日之状态也。

## 第二节　紫禁城东（内府诸衙署、重华宫、南内、皇史宬）

　　皇城内自北安门里街，东曰黄瓦东门，今黄化门也。门东街南曰尚衣监，街北曰司设监。再东曰酒醋面局（今板桥街东酒醋局）、内织染局（今酒醋局北织染局），曰皮房、纸房，曰针工局、巾帽局（今针工局及巾帽局胡同），曰火药局（今东板桥北火药局），即兵仗局之军器库也。再东稍南为内府供用库，（《酌中志》卷十六："凡御前白蜡、黄蜡等，沉香等香，皆取办于此库。"今内府库及蜡库地）曰番经厂、汉经厂（今嵩祝寺胡同），曰司苑局、钟鼓司（今嵩祝寺北钟鼓寺），再南曰新房，曰都知监、司礼监（今吉安所南三眼井一带）；司礼监第一层门向西，与新房门同，门内稍南，有松树十余株者，内书堂也，稍北曰崇圣堂，再北向南则二层门矣。入此门再东朝南者，本监公厅之大门也，门外有东西二井，西井之西一小门，东井之东一小门，其内皆提督、监官、文书房掌司所居房屋也。古书、名画、笔、墨、砚、绫纱、纸札，各有库贮焉。司礼监之南，为新房，东西一街，南北一连、二连、三连等连连之，十字路口各有井（按即今三眼井、四眼井之地）。新房之南，则御马监也（今马神庙）。监南向西者，曰杆子房、北膳房、暖阁厂（今暖阁厂胡同骑河楼一带）。厂之东门通河，而门最高大，启闭不便，遂于大门上复开一小门，以便行走。河之两岸，榆柳成行，花畦分列，如田家也。曰南膳房，再南曰明器厂、曰混堂司、内东厂、尚膳监，向东曰北花房，亦办膳之所也。曰印绶监、中书房，曰蹴圆亭，曰内承运库，此库掌印、佥书诸人所住之署也。此路总名之东河边（今骑河楼北沿河一带），其余尚有房八区，则司礼监掌印、秉笔等众住所，所谓河边直房是也。过东上北门（今骑河楼西口）、东中门（今北池子与东安门大街之交），街北则弹子房，曰学医读书处，曰光禄寺（今仍旧名）；街南曰篦头房。再东则东安里门，过桥则东安门矣。以上一区，居皇城东北，在北安门之东，东安门之北，内府二十四衙门，多数在此，盖宫监活动之中心地点也。

重华宫　自东上南门（今南池子吗哈噶喇庙迤西一带）之东，曰重华宫，前曰重华门，曰广定门、咸熙门、肃雍门、康和门，犹乾清宫之制。后有两井，东西有两长街：西长街则有兴善门、丽景门、长春门、清华门、宁福宫、延福宫、嘉福宫、明德宫、永春宫、永宁宫、延禧宫、延春宫，凡妃嫔、皇子女之丧，皆于此停灵；东长街则有广顺门、中和门、景华门、宣明门、洪庆门、洪庆殿，供番佛之所也（按即今吗哈噶喇庙，清初与南内同为睿亲王府）。又有膳房，其门曰景和门，又东则内承运库也。

俞正燮《癸巳存稿》：墨尔根王为睿亲王，为摄政王，当时称为台星可汗九王，见毛奇龄《后鉴录》。其旧府据《恩福堂笔记》，在东安门内之南，明时南城，今吗哈噶喇庙。吴伟业《读史偶述诗》云云，与今地址悉合。

## 读史偶述

吴伟业

松林路转御河行，寂寂空垣宿鸟惊。
七载金滕归掌握，百僚车马会南城。

南内　自东上南门迤南街东，曰永泰门，门内街北，则重华宫之前门也。其东有一小台，台有一亭，再东南则崇质宫，俗云黑瓦厂，景泰年间英宗自北狩回所居，亦称小南城。按南内有广狭二义，狭义之南内，仅指崇质宫，即今之缎匹库。《啸亭续录》云："睿忠亲王府，旧在明南宫，今为缎匹库。"《日下旧闻考》云："明英宗北还，居崇质宫，谓之小南城。"今缎匹库库神庙，有雍正九年重修碑云："缎匹库为户部分司建，在东华门外小南城，名里新库。"则里新库亦小南城也。东南为普胜寺，寺前沿河，尚有城墙旧址。广义之南内，则并包皇史宬迤西龙德殿一带宫苑而言。《明英宗实录》："初，上在南内，悦其幽静，既复位数幸焉，因增置殿宇，其正殿曰龙德。正殿之后，凿石为桥，桥南北表以牌楼，曰飞虹，曰戴鳌。"吴伯与《内南城纪略》云："自东华门进至丽春门，凡里许，经宏庆厂，历皇史宬门，至龙德殿，隙地皆种瓜蔬，注水负瓮，宛若村舍。"

兹依据《酌中志》卷十七，叙述如下：皇史宬之西，过观心殿射箭处，稍南曰龙苍门，其南则昭明门，其西南则嘉乐馆，其北曰丹凤门，列金狮二。内有正殿曰龙德，左殿曰崇仁，右殿曰广智。正殿后为飞虹桥，（《春明梦余录》）桥以白石为之，凿狮、龙、鱼、虾、海兽，水波汹涌，活跃如生，云是三宝太监郑和自西域得之，非中国石工所能造也；桥前右边缺一块，中国补造，屡易屡泐云。桥之南北有坊二，曰飞虹、戴鳌，姜立纲笔。东西有天光、云影二亭。又北垒石为山，山下有洞，额曰秀岩，以磴道分而上之。其高高在上者，乾运殿也。左右有亭，曰御风、凌云，隔以山石藤萝花卉，若墙壁焉。又后为永明殿，最后为圆殿，引流水绕之，曰环碧。[1] 再北曰玉芝馆，即睿宗献皇帝庙也。[2] 后殿曰大德殿，又有殿曰景神殿，曰永孝殿；外券门曰宝庆门，曰延祥门、佳丽门；其东墙外，则观心殿也。以上所述宫殿，皆在今南池子迤西太庙迤东之地，今日犹有飞虹桥地名也。

皇史宬　永泰门再南街东，为皇史宬，藏列前御笔实录、重要典籍，所谓石室金匮是也（今存）。四周上下，俱用石甃，旧藏《永乐大典》于此。左右小门曰龘历左门、龘历右门。[3] 再东则追先阁有明世宗纪祖德诗碑。又东为钦天阁，有世宗御制钦天颂碑，碑石光润，近似卧碑。再南则御前作也。

---

① 《眉公见闻录》：嘉靖辛卯，上游幸南城演马，召诸辅臣环碧殿赐宴。即此。

② 《野获编》：初世宗之建庙也，先名世室，以奉皇考献皇之祀。既以世字碑后世称宗，改建献皇帝庙。至嘉靖四十四年，旧庙柱产芝，上大悦，更名玉芝宫。

③ 《春明梦余录》：以龙为龘，皆世宗自制字而手书也。

自皇史宬东南，有门通河，河上曰涌福阁，旧名澄辉阁，俗云骑马楼也。迤东沿河再北，则吕梁洪东安桥，北有亭居桥上，曰涵碧。[①] 又北则回龙观，殿曰崇德，观中多海棠，每至春深盛开时，帝王多临幸焉。河东又有玩芳亭、桂香馆、翠玉馆、浮金馆、撷秀亭、聚景亭，以及含和殿、秋香馆左右漾金亭，盖皆为南城离宫云。（《日下旧闻考》）

## 第三节 紫禁城西（大高玄殿、万岁山、西苑及禁城之间、西苑、西内、西苑以西内府诸衙署）

北安门内，街西曰黄瓦西门（今米粮库东口），内曰内官监（今仍旧名）。过北中门（景山后正中），迤西，则白石桥（今板桥），万福殿（一作万法殿，《明世宗实录》作万德宝殿）也。

**大高玄殿** 迤南至大高玄殿，则学习道经内官之所居也。其前门曰始青道境，左右有牌坊二，曰先天明境、太极仙林，曰孔绥皇祚、宏佑天民。前有二阁，左曰炅真阁，右曰烜灵轩，制极工巧，中官呼为九梁十八柱。（《日下旧闻考》）内曰福静门，曰康生门，曰大高玄殿、苍精门、黄华门。殿之东北曰无上阁，其下龙章凤篆，曰始阳斋，曰象一宫，所供象一帝君，范金为之，高尺许，乃嘉靖玄修之像也。大高玄殿之北，则里冰窖也。

**万岁山** 北中门之南，曰寿皇殿（按非今之寿皇殿，略偏东北），右曰育芳亭，左曰毓秀馆，后曰万福阁，俱万历三十年（一六〇二）春建。曰北果园，殿之西门内有树一株，挂一铁云板，年久树长，遂衔云板于树干之内，止露十之三。殿之东曰永寿殿、观花殿，植牡丹、芍药甚多。曰采芳亭、会景亭，曰玩春楼，其下曰寿安室，曰观德殿，殿亦射箭处也。与御马监西门相对者，寿皇殿之东门也。[②] 殿之南则万岁山，俗所谓"煤

---

① 《日下旧闻考》："东安桥北又有桥，桥上遗石础二，相传有楼骑河。"

② 《顺天府志》卷三引《酌中志》，谓"万福阁西曰永安亭，曰永安门；乾佑阁，下曰嘉禾馆，曰乾佑门；兴庆阁下曰景明馆，外为山左里门、山右里门"。今按此段不见于海山仙馆版《酌中志》，不知出自何书。

山"者，此也。①山上树木葱郁，鹤鹿成群，呦呦之鸣，与鹤唳之声相闻。山之上，土成磴道，每重阳日圣驾至山顶坐眺，目极九城。前有万岁山门，再南曰北上门，左曰北上东门，右曰北上西门。再南出北上门，则紫禁城之玄武门也。

按《顺天府志三·明故宫考》引《梦余录》及《酌中志》云："山上……有亭五：曰毓秀亭（《梦余录》），曰寿春亭，曰集芳亭（《酌中志》），曰长春亭，曰会景亭，亭下有洞，曰寿明洞。"今按毓秀亭实即毓秀馆；寿春、集芳二亭并未见于《酌中志》；而会景亭虽见于《酌中志》，但在山后而非山上。景山五亭，实始建于清乾隆十六年（一七五一），见《国朝宫史》，故北平图书馆所藏《清初皇城宫殿衙署图》，景山上尚无亭也。缪荃孙等盖不知景山五亭建于乾隆十六年，而必欲于万寿山寿皇殿觅五亭以凑数，遂致前后覆出，误引群书，亦可慨已！

西苑及禁城之间　大高玄殿稍西曰石作（今大小石作），曰圆明阁。又西曰乾明门（今团城东三座门），门里迤南曰兵仗局，曰西直房，即尚衣监之袍房也。曰旧监库，属内宫监。曰尚膳外监，曰甜食房（皆当在北长街，遗迹俱无考），曰西上北门（今北长街中部街西）。其东向北者，则西下马门矣。沿紫禁城护城河一带，其在东面者，原有内承运库起，至北花房止数区（见前）；而西面护城河两岸，只有矮墙，罗列石作物料而已。魏忠贤擅政，自西下马门迤北，乾明门迤南，于兵仗局对门一带，造房屋数区，以为秉笔直房。

自西上北门过西上南门（疑为西上门之误）向东，则御用监也。②又南向西，则银作局也（今织女桥北）。再南过桥曰灵台（在织女桥南，遗址尚存，俗称观星台），亦有观象台，铜铸浑天仪，以测星度，占云气焉。③沿河西岸而南，曰宝钞司，其署左临河，后倚河，有泡稻草池，每

---

① 《酌中志》卷十七："'煤山'者，……久向故老询问，咸云土渣堆筑而成。崇祯己巳冬，大京兆刘宗周疏，亦误指为真有煤。如果靠此一堆土，而妄指为煤，岂不临危误事哉？我成祖建都之后，何等强盛，天下有道，守在四夷，岂肯区区以煤作山，为禁中自全计，何其示圣子神孙以不广耶？"

② 《日下旧闻考》："御用监今为玉钵庵，即明真武庙，西南有关帝庙，为御用监南库旧址，皆有碑。"查慎行《人海记》："西华门外西南一里许，明御用监在焉。又南数十步，为真武殿，庭前有老桧一株，下有元时玉酒海，承以石床。"

③ 《清初皇城宫殿衙署图》绘台于织女桥北，与《酌中志》不合，是否待考。

年池中滤出石灰草渣，二百余年，陆续堆积，竟成一卧象之形，名曰象山。有作房七十二间，各具一灶突朝天，名曰七十二凶神。《日下旧闻考》云："织女桥南真武庙，有明万历八年重修宝钞司真武庙碑，则庙即宝钞司故地也。灰池象山作房灶突久废，令其地犹有七十二烟洞之名。"由此考之，宝钞司当在今织女桥迤东河身转弯之地，东河沿一带；《清初皇城宫殿衙署图》，其地尚有真武庙也。自西中门（南北长街之西，西苑门正东）之西，则尚宝监也。

西苑　再西入西苑门（今存），迤南向东，曰灰池、曰乐成殿，有泉碓水磨。（《春明梦余录》）河西土坡之上，曰昭和殿、拥翠宫，曰趯台陂、澄渊亭，即今瀛台也。① 又北曰紫光阁（今存），再西曰万寿宫、寿源宫，嘉靖四十四年春，更曰百禄宫。曰五福殿、承佑殿，左祐祥殿，右祐宁殿。曰龙吉斋、凤祥馆、昭祥阁、朗瑞居。曰曜曦门、耀朗门、含祥门、成瑞门。曰永和门、永顺门、永绥门、永祉门。曰纳康门、长宁门、凝一殿。其东曰万春宫、含春殿、万和宫、万华宫、万宁宫、御馔庖。曰体仁门、履康门、启泰门、纳祉门、泰安门。其西曰仙禧宫、仙乐宫、仙安宫、仙明宫。

以上所叙，明西苑宫殿，即元隆福宫故址，明成祖之燕邸，后世集灵囿及大光明殿以西一带地也。试广征诸书，以见其演变之迹：

（1）燕邸时代　《明太祖实录》云："洪武二年十一月丁卯，改湖广行省赵耀为北平行省参政；上以耀尝从徐达取元都，知其风土人情，边事缓急，命改授北平，且俾守护王府宫室。……耀因奏进工部尚书张允文所取《北平宫室图》，上览之，令依元旧皇城基，改造王府。……三年七月，诏建诸王府；工部尚书张允文言，燕国用元旧内殿，上可其奏。"按此所谓元旧内殿，盖指元隆福宫，在太液池西岸。② 故孙承泽《春明梦余录》云："初，燕邸因元故宫，即今之西苑，开朝门于前。元人重佛，朝门外有大慈恩寺，即今之射所。东为灰厂，中有夹道，故皇墙西南一角独缺。太宗登极后，即故宫建奉天三殿，以备巡幸受朝。"

（2）改建西宫时期　《明太宗实录》："永乐十四年八月丁亥，作西

---

① 《金鳌退食笔记》："瀛台旧为南台，一曰趯台陂。"《燕都游览志》："南台在太液池之南，踞地颇高，颓眺桥南一带景物；其门外一亭，不止八角，柱栱攒合，极其精丽；北悬一匾，直书'趯台陂'三字；降台而下，左右廨宇各数十楹，不施窗牖。"

② 见朱偰《元大都宫殿图考》。

宫。初，上至北京，仍御旧宫（按诸燕邸），及是将撤而新之，乃命工部作西宫为亲朝之所。"此即《春明梦余录》所谓"太宗登极后，即故宫建奉天三殿，以备巡幸"也。又《太宗实录》："永乐十五年四月癸未，西宫成，其制中为奉天殿，殿之侧，为左右二殿；奉天之南，为奉天门，左右为东西角门。奉天之南为午门，午门之南为承天门。奉天殿之北有后殿、凉殿、暖殿及仁寿、景福、仁和、万春、永寿、长春等宫，凡为屋千六百三十楹。"考其制度，中为奉天殿，左右为六宫，俨然大内也。

（3）永寿宫及改建为万寿宫时代　《野获编》云："上既迁西苑，号永寿宫。不复视朝，唯日夕事斋醮。辛酉岁（一五六一）永寿火①后，暂徙玉熙殿，又徙元都殿，俱湫隘不能容万乘。时分宜首揆，请移驻南城，……上以当时逊位受锢之所，意甚恶之，……然是时方兴三殿大工，悬官匮乏，无暇他营。……华亭公为次揆，即对云：'今征到建殿余材尚多，顷刻可办。'且荐司空雷礼，材谞足任此役。上大悦，立命华亭、子璠，以尚宝司丞，兼营缮主事，督其役。不三月工成，上大悦，即日徙居，赐名曰万寿，后堂曰寿源宫。"又《明史·世宗纪》云："嘉靖四十年（一五六一）十一月辛亥，万寿宫灾，四十一年（一五六二）三月己酉，重作万寿宫成。"所记年月于此全合。《金鳌退食笔记》载其地点云："万寿宫在西安门内迤南大光明殿之东，明成祖潜邸也。或曰即旧仁寿宫。明世宗晚年好静，常居西内；今朱垣隙地，杂居内府人役，闲艺黍稷，及堆官柴草。南曰草厂，北曰柴阑。"按《酌中志》卷十七，谓万寿宫、寿源宫在紫光阁西。《金鳌退食笔记》又谓在大光明殿之东，紫光阁及大光明殿今俱在，其间则集灵囿也。《清初皇城宫殿衙署图》于草场北明万寿宫故址，作空地一片，盖已焚毁，然就其所占范围及规模而观之，犹可想见当年之景象也。

（4）万寿宫之别名　万寿宫初名永寿宫，已见上引《野获编》。《春明梦余录》又谓嘉靖四十二年（一五六三）更万寿宫为恩寿宫，刘若愚《酌中志》卷十七又载万寿宫、寿源宫，嘉靖四十四年（一五六五）更曰百禄宫，则万寿宫别名又不止一永寿矣。

（5）万寿宫之焚毁　万寿宫何时被焚，诸书记载不详。刘若愚《酌中志》成于崇祯十四年以后，未言其灾，然则终明之世，万寿宫尚无恙也。

---

① 《野获编》云："是夕上被酒，与新幸尚美人于貂帐中试小烟火，延灼遂炽。"

《金鳌退食笔记》成于康熙后，已言其沦为草厂柴阑，然则万寿宫之毁，其在明末清初，李自成焚大内之际乎?

金海石桥之北，向南曰玉熙殿①（今北平图书馆），曰承华殿，即迎翠殿②，有亭三，曰澄波亭③、宝月亭④、芙蓉亭⑤。曰清馥殿⑥、丹馨殿（《野获编》作丹馨门），有亭二，曰锦芳亭、翠芬亭，有门曰长春门、昭馨门、瑞芬门、馥景门、仙芳门、馥东门、馥西门。又有亭曰澄碧亭（更飞霭亭，又更涌福亭），曰腾波亭（旧名映辉，后改腾波，又更滋祥，万历改曰香津）。又有殿曰腾禧殿，俗称黑老婆殿。⑦傍有古井，曰王妈妈井。

河之上游，有倒影入水，如贝阙龙宫者，曰乾德阁，即俗称北台是也，高八丈一尺，广十七丈，磴道三分三合而上之。⑧台建自万历，天启时，以钦天监言，不利风水，始拆毁之，即其处作嘉乐殿。⑨其门曰延景门，牌坊南曰福渚，北曰寿岳。又有殿曰寿源，即太素殿。⑩前有溥惠门，又有门二，曰素左门、素右门；旁有正心斋、持敬斋，后曰岁寒亭。⑪门左

① 《金鳌退食笔记》云：玉熙宫在西安门里街北，金鳌玉蝀桥之西，明世宗嘉靖四十年十一月辛亥，万寿宫灾，暂御玉熙宫。神宗时，选近侍三百余名，于玉熙宫学习官戏，岁时升座，则承应之。

② 《明英宗实录》：天顺四年九月，新作西苑殿宇轩馆成。苑中旧有太液池，池上有蓬莱山。上命即太液池东西，作行殿二，池西向东对蓬莱山者曰迎翠。

③ 《金鳌退食笔记》：迎翠殿在池西，东向，临水有亭曰澄波。嘉靖时更建浮香、宝月二亭。东望万岁山，倒蘸于太液波光之中，黛色岚光，可掬可挹。今唯短垣而已。

④ 《春明梦余录》：宝月亭，嘉靖十一年三月建。

⑤ 《春明梦余录》：浮香亭，嘉靖十三年建，三十年六月，更名芙蓉亭。

⑥ 《金鳌退食笔记》：清馥殿，度金鳌玉蝀桥西转北，明世宗所建，常奉兴献太后来游。前有翠芬、锦芳二亭，荷花盛开，红衣翠盖，澄漪倒影，恍如蓬壶。

⑦ 《金鳌退食笔记》：腾禧殿在旃檀寺西。覆以黑琉璃瓦。明武宗西幸宣府，悦晋王乐伎刘良女，姿容婉丽善讴，遂载以归。居腾禧殿，俗呼为黑老婆殿。

⑧ 《明神宗实录》：万历二十九年六月，新筑大内乾德殿，御史林道楠董其工。至三十年四月，道楠上言："三殿两宫，高不过一十二丈，今台高八丈一尺，加以殿宇，又复数丈，其势反出宫殿之上，禁中岂宜有此?"

⑨ 见《闽史掇遗》。

⑩ 《明英宗实录》：天顺四年，上命即太液池作行殿三，池西南向者，以草缮之，而饰以垩，曰太素。《明宫殿额名》：太素殿，嘉靖四十三年七月，更殿名为寿源。

⑪ 《金鳌退食笔记》：五龙亭旧为太素殿，创于明天顺年，在太液池西南向。后有草亭，画松竹梅于上，曰岁寒门。

有轩，曰临水轩，有亭曰会景亭，后改建亭五：中曰龙泽，左曰澄祥，右曰涌瑞，又左曰滋香，右曰浮翠，总谓之五龙亭也。[①] 又有洞三：上曰龙寿，中曰玉华，下曰游仙。以上俱万历三十年（一六〇二）秋添建，其三洞至天启元年（一六二一）冬拆。再西即内教场，曰振武殿，曰恒裕仓，曰省敛亭。以上皆在太液池西岸，今北海之西北岸也。

由五龙亭稍东，临河有坊，曰引祥桥，其东则北闸口（今北海后门）也。[②] 闸口有亭曰涌玉亭，[③] 有殿曰洪应殿，曰坛城，曰轰雷轩、啸风室、嘘雪室、灵雨室、耀电室，曰清一斋、宝渊门、曰灵安堂、精馨堂、驭仙堂、辅国堂、演妙堂、入圣居。自北闸口迤南东岸曰船屋（今船坞），乃冬日藏龙舟之所，一名藏舟浦。[④] 有宏济神祠[⑤]。桥之南亦有船屋焉。再南曰元熙殿[⑥]，有渡头，左拥翠亭，右飞香亭，后更名曰元润亭。再南曰陟山门（今存），通里冰窖者也。又西马头曰龙渊亭，曰念善馆，又有元雷居，旧为远趣轩。[⑦] 又有亭曰龙湫亭。以上皆在太液池东北岸，今北海之北岸及东岸也。

太液池之中，当玉河桥之北，峛然若山者，曰广寒殿，即俗所谓萧后梳妆楼也，[⑧] 万历七年（一五七九）倾圮，其脊中钱，元至元钱也，神宗分赐辅臣张居正数枚。殿四隅各有亭，左曰玉虹，曰方壶；右曰金露，曰瀛

---

[①]《金鳌退食笔记》：五龙亭朱帘画栋，照耀涟漪，从玉蝀行者，遥望水次，丹碧辉映，疑是仙山楼阁。

[②]《金鳌退食笔记》：禁城内西海子，古燕京积水潭也。源出西山、神山、一亩、马眼诸泉，绕出瓮山，汇为七里泺（今昆明湖），入都城，由北安门外药王庙西桥下入皇城，自北闸口延亘大内，出大通河，转漕亦赖其利。

[③]《明宫殿额名》：北闸口亭，嘉靖十三年，更涌玉亭。

[④]《金鳌退食笔记》：藏舟浦，自琼华岛东麓过石桥，由陟山门折而北，循崖数百步，有水殿二，共十六间，一藏龙舟，一藏凤舸。舟首尾刻龙形，上结楼台，以金涂之，备极华丽。又一浦，系五六小舟，岸际有丛竹荫屋，浦外二亭，今皆荒废。

[⑤]《明典汇》：嘉靖十五年，建金海神祠于大内西苑涌泉亭，以祀宣灵宏济之神、水府之神、司舟之神。二十二年，改名宏济神祠。

[⑥]《明英宗实录》：上命即太液池东西作行殿三，池东向西者曰凝和。又《春明梦余录》：凝和殿，嘉靖二十三年，更惠熙殿；四十三年三月更元熙殿。

[⑦]《春明梦余录》：远趣轩更应轩，又更元雷居。

[⑧]《野获编》：大内北苑中有广寒殿者，旧闻为耶律后梳妆台。今上（万历）己卯岁端阳前一日，遗材尽倒，梁上得金钱百二十文，盖厌胜之物，其文曰至元通宝。此号为元世祖纪元，可见非契丹所建明甚。

洲；山半有三殿，中曰仁智（今普安佛殿），东曰介福，西曰延和，下临太液池。①（《春明梦余录》）前有桥曰太液桥，其坊曰堆云、积翠，明末止存山石基，魏忠贤又拆毁焉（清重修，今存）。

再南曰圆殿，即承光殿也。砖砌如城墙，亦有雉堞，以磴道分上之，上有楼阁古松。松乃数百年物，霜干虬枝，纷披偃盖，凡枝之垂者，皆以杉木撑之。至崇祯五年（一六三二）因枯木难存，始连根刨除。此乾明门（今三座门）之西路也。

承光殿之西，石梁如虹，直跨金海，通东西往来者，曰玉河桥。② 有坊二，东曰玉蝀，西曰金鳌（今存），万历年间，凡遇七月十五日，道经厂、汉经厂做法事，放河灯于此。桥之中空丈余，以木坊代石，亦用木阑杆。

桥之东岸，再南曰五雷殿（今万善殿），即椒园也，《清宫史》作焦园，《金鳌退食笔记》作芭蕉园。③ 松桧交柯，中有一殿，曰崇智殿（疑即今千圣殿），左曰迎祥馆，右曰集瑞馆（今仍旧名），曰太元亭、问法所；殿后迤西，有亭面水，曰临漪亭。④ 又一小石梁出水中，向西一亭，在水中央，曰水云榭（今存）。再南则至西苑门矣。以上，绕太液池一周之宫苑叙置也。

西内　万寿宫之西，西尽皇城，东包大光明殿者，兔儿山、旋磨台所在，即李默《游西内记》所谓西内者也。其朝东南起者，有门二十⑤曰：

长宁　长和　长善　长耀　令宁　金宁（即授衣）　攸顺　攸利　金静　金瑞　宣惠　静安

---

① 韩雍《赐游西苑记》：又北行至圆殿，历阶而登，殿之基与睥睨平，古松数株，其高参天。其西以舟作浮桥，横亘池面，北则万岁山（按用元旧名）在焉。北度石桥登山，山在池之中，磊石为之。山之麓以石为门，门内稍高有小殿，琴台棋局，石床翠屏，分布森列。峰有最奇者名翠云，上刻御制诗。沿西坡北上，有虎洞、吕公洞、仙人庵；又上有延和，有瀛洲，有金露，皆殿名。瀛洲之西，汤池之后，有万丈井，深不可测。由金露折而东上绝顶，则广寒殿也。下至玉虹，又下而南至方壶，至介福，皆与延和诸殿相对峙，而方壶、瀛洲，则左右广寒而奇特者也。

② 《金鳌退食笔记》：太液池周凡数里，上跨石梁，约广二寻，修数百步。两崖穿礐出水中，鲸兽楯栏，皆白石镂镂如玉。中流驾木，贯铁绠丹槛，掣之可通巨舟。东西峙华表，东曰玉蝀，西曰金鳌。其北别驾一梁，自承光殿达琼华岛，制差小，南北亦峙华表，曰积翠，曰堆云。

③ 《金鳌退食笔记》：芭蕉园，自太液池行半里许，蒲苇盈水，榆柳被岸，松桧苍翠，果树分罗。中崇闳广砌，一殿穹窿，以黄金双龙作顶，缨络悬缀，雕甍绮窗，朱楹玉槛，望而敞豁，旧曰崇智殿。殿后药栏花圃，有牡丹数十株。

④ 《金鳌退食笔记》：有亭八面，内外皆水，曰临漪亭，曰钓鱼台，金鱼作阵，游戏其中。

⑤ 《酌中志》列二十门。《顺天府志》卷三仅列十九门，少令宁门。

寿康（《酌中志》作康宁）　常静　寿安　广成（《酌中志》作康成）
东和

其南曰：

阳德　永光　嘉安

其东曰柏木殿，曰旋坡台（一作旋磨台），即兔儿山显扬殿也。曰迎
仙亭，牌坊二，南曰福峦，北曰禄渚。台上有七层牌额，曰玉光、光华、
华耀、耀真、真境、境仙、仙台。曰朝元馆，曰景德殿，曰大光明殿，殿
前门曰登丰，曰广福，曰广和，曰广宁。二重门曰玉宫，曰昭祥，曰凝
瑞。左曰太始殿，右曰太初殿。殿前有亭，曰宣恩亭，曰响社亭（《酌中
志》作向祉亭），曰一阳亭，曰万仙亭。后有门曰永吉，曰左安，曰右安。
曰太极殿、统宗殿、总道殿。曰天玄阁，下曰阐玄保祚。东外二门，曰天
平，曰丰和。曰无逸殿、豳风亭，[1]曰落成殿。[2]今仿照考万寿宫办法，分
期考证西内之建置，以见其演变之迹：

（1）西内地为元西御苑故址　按明代西内兔儿山一带，实即元隆福宫
西御苑地；元代所谓假山，即明代所谓兔儿山也。《昭俭录》云假山在隆
福宫西，明严嵩《钤山集》亦云假山在仁寿宫西。兹引证陶宗仪《辍耕
录》，以与明西内比较如下：

> 御苑在隆福宫西，先后妃多居焉。香殿在石假山上，三间，
> 两夹二间，柱廊三间，龟头屋三间。丹楹，琐窗，间金藻绘，玉

---

[1] 《野获编》：嘉靖时建无逸殿于西苑，翼以豳风亭，盖取诗书义，以重农务，而时率大臣游宴
其中。又命阁臣李时、翟銮辈，坐讲《豳风·七月》之诗，赏赍加等，添设户部堂官，专领
稽事。其后日事玄修，即于其地营永寿宫。虽设官如故，而主上所创春祈、秋报大典，悉遣
官代行，撰青词诸臣，虽偶直于无逸殿之旁庐，而属车则绝迹不复至其殿。唯内直工匠寓居，
彩画神像，并装潢渲染诸猥事而已。至甲辰年，翟銮坐二子中式被议，銮辨疏以"日直无逸"
为辞。时上奉道已虔，唯称上玄、高玄及玄威、玄功，而銮椎朴，尚举故事。上大怒，褫逐
之；其后并殿亭旧名无齿及者矣。世宗上宾未期月，西苑宫殿悉毁，唯无逸至今存。……今
上甲申乙酉间，无逸烬于火，辅臣申吴县等奏皇祖作此殿，欲后世知稼穑之艰难，其虑甚远，
非他游观比，宜以时修复。上深然之，今轮奂尚如新也。

[2] 《明世庙圣政纪要》：嘉靖十年八月，帝御无逸殿之东室曰："西苑旧宫，是朕文祖所御，近修
葺告成，欲于殿中设皇祖位祭告之，祭毕宜以宴落成之。"落成之名，想取诸此，盖是殿当即
无逸殿之东室也。

石础，琉璃瓦（按即明显扬殿）。殿后有石台。山后辟红门，门外有侍女之室二所，皆南向并列。又后直红门，并列红门三。三门之外，有太子斡耳朵荷叶殿二，在香殿左右，各三间。圆殿在山前，圆顶，上置涂金珠宝，重檐。后有流杯池，池东西流水（按即明曲流馆后之池）。圆亭二，圆殿有庑以连之。歇山殿在圆殿前，五间，柱廊二，各三间（疑即旋坡台地）。东西亭二，在歇山后左右，十字脊。东西水心亭，在歇山殿池中，直东西亭之南，九柱，重檐。亭之后，各有侍女房三所，所为三间，东房西向，西房东向。前辟红门三，门内立石以屏内外（按《清初皇城宫殿衙署图》犹标而出之），外筑四垣以周之。池引金水注焉。

（2）明嘉靖时代　明世宗嘉靖三十六年（一五五七）于西内筑大光明殿（《明世宗实录》）。兹引李默《游西内记》、毛奇龄《西河诗话》及高士奇《金鳌退食笔记》（二书虽作于清初，但明代规模尚存）以叙明代西内情形：

（a）李默《游西内记》　"缘堤稍南，树益密，林端望见昭光殿。常侍曰：此兔儿山也。"昭光殿，《酌中志》及《明宫史》作显扬殿，疑传闻之误。

（b）《西河诗话》　"旧西内有大光明殿，亦名圆殿，是明世宗炼真处。"又云："曾见山东徐登瀛一诗，其颔句云：'结客暂回梁父辙，求仙不上埵儿山。'人不识埵儿所出。后余入都，相传旧西内有大光明殿，前有假山隆岉，名兔儿山，集艮石堆垛成洞壑，偏插峰嶂，顶构厂亭，而加以重屋，即世宗焚箓瞻斗之地。则意兔儿者，埵儿之误。山前有旋磨台，如鼗带围绕，由庳而登，逐步渐登，恍履平地，旧时高尽处犹焦心中凸，耸以重台，今亦亡矣。老宫监住此者云：客魏时宫人忤意者，安置此地，死相枕藉，洞中骨发秽积，此又在《酌中志》之外者。第缔构过整，洞必双穿，峰不单峙，则宫殿规制，与外稍殊耳。"

（c）《金鳌退食笔记》　记载西内较详，其叙述兔儿山景物，极类萧洵《故宫遗录》，盖所描写之对象相同也："兔儿山在瀛台之西。由大光明殿南行，叠石为山，穴山为洞，东西分径，纡折至顶。殿曰清虚，俯瞰都城，历历可见。砌下暗设铜瓮，灌水注池，池前玉盆内作盘龙昂首而起，激水从盆底一窍，转出龙吻，分入小洞，复由殿侧九曲注池中。乔松数株参立，古藤萦绕，悬萝下垂。池边多立奇石，一名小山子，又曰小蓬莱。其前为曲流观，甃石引水，作九曲流觞，皆雕琢奇异，布置神巧。（萧录叙述，由前而后，略云：由殿后出掖门，皆丛林，中起小山，高五十丈，分东西延缘而升，皆叠怪石，间植异木，杂以幽芳。自顶绕注飞泉，岩下穴为深洞，有飞龙喷雨其中。前有盘龙相向举首，而吐流泉，泉声夹道交走，泠然清爽，仿佛仙岛。山上复为层台，回阑邃阁，高出空中，隐隐遥接广寒殿……）明嘉靖时，复葺鉴戒亭，取殷鉴之义。又南为瑶景、翠林二亭，古木延翳，奇石错立，架石梁通东西两池。南北二梁之间，曰旋磨台，螺盘而上，其巅有甃，皆陶埏云龙之象，相传世宗礼斗于此台。下周以深堑，梁上玉石栏柱，御道凿团龙，至今坚完如故。老监云：'明时重九或幸万岁山，或幸兔儿山清虚殿登高，宫眷内臣皆着重阳景菊花补服，吃迎霜兔儿花酒。'"其所记旋磨台螺盘而上，在中国建筑上别开作风，颇堪注意。

又叙大光明殿云："大光明殿在西安门内万寿宫遗址之西，地极敞豁，门曰登丰。前为圆殿，高数十尺，制如圆丘，题曰大光明殿。中为太极殿。后有香阁九间，题曰天玄阁，高深宏丽，半倍于圆殿，皆覆黄瓦，甃以青琉璃，下列文石花础作龙尾道，丹楹金饰，龙绕其上，四面琐窗藻井，以金绘之。白石陛三重，中设七宝云龙神牌位，以祀上帝。相传明世宗与陶真人讲内丹于此。"

（3）毁坏时期　西内兔儿山一带，毁于何时，已不可考。《清初皇城宫殿衙署图》，据余所考，制于康熙二十一年左右，图中规模尚存，与《金鳌退食笔记》所载相合。《日下旧闻考》修于乾隆三十九年以后（据《四库总目》），则云：今废（卷三十二）。然则西内兔儿山之毁，当在雍正、乾隆间。今日地图中仅有"兔儿山"三字，尚表示一代遗迹，当年富丽堂皇之建筑，摧毁无遗，亦可惜已！ ①

西苑以西内府诸衙门　由玉河桥玉熙宫（今北平图书馆）迤西，曰

---

① 关于兔儿山事，著者曾致书北平友人，请代为实地调查。据复书云："旧兔儿山已由公安局改为图样山，故都老走卒犹知旧名。普遍地图全载之。弟曾派故宫小工至附近茶铺调查其他以前状况，均不知之。唯东红门之南，有厚达里，在民国十七年以前，为一大坑，其后始填为平地，尚有知者焉。光明殿现为冀察绥靖公署军警督察处人员驻守，其中皆洋式楼房，其东为光明殿胡同，又东为培根女学。自外望之，犹有黄瓦建筑，然不似明以上物也。"（二十五年九月十三日）

棂星门，迤北曰羊房（今养蜂夹道），牲口房、虎房在焉，内安乐堂亦在焉。[1] 棂星门迤西曰西酒房、西花房，曰大藏经厂[2]，即司礼监之经厂也。又西曰洗帛处，曰果园厂，曰西安里门。北曰甲字等十库[3]，曰司钥库（今西什库），曰鸽子房街。棂星门迤西街南，赃罚别库之门也，门之东迤南曰蚕池，曰阳德门，又西曰迎和门，则万寿宫之门也。再西曰大光明殿，曰惜薪司（今存）。正西则西安门矣。

## 第四节　结论

由上分叙明代宫苑观之，大内规制，至为宏丽，东有南内，北有万岁山，西有西苑西内，皆殿宇崇闳，阁道连云。视清代规模，不可同日而语。缪小山《云自在龛笔记》，多采自李榕村日记，有一节记载明代宫殿规模及宫廷生活颇详，兹录如下：

> 康熙二十九年，大内发出前明宫殿楼亭门名折子，又宫中所用银两及金花铺垫，并各宫老媪数目折子，令王大臣等察阅。诸臣等复奏：查得明故宫中每年用金花银共九十六万九千四百余两，今悉以充饷。又故明光禄寺每年送内所用各项钱粮二十四万余两，今每年止用三万余两。明每年木柴二千六百八十六万斤，今止用六七八万觔。明每年用红螺等炭，共一千二百八万余斤，今止有百余万觔。各宫床帐舆轮花毯等项，明每年共用金二万八千二百余两，今俱不用。又查故明宫殿楼亭门名，共

---

① 《酌中志》卷十六：内安乐堂在金鳌玉蛛桥西羊房夹道，……见宫人病老或有罪，先发此处，待年久再发外之浣衣局也。

② 《金鳌退食笔记》：大藏经厂即司礼监之经厂也，贮经书典籍及释藏诸经。

③ 十库曰甲、乙、丙、丁、戊、承运、广运、广惠、广积、赃罚各库，职掌详下节中。《顺天府志三·明故宫考》："按今西安门内街北十库，前有天王殿，殿前有修库题名碑，所记十库，与《芜史》合，而冠以司钥库之名。其修庙碑记则云：禁城西北隅有司钥库，而天财库亦属焉。是司钥库乃十库总理，天财库其附焉者也。……按赃罚库乃十库之一，十库周墙尚存，今旃檀寺西北胡同，犹有赃罚库之名，则赃罚库之地，在十库极北。"清季以来，西什库之地，前为天主堂，中为甲种农业学校，后为第四中学校，已非旧观矣。

七百八十六座，今以本朝宫殿数目较之，不及前明十分之三。考
故明各宫殿九层，基址墙垣，俱用临清砖，木料俱用楠木；今禁
内条造房屋，出于断不可已，凡一切基址墙垣，俱用寻常砖料，
木植皆用松木而已。

四十九年谕大学士等曰：明季事迹，卿等所知，往往皆纸上
陈言；万历以后，所用太监，有在御前服役者，故朕知之特详。
明朝费用甚奢，兴作亦广，一日之费，可抵今一年之用；其宫中
脂粉钱四十万两，供应银数百万两。至世祖皇帝登极，始悉除
之。紫禁城内，一切工作，俱派民间，今皆现钱雇觅。明季宫女
至九千人，内监至十万人，饮食不能遍及，日有饿死者，今则不
过四五百人而已。

读者可知明代宫殿规模之宏大与宫廷生活之奢侈。夫宫殿楼亭门名，多至
七百八十六座，宫女多至九千人，内监多至十万人，其宫中脂粉钱一项，
多至四十万两，供应银多至数百万两。不特宫殿规模宏大，无以复加，即
此种宫廷经济，亦为史上巨观矣！以此皇城之内，皆为宫廷范围，内府
二十四衙门，遍布其间，今日皇城以内地名，犹无一非前明监、司、局、
库、房、厂、作之遗，前代规模，犹可于坊巷地名中得之，遗风余烈，未
尽泯也。故不明内府各衙署，无以知明代宫殿全豹；不明内府各衙署职
掌，无以知明代宫廷经济情形。因根据《酌中志》卷十六，作《明内府衙
门职掌表》，并各注以今地名，以为殿焉。

## 明内府衙门职掌表

| 名 称 | | | 职 掌 | 地 点 |
|---|---|---|---|---|
| 二十四衙门 | 十二监 | 司礼监 | 凡每日奏文书，自御笔亲批数本外，皆众太监分批。职掌古今书籍、名画、册叶、手卷、笔、墨、砚、绫纱、绢布、纸劄，各有库贮之 | 地安门内吉安所南 |
| | | 御用监 | 凡御前所用围屏、摆设、器具，皆取办，也有佛作等事 | 西华门外西南一里 |
| | | 内官监 | 所管十作曰木作、石作、瓦作、搭材作、土作、东作、西作、油漆作、婚礼作、火药作，并米盐库、营造库、皇坛库、里冰窖、金海等处，凡国家营建之事，董其役 | 地安门内迤西，地名仍旧。十作散在各处 |

（续表）

| 名称 | | | 职掌 | 地点 |
| --- | --- | --- | --- | --- |
| 二十四衙门 | 十二监 | 御马监 | 职掌象房、马房所属，有金鞍作、长随房、里草栏、草场、天师庵草场、旧都府草场 | 地安门内马神庙 |
| | | 司设监 | 职掌卤簿、仪仗、围幙、褥垫、各宫冬夏帘、凉席、帐幔、雨袱子、雨顶子、大伞之类事 | 地安门内黄化门街北，今帘子库属之 |
| | | 尚宝监 | 职掌御用宝玺、敕符、将军印信 | 南北长街之西，西苑门正东 |
| | | 神宫监 | 职掌太庙祀事 | 端门之左明九庙在焉 |
| | | 尚膳监 | 职掌造办每日早午晚奉先殿供养膳品，乾清等宫、一号殿、仁寿宫等宫眷月分厨料，各有差等 | 大内西华门里及北河沿外，监在北长街西 |
| | | 尚衣监 | 掌造御用冠冕、袍服、履舄、靴袜之事，又名西直房 | 其西直房在兵仗局南旧监库北，今北长街西 |
| | | 印绶监 | 职掌古今通集库，并铁券、诰敕、贴黄、印信、图书、勘合、符验、信符诸事 | 大内东华门里及北河沿 |
| | | 直殿监 | 职掌皇极、建极、中极、武英、文华殿庭、楼阁、廊庑洒扫之役 | 无大厅公署 |
| | | 都知监 | 凡圣驾出朝、谒庙等项，在前警跸清道 | 地安门内吉安所南 |
| | 四司 | 惜薪司 | 专管宫中所用柴炭及二十四衙门、山陵等处内臣柴炭，并淘浚宫中沟渠，抬运堆积粪壤等 | 西安门内（今仍名惜薪司） |
| | | 宝钞司 | 抄造草纸。竖不足二尺，阔不足三尺，各用帘抄成一张，即以独轮小车运赴平地晒干，入库。每岁进宫中，以备宫人使用 | 今织女桥南东河沿 |
| | | 钟鼓司 | 掌管出朝钟鼓。凡圣驾朝圣母回，及万寿、冬至、年节升殿回宫，在圣驾前作乐迎导 | 地安门内东偏（今仍称钟鼓寺） |
| | | 混堂司 | 职司沐浴堂子。惜薪司月给柴草，内官监拨有役夫 | 今北河沿 |
| | 八局 | 兵仗局 | 掌造刀枪、剑戟、鞭斧、盔甲、弓矢各样神器，又火药局一处属之 | 今北长街西 |
| | | 巾帽局 | 职掌内官、内使小火者平巾官帽 | 地安门内东（今巾帽局胡同） |
| | | 针工局 | 职掌内官人等冬衣夏衣，每年递散一次 | 地安门内东（今针工局胡同） |
| | | 内织染局 | 掌染造御用及宫内应用缎匹绢帛之类，有外厂，在朝阳门外，又有蓝靛厂，在都城西 | 地安门内偏东（今织染局） |

| 名　称 | | 职　掌 | 地　点 |
|---|---|---|---|
| 二十四衙门 | 八局 | 酒醋面局 | 职掌内官宫人食用酒、醋、面、糖诸物，与御酒房不相统辖 | 地安门内东（今酒醋局） |
| | | 司苑局 | 职掌宫中蔬果及种艺之事 | |
| | | 浣衣局 | 凡宫人年老及有罪退废者，发此局居住，待其自毙，以防泄露大内之事 | 德胜门迤西浆家（今蒋养房） |
| | | 银作局 | 管造金银铎针、枝个、桃杖、金银钱、金银豆叶，又造花银，每锭十两不等，止可八成 | 今织女桥北 |
| 内府供用库 | | | 专司皇城内二十四衙门、山陵等处内官食米，每官每月四斗，又有油、腊等库 | 地安门内东（今内府库及腊库） |
| 司钥库 | | | 凡宝源局等处铸出制钱，该部交进本库，备御前讨取赏赐之用（俗曰天财库） | 西什库前 |
| 内承运库 | | | 职掌库藏。在宫内者曰内东裕库、宝藏库，皆谓之里库；其会极门、宝善门迤东及南城磁器等库，皆谓之外库 | 大内东华门南 |
| 灵台 | | | 看时刻，观星气，以候变异呈禀 | 织女桥 |
| 御酒房 | | | 专造竹叶青等酒，并糟瓜茄 | 大内武英殿后 |
| 牲口房 | | | 收养珍禽异兽，有虎城、羊房 | 今养蜂夹道 |
| 弹子房 | | | 专备弹弓所用泥弹，大小有等 | 今东安门内街北 |
| 刻漏房 | | | 专管每日时刻。昼则每一时至，即令直殿监官入宫换牌 | 大内文华殿后 |
| 更鼓房 | | | 每夜五名轮流上玄武门楼打更，自起更三点起，至五更三点止 | 紫禁城东北隅 |
| 甜食房 | | | 造办丝窝虎眼等糖，裁松饼减煤等样一切甜食 | 属御用监管辖 |
| 绦作 | | | 即洗帛厂。织造各色兜罗绒、五毒等绦，花素勒甲板绦及长随火者牌绦绦 | 属御用监管辖 |
| 里草场 | | | 收料豆，宣德后始有仓厫 | 皇城内东御马监大厅之南 |
| 中府草场 | | | 收马草 | 东安门外奶子府街 |
| 天师庵草场 | | | 收马草（以上共谓之三场，皆隶御马监） | 皇城外东北 |

| 名　称 | | 职　掌 | 地　点 |
|---|---|---|---|
| 十库 | 甲字库 | 职掌银朱、乌梅、靛花、黄丹、绿礬、紫草、黑铅、光粉、槐花、五棓子、阔白三梭布、苧布、绵布、红花、水银、硼砂、藤黄、蜜陀僧、白芨、栀子之类 | 十库皆在皇城西北隅，今西什库、第四中学一带地 |
| | 乙字库 | 职掌奏本纸、票榜纸、中夹等纸，各省解到胖袄 | |
| | 丙字库 | 每岁浙江办纳丝棉、合罗丝、串、五色、荒丝，以备各项奏讨，并贮山东、河南、顺天等处岁贡棉花绒 | |
| | 丁字库 | 每岁浙江等处办纳生漆、桐油、红黄熟铜、白麻、檾麻、黄蜡、牛筋、牛皮、鹿皮、铁线、鱼胶、白藤、建铁等件，以备御用监、内官监奏讨 | |
| | 戊字库 | 职掌河南等处解到盔甲、弓矢、刀、废铁，以备奏给 | |
| | 承运库 | 职掌浙江、四川、湖广等省黄白生绢，以备奏讨，钦赏夷人，并内官冬衣，乐舞生净衣等项用 | |
| | 广运库 | 职掌黄、红等色平罗、熟绢，各色杭纱及棉布，以备奏讨 | |
| | 广惠库 | 职掌彩织帕、梳栊、抿刷、钱、贯、钞、锭之类，以备取用 | |
| | 广积库 | 职掌净盆、焰硝、硫黄，听盔甲厂等处成造火药 | |
| | 赃罚库 | 职掌没官衣物等件，或作价抵俸给官 | |
| 三经厂 | 汉经厂 | 每遇收选官人，则拨数十名习念释氏经忏，持戒与否听便 | 三经厂皆设于北安门内嵩祝寺 |
| | 番经厂 | 习念西方梵呗经咒 | |
| | 道经厂 | 演习玄教诸品经忏 | |
| 南海子（上林苑） | | 职掌鹿、獐、兔、菜、西瓜、果子，东安门外有菜厂一处 | |
| 林衡署、蕃毓署、嘉蔬署、良牧署 | | 职掌进宫瓜蓏杂果、菜，栽培树木，鸡黄、鹅黄、鸭蛋、小猪等项 | 城外 |

| 名　　称 | 职　　掌 | 地　　点 |
|---|---|---|
| 织染所 | 职掌内承运库所用色绢 | 德胜门里 |
| 盔甲厂（鞍辔局） | 专管营造盔甲、铳炮、弓矢、火药之类 | 都城内之东南隅 |
| 安民厂（王恭厂） | 与盔甲厂同 | 都城内之西南隅 |
| 新火药局 | 明末分创 | 宣武门街尽北街西 |
| 枪局 | 系京营官军，自两厂领出火药并军器，堆积以便教场取用 | 安定门东绦儿胡同 |
| 安乐堂 | 凡在里内官及小火者，有病送此处医治 | 北安门里东（今仍称安乐堂） |
| 净乐堂 | 凡宫女、内官无亲属者，死后于此焚化 | 西直门外 |
| 内安乐堂 | 凡宫人病老或有罪，先发此处，待年久再发外之浣衣局 | 金鳌玉蛛桥西羊房夹道 |

# 第三章　清代之建置

## 第一节　修复时期（清初至康熙二十五年）（参看清代宫禁图）（一六四四——一六八六）

　　李自成之乱，大内宫室，强半被焚，然焚毁至何程度，则诸书所载，异常简略。如《明史》《流寇传》《烈皇小识》《明季遗闻》等书，仅称崇祯十七年（一六四四）四月二十九日，李自成即位武英殿。是夕，焚宫殿及九门城楼西遁，未言摧毁至何程度。或以为仅武英、保和、钦安三殿，未遭劫火，[①] 未免言之过甚。以情理推之，大内及十二宫，或焚毁殆尽，至若御花园中万春、千秋、金香、玉翠、浮碧、澄瑞、御景诸亭，以及僻在西北之英华等殿，未必悉召焚如也。唯清人入关，所得明故宫必荒凉满目，故初步建置，厥在修复原状。此步工作，直至康熙二十五年（一六八六）始全部告成。兹分述如下：

　　顺治一代，规制草创，修复宫室，首重观瞻。故先建乾清宫，以定宸居（顺治二年）；次建太和门，太和殿，中和殿，体仁、宏义二阁，位育宫，协和门，雍和门，贞度门，昭德门（顺治三年），以奠外朝；次修建午门（顺治四年）、天安门（顺治八年），以重观瞻。又建太庙于外朝（顺治五年），奉先殿于内廷（顺治十四年），以谨时飨；建慈宁宫，以奉母后（顺治十年）。重建乾清宫、交泰殿、坤宁宫；又重建景仁、承乾、钟粹三宫于东，永寿、翊坤、储秀三宫于西，以居妃嫔（顺治十二年）。盖工有先后，事有缓急，不得不尔，然明代宫室，穷宏崇丽，修复尚未及半也。

---

① 刘敦桢：《清皇城宫殿衙署图年代考》，《中国营造学社汇刊》六卷二期。

康熙继位，始加经营，修复宫殿，力求充实。六年重建端门；八年重建太和殿，重修乾清宫；十二年重建交泰殿、坤宁宫、景和门、隆福门；十八年重建奉先殿：皆继顺治修建之工。二十一年建咸安宫；二十二年重建启祥宫、长春宫、咸福宫于内廷之西，文华殿、本仁殿、集义殿于外朝之东；二十五年又重建延禧宫、永和宫、景阳宫于内廷之东。至是明代旧规，可谓完全修复。至若康熙十八年兴建毓庆宫、惇本殿，则已轶出前朝规模，而迹近踵事增华矣。

修复时期之大内宫殿，可以北平图书馆所藏之《清皇城宫殿衙署图》为实物例证。该图绢本，高二·三八公尺，阔一·七八七公尺，图之范围，南起大清门，东至东安门，西至西安门，北至地安门，易言之，即明皇城三十六红铺内之区域。该图年代，据刘敦桢君考证，成于康熙十八年或十九年以前，唯刘君表示怀疑者：一为大内宏德殿、昭仁殿与东西暖殿，据《日下旧闻考》建于康熙三十六年；一为吗哈噶喇庙，建于康熙三十三年，图中亦皆收入，"致与其他建筑，前后抵触，未能一致"。实则此二点亦易于解答：（一）昭仁、宏德二殿，已见于明刘若愚《酌中志》卷十七《大内规制纪略》，①坤宁宫东西暖殿，该书虽未明载，然亦可因制类推。今按《东华录》，顺治元年（一六四四）兴乾清宫，二年乾清宫成；又据《清会典·事例（八六三）》，顺治十二年（一六五五）重建乾清宫、交泰殿、坤宁宫；又据同书，康熙八年（一六六九）重修乾清宫；又据《国朝宫史》卷十二，康熙十二年（一六七三）重建坤宁宫、交泰殿。前后凡四次兴修，昭仁、宏德乃乾清宫耳房，而东西暖殿又系坤宁宫配殿，清初以修复明代规模为事，岂有不加兴修之理？此该图中不妨有昭仁、宏德及东西暖殿。一也。（二）吗哈噶喇庙系普度寺旧名，其名称之来由，实远起于元。《元史·泰定帝纪》：至治三年（一三二三）十二月，塑马哈吃剌佛像于延春阁之徽清亭。梵书言吗哈噶喇佛有十二，皆文殊观音化身及护法神也。及明，此种佛像移置重华宫东长街洪庆殿。刘若愚《酌中志》卷十七云："自东上南门之东，曰重华宫，……东西有两长街，……东长街则有……洪庆门、洪庆殿，供番佛之所也。"按其地即今之吗噶喇庙，余尝亲至其地。然则明洪庆殿番佛，盖元泰定遗制，而吗哈噶喇庙之

---

① 《酌中志》卷十七："乾清宫……东西有廊，廊后左曰昭仁殿，右曰宏德殿。"

名，亦不必始于康熙三十三年，特当时名吗哈噶喇庙，今日简称吗噶喇庙（《顺天府志》卷十三），可见此图去古未远也。此该图中不妨有吗哈噶喇庙。二也。

然刘君断定为康熙十八年或十九年以前所绘，尚有问题。该图紫禁城西偏，已载有咸安宫，今按《清会典·事例（八六三）》，康熙二十一年（一六八二）建咸安宫。然则该图之制定，当在康熙二十一年。若谓毓庆宫、惇本殿建于康熙十八年，何以该图尚未载入，不知毓庆宫在嘉庆以前，为未婚皇子所居之偏宫，[①]本无关宏旨，未足为康熙十八年或十九年以前一说之根据也。

今据该图，以说明清康熙二十一年大内宫殿情形：

（1）外朝　前曰太和门，左右曰昭德门、贞度门，东西庑曰协和门、雍和门。正中曰太和、中和、保和殿，太和东西庑曰文昭阁、武成阁（尚未改名），左翼门、右翼门，左右曰中左门、中右门；保和左右曰后左门、后右门。西曰武英殿，西南曰南薰殿。文华殿缺。

（2）内廷　前曰乾清门，东西庑曰景运门、隆宗门。中曰乾清宫、交泰殿、坤宁宫。乾清宫左右为昭仁、弘德殿，两庑为日精门、月华门、端凝殿、懋勤殿、龙光门、凤彩门；交泰殿东西为景和门、隆福门；坤宁宫左右为东西暖殿，永祥门、增瑞门，北为坤宁门、基化门、端则门。

（3）奉先殿、养心殿及十二宫　十二宫之制，修复仅及其半：乾清宫东为奉先殿，北为景仁、承乾、钟粹三宫，再东为玄穹宝殿。乾清宫西为养心殿，北为永寿、翊坤、储秀三宫，再西为长春宫，不在东西六宫规制之列。

（4）慈宁宫、慈宁宫花园、咸安宫、英华殿　本图俱载上列宫殿，咸安宫为今寿安宫地。

（5）御花园　中为钦安殿天一门，东为御景亭、浮碧亭、凝香亭、万春亭、绛雪轩；西为延晖阁、位育斋、澄瑞亭、玉翠亭（尚未改名）、千秋亭、养性斋。该图尚无摛藻堂，余与今日相同。

（6）景山　山上无亭，山后为寿皇殿（略偏东北）、万福阁、观德殿，余因字迹模糊，而制版又不甚清晰，故不可考。

他若延禧、永和、景阳、启祥、咸福及重华、寿康等宫，宁寿宫、乾

---

① 《清宫史续编》卷六十《御书毓庆宫述事诗》。

隆花园、西花园、建福宫、雨花阁、宝华殿、中正殿等处，皆付阙如。此图足以推求明清交替之状，表示清代修复时期之制度，所关至为重要也。

### 附有清一代宫苑重要工事表

| 名　称 | 修建年代 | 出　处 |
|---|---|---|
| 乾清宫 | 顺治二年（一六四五）建 | 《东华录·顺治四》 |
| 太和门　太和殿　中和殿<br>体仁阁　宏义阁　位育宫<br>协和门　雍和门　贞度门<br>昭德门 | 顺治三年（一六四六）建 | 《东华录·顺治七》 |
| 午门 | 顺治四年（一六四七）建 | 《东华录·顺治四》 |
| 太庙 | 顺治五年（一六四八）建 | 《东华录·顺治五》 |
| 天安门 | 顺治八年（一六五一）重修 | 《日下旧闻考》卷三十八 |
| 西苑白塔寺白塔 | 顺治九年（一六五二）建 | 《日下旧闻考》卷三十九 |
| 慈宁宫 | 顺治十年（一六五三）建 | 《清会典》卷八三六 |
| 乾清门　坤宁门　景运门<br>隆宗门 | 顺治十二年（一六五五）重建 | 同上 |
| 乾清宫　交泰殿　坤宁宫 | 顺治十二年（一六五五）重建 | 同上 |
| 景仁、承乾、钟粹、永<br>寿、翊坤、储秀六宫 | 顺治十二年（一六五五）重建 | 同上 |
| 奉先殿　昭事殿 | 顺治十四年（一六五七）建 | 同上 |
| 端门 | 康熙六年（一六六七）重建 | 同上 |
| 太和殿（重建）<br>乾清宫（重修） | 康熙八年（一六六九）重建 | 同上 |
| 交泰殿　坤宁宫<br>景和门　隆福门 | 康熙十二年（一六七三）重建 | 《国朝宫史》卷十二 |
| 奉先殿 | 康熙十八年（一六七九）重建 | 同上 |
| 毓庆宫　惇本殿 | 康熙十八年（一六七九）建 | 《图书集成·职方典·京畿总部汇考》 |
| 南海　瀛台门楼假山及宛转桥 | 康熙十九年（一六八〇）修葺并建 | 《金鳌退食笔记》 |
| 咸安宫 | 康熙二十一年（一六八二）建 | 《清会典》卷八六三 |
| 启祥宫　长春宫　咸福宫 | 康熙二十二年（一六八三）重建 | 《日下旧闻考》卷十五 |

| 名　　称 | 修建年代 | 出　　处 |
|---|---|---|
| 文华殿　本仁殿　集义殿 | 康熙二十二年（一六八三）重建 | 《日下旧闻考》卷十二 |
| 延禧宫　永和宫　景阳宫 | 康熙二十五年（一六八六）重建 | 《日下旧闻考》卷十五 |
| 宁寿宫 | 康熙二十七年（一六八八）建 | 《清会典》卷八六三 |
| 天安门　端门券门 | 康熙二十七年（一六八八）重修 | 同上 |
| 慈宁宫　英华殿 | 康熙二十八年（一六八九）重修 | 同上 |
| 太和殿　中和殿　保和殿 | 康熙二十九年（一六九〇）重修 | 同上 |
| 团城　承光殿 | 康熙二十九年（一六九〇）建（？） | 北京大学藏内阁档册 |
| 太和殿 | 康熙三十四年（一六九五）重修工成 | 同上（《东华录》作三十六年） |
| 昭仁殿　宏德殿　东暖殿西暖殿 | 康熙三十六年（一六九七）建 | 《日下旧闻考》卷十四 |
| 承乾宫　永寿宫 | 康熙三十六年（一六九七）重建 | 《清会典》卷八六三 |
| 紫光阁前长廊 | 康熙四十一年（一七〇二）增筑 | 同上 |
| 时应宫 | 雍正元年（一七二三）建 | 《皇朝文献通考·皇礼考》 |
| 雍和宫 | 雍正三年（一七二五）命名 | 《嘉庆一统志》 |
| 咸安宫官学 | 雍正七年（一七二九）建 | 同上 |
| 大高玄殿 | 雍正八年（一七三〇）修 | 《日下旧闻考）卷四十一 |
| 斋宫 | 雍正九年（一七三一）建 | 《清会典》卷八六三 |
| 大光明殿 | 雍正十一年（一七三三）修 | 《日下旧闻考》卷四十二 |
| 先蚕坛（在北郊） | 雍正十三年（一七三五）建 | 《清史稿·世宗纪》 |
| 熙和门 | 乾隆元年（一七三六）改 | 《清会典》卷八六三 |
| 奉先殿 | 乾隆二年（一七三七）重修 | 同上 |
| 建福宫 | 乾隆五年（一七四〇）建 | 同上 |
| 先蚕坛（在西苑） | 乾隆七年（一七四二）建 | 《清宫史续编》卷六十八 |
| 西苑白塔寺 | 乾隆八年（一七四三）重修 | 《嘉庆一统志》 |
| 承光殿南石亭 | 乾隆十年（一七四五）建 | 《乾隆玉瓮歌序》 |

| 名　　称 | 修建年代 | 出　　处 |
|---|---|---|
| 大高玄殿 | 乾隆十一年（一七四六）修 | 《日下旧闻考》卷四十一 |
| 惇叙殿（原名崇雅殿） | 乾隆十一年（一七四六）改 | 《清史稿·高宗纪》 |
| 阐福寺 | 乾隆十一年（一七四六）建 | 《日下旧闻考》卷三十八 |
| 乾清等门直庐 | 乾隆十二年（一七四七）建 | 《清会典》卷八六三 |
| 寿皇殿 | 乾隆十四年（一七四九）改建 | 《清会典》卷八六三 |
| 景山五亭 | 乾隆十五年（一七五〇）建 | 同上（《国朝宫史》则云十六年） |
| 寿安宫（本咸安宫旧址） | 乾隆十六年（一七五一）改建 | 同上 |
| 慈宁宫 | 乾隆十六年（一七五一）重修 | 同上 |
| 长安门外三座门 | 乾隆十九年（一七五四）建 | 同上 |
| 社稷坛 | 乾隆二十一年（一七五六）修饰 | 同上，卷八六四 |
| 回缅官学 | 乾隆二十一年（一七五六）设立 | 《顺天府志》卷九 |
| 宝月楼 | 乾隆二十三年（一七五八）建 | 《嘉庆一统志》 |
| 东华门迤北琉璃门 | 乾隆二十四年（一七五九）建 | 《清会典》卷八六三 |
| 西天梵境 | 乾隆二十四年（一七五九）修 | 《嘉庆一统志》 |
| 紫光阁 | 乾隆二十五年（一七六〇）改建 | 《清会典》卷八六三 |
| 咸安宫官学 | 乾隆二十五年（一七六〇）重修 | 同上 |
| 太庙前筒子河东南入御河 | 乾隆二十五年（一七六〇）开 | 《日下旧闻考》卷九 |
| 英华殿 | 乾隆二十七年（一七六二）重修 | 《顺天府志》卷二 |
| 拆改太庙筒子河石桥 | 乾隆二十八年（一七六三）改 | 《清会典》卷八六四 |
| 北海万佛楼 | 乾隆三十五年（一七七〇）建 | 《清宫史续编》卷六十八 |
| 宁寿宫 | 乾隆三十六年（一七七一）重修 | 《清会典》卷八六三 |
| 大光明殿 | 乾隆三十八年（一七七三）重修 | 《日下旧闻考》卷四十二 |
| 文渊阁 | 乾隆三十九年（一七七四）建 | 《东华录》 |
| 寿明殿寿明门 | 乾隆三十九年（一七七四）重修 | 《日下旧闻考》卷四十二 |
| 主敬殿 | 乾隆三十九年（一七七四）建 | 《顺天府志》卷二 |
| 大清门外棋盘街 | 乾隆四十年（一七七五）修 | 《顺天府志》卷十三 |
| 宁寿宫 | 乾隆四十一年（一七七六）成 | 《嘉庆一统志》 |

| 名　　称 | 修建年代 | 出　　处 |
|---|---|---|
| 乾清宫　交泰殿　昭仁殿<br>弘德殿 | 嘉庆二年（一七九七）重修 | 《清会典》卷八六三 |
| 太庙前后中三殿 | 嘉庆四年（一七九九）重修 | 同上 |
| 斋宫 | 嘉庆六年（一八〇一）重修 | 同上 |
| 继德堂 | 嘉庆六年（一八〇一）建 | 同上 |
| 午门 | 嘉庆六年（一八〇一）重修 | 同上 |
| 养心殿　储秀宫　延禧宫<br>上书房　重华宫　建福宫<br>太和门　昭德门　贞度门<br>重华门　宁寿宫 | 嘉庆七年（一八〇二）重修 | 同上 |
| 仁寿宫 | 嘉庆十五年（一八一〇）修 | 《嘉庆一统志》 |
| 大高玄殿 | 嘉庆二十三年（一八一八）重修 | 同上 |
| 南北海工程 | 光绪十一年（一八八五）勘修 | 《清史稿·德宗纪》 |
| 太和门　昭德门　贞度门 | 光绪十五年（一八八九）重修 | 《清会典》卷八六三 |
| 宁寿宫 | 光绪十五年（一八八九）重修 | 同上 |
| 重华宫　宁寿宫 | 光绪十七年（一八九一）重修 | 同上 |
| 贞度门 | 光绪十七年（一八九一）重修 | 同上 |

## 第二节　增建时期（康熙二十五年至乾隆六十年）
### （一六八六——一七九五）

本书叙明清两代宫苑建置沿革，详于明而略于清。良以明代多创造，清代多保守，明代变置纷繁，而清代则守成少改制；且《故都纪念集》第三种，余别有《北京宫阙图说》，亦及建置沿革，而侧重近代。故本节所述，以重要建置为限。

康熙初年，宫阙多未修复，故二十五年以前建置，以修复为主，已见前节。二十五年以后，重要建置如下：

（1）建宁寿宫　康熙二十七年（一六八八）建宁寿宫，[①]次年新宫

---

① 《清会典》卷八六三。按此所谓宁寿宫，尚非乾隆末年所建之宁寿宫，唯地点则同为一处。

成。①

（2）重修天安门、端门券门　康熙二十七年（一六八八）重修天安门、端门券门二座，并随券城墙二道。②

（3）重修慈宁宫、英华殿　康熙二十八年（一六八九）重修慈宁宫、英华殿。③

（4）建天安门前石桥　康熙二十九年（一六九○）天安门外建石桥七座。④

（5）重修三殿　康熙二十九年，重修太和、中和、保和三殿。⑤三十六年（一六九七）太和殿工成。⑥

（6）建昭仁、弘德及东、西暖殿　康熙三十六年，建东暖殿、西暖殿，与昭仁、弘德二殿相对，俱同年所建。⑦

（7）重建承乾宫、永寿宫　康熙三十六年，重建承乾宫、永寿宫。⑧

（8）筑紫光阁前长廊　康熙四十一年（一七○二）增筑长廊于紫光阁之前。⑨

雍正御极，勤政爱民，且在位不过十三年，故宫中兴建极少。举其要者，不过七事：

（1）建时应宫　雍正元年（一七二三）建时应宫于西苑，以祀龙神。⑩

（2）定雍和宫名　雍正三年（一七二五）以国子监东潜邸为雍和宫。⑪

（3）建咸安宫官学　雍正七年（一七二九）建咸安宫官学于西华门内。⑫

---

① 《东华录》。

② 《清会典》卷八六三。

③ 同上。

④ 同上。

⑤ 同上。

⑥ 《东华录》。

⑦ 《日下旧闻考》卷十四。

⑧ 《清会典》卷八六三。

⑨ 同上。

⑩ 《皇朝文献通考·王礼考》。

⑪ 《嘉庆一统志》。

⑫ 同上。

（4）修大高玄殿　雍正八年（一七三〇）修大高玄殿。①

（5）建斋宫　雍正九年（一七三一）于日精门长街之南，仁祥、阳曜二门之中，建斋宫五楹。②

（6）修大光明殿　雍正十一年（一七三三）修大光明殿。③

（7）建先蚕坛　雍正十三年（一七三五）建先蚕坛于北郊。④

乾隆一代，兴建频繁，如宫禁之建福宫、西花园（即民国十二年被焚之部）、宁寿宫、乾隆花园、文渊阁、景山之寿皇殿及万春等五亭，西苑之宝月楼、白塔山（即琼岛）、先蚕坛、西天梵境、大圆镜智宝殿、阐福寺、快雪堂、极乐世界、万佛楼等处，皆先后兴建或改筑。唯内府档案，至今未曾整理公布，上列诸处，建筑年月多不可考者（如西花园、大圆镜智宝殿等）。兹就其年代可考者，列举如下：

（1）改定熙和门名　乾隆元年（一七三六）改雍和门为熙和门。⑤以别雍和宫故也。

（2）重修奉先殿　乾隆二年（一七三七）重修奉先殿。⑥

（3）建建福宫　乾隆五年（一七四〇）于启祥宫之西建建福宫。⑦唯乾隆自制《建福宫题句》云："初葺建福宫，乃在壬戌岁。"然则当在乾隆七年（一七四二）矣。⑧西御花园之建，不详史乘，然《清宫史续编》以之隶建福宫下，则亦当在此时。

（4）经营西苑白塔山　《清宫史续编》卷六十七引乾隆制《白塔山总记》及《南面、西面、北面、东面分记》云：

　　　　白塔建自顺治八年辛卯，至今盖百有二十年矣。夫士民之家，尚以肯构为言，况兹三朝遗迹，地居禁苑，听其荒废榛葳为弗当。然予自辛酉（一七四一）、壬戌（一七四二）之间，稍稍

---

① 《日下旧闻考》卷四十一。

② 《清会典》卷八六三。

③ 《日下旧闻考》卷四十二。

④ 《清史稿·世宗纪》。

⑤ 《清会典》卷八六三。

⑥ 同上。

⑦ 同上。

⑧ 《清宫史续编》卷五十六。

有所葺建，至于今，凡三十年，而四面之景，始毕成而为之记。

然则修建琼岛，当始自乾隆六年，至十六年（一七五一）题碣山左，曰"琼岛春阴"（见乾隆《白塔山总记》），燕京八景之一也。

（5）重修白塔寺　乾隆八年（一七四三）重修白塔寺，更名永安寺，有御制碑记。[①]又七年（一七四二）建先蚕坛于北海，见《清宫史续编》卷六十八。

（6）建承光殿南石亭　乾隆十年（一七四五）建石亭于承光殿南，置元代玉瓮。[②]

（7）改定惇叙殿名　乾隆十一年（一七四六）改崇雅殿为惇叙殿。[③]

（8）修大高玄殿　乾隆十一年，修大高玄殿。[④]

（9）建阐福寺　同年，建阐福寺于北海五龙亭北。[⑤]

（10）建乾清等门直庐并蒙古官学　乾隆十二年（一七四七）于乾清门左右建直庐各一二间，又于景运、隆宗二门内之南各建直庐五间北向。同年，设蒙古官学于咸安宫官学内。[⑥]

（11）改建寿皇殿　乾隆十四年（一七四九）改建寿皇殿于景山中峰之北。[⑦]

（12）以帝后像藏南薰殿　同年，诏以内府所藏历代帝后暨先圣先贤图像，藏储于南薰殿。[⑧]

（13）建景山五亭　乾隆十五年（一七五〇）于景山中、左、右五峰之巅各建亭一。[⑨]

（14）改建寿安宫　乾隆十六年（一七五一）因咸安宫旧址改建寿安

----

① 《嘉庆一统志》。

② 见乾隆制《玉瓮歌序》，参阅拙作《元大都宫殿图考》三十二页。

③ 《清史稿·高宗纪》。

④ 《日下旧闻考》卷四十一。

⑤ 《日下旧闻考》卷三十八。

⑥ 《清会典》卷八六三，《光绪顺天府志》卷九。

⑦ 同上。按《皇朝文献通考》，寿皇殿以十二年改建，至是告成。

⑧ 《清会典》卷八六二。

⑨ 《清会典》卷八六三。按《国朝宫史》则云：景山峰各有亭踞巅，其中曰万春，左曰观妙，又左曰周赏；右曰辑芳，又右曰富览。俱乾隆十六年建。

宫，<sup>①</sup>《清宫史续编》卷五十八亦云："寿康宫后，本咸安宫旧址，乾隆辛未，改建寿安宫。"然则寿安宫改建于乾隆朝，绝无疑义，《北平史表长编》既隶于康熙十六年，又复出于乾隆十六年，误矣。

（15）重修慈宁宫　同年，重修慈宁宫。<sup>②</sup>

（16）建长安门外三座门　乾隆十九年（一七五四）于长安门外东西各增筑围墙并增建三座门。<sup>③</sup>

（17）重修社稷坛　乾隆二十一年（一七五六）奏准，社稷坛年久应行重饰见新，并于南门外左右增盖看守房各三间，街门内左右增盖看守房各三间；瘗坎旧在坛壝内，今移建于坛壝外西北隅。又社稷坛四面墙垣向以五色土随方垩色，请改为四色琉璃砖成砌。<sup>④</sup>

（18）设回缅官学　乾隆二十一年，设回缅官学于内务府衙门南。<sup>⑤</sup>

（19）建宝月楼　乾隆二十三年（一七五八）于瀛台之南对岸建宝月楼。<sup>⑥</sup>

（20）建东华门迤北琉璃门　乾隆二十四年（一七五九）于东华门内迤北建琉璃门三座。<sup>⑦</sup>

（21）修西天梵境　同年，修太液池五龙亭东北西天梵境。<sup>⑧</sup>

（22）改建紫光阁　乾隆二十五年（一七六〇）因西苑内平台故址改建紫光阁五间，图功臣像于阁上；又于阁后建武成殿五间，殿前设左右庑各一十五间，直房一十三间。<sup>⑨</sup>

（23）重修咸安宫官学　同年，重建咸安宫官学二十七间。<sup>⑩</sup>

（24）开太庙前筒子河　同年，开太庙戟门外筒子河，使东南合于御河。<sup>⑪</sup>

---

① 《清会典》卷八六三。

② 同上。

③ 同上。

④ 《清会典》卷八六四。

⑤ 《光绪顺天府志》卷九。

⑥ 《嘉庆一统志》。

⑦ 《清会典》卷八六三。

⑧ 《嘉庆一统志》。

⑨ 《清会典》卷八六三。

⑩ 同上。

⑪ 《日下旧闻考》卷九。

（25）重修英华殿　乾隆二十七年（一七六二）重修英华殿。①

（26）拆改筒子河石桥　乾隆二十八年（一七六三）太庙筒子河拆改石桥七座，过水闸二座。改修汉白玉石栏板柱子二十六堂，添建汉白玉石栏板柱子二百八十八堂，将西阙门外玉河水由午门从东阙门外引进，西大桥外添做进水沟一道，东大墙外拆改出水沟一道，午门前做成过水暗沟一道。②

（27）建北海万佛楼　乾隆三十五年（一七七〇）建万佛楼，广七楹，三层，在北海极乐世界之北。③

（28）修宁寿宫　乾隆三十六年（一七七一）重修宁寿宫。④

（29）重修大光明殿　乾隆三十八年（一七七三）重修大光明殿。⑤

（30）建文渊阁　乾隆三十九年（一七七四）建文渊阁于文华殿后。⑥

（31）修寿明殿、寿明门　同年，修寿明殿、寿明门。⑦

（32）建主敬殿　同年，建主敬殿于集义殿后。⑧

（33）修大清门外棋盘街　乾隆四十年（一七七五）修大清门外棋盘街，周围石栏，以崇体制。⑨

（34）宁寿宫成　乾隆四十一年（一七七六）宁寿宫落成。⑩《清宫史续编》卷五十九亦云：“乾隆壬辰岁（一七七二）敕葺宁寿宫，……洎丙申（一七七六）落成，奉皇太后称庆。”《东华录》以之隶于乾隆四十四年（一七九九），误矣。

以上三十四则，乾隆朝兴建宫苑之大略也。清代宫阙制度，至乾隆而大备，然以上所举，犹不足以见其全豹。盖乾隆经营苑囿，多偏在城外如万寿山、清漪园、静宜园、碧云寺、昭庙、静明园，皆先后以此时修建。

---

① 《光绪顺天府志》卷二。

② 《清会典》卷八六四。

③ 《清宫史续编》卷六十八。

④ 《清会典》卷八六三。

⑤ 《日下旧闻考》卷四十二。

⑥ 《东华录》及《清宫史续编》卷五十三。

⑦ 《日下旧闻考》卷四十二。

⑧ 《光绪顺天府志）卷二。

⑨ 《光绪顺天府志》卷十三。

⑩ 《嘉庆一统志》。

北京规模，备于是时，以后除颐和园修建外，但能守成，不克增置矣。

# 第三节　守成时期　（嘉庆元年至清末）
## （一七九六——一九一一）

有清一代，自乾隆以降，盛极而衰，故于宫苑，兴建亦寡。嘉庆一朝，继乾隆成规，仅有修筑，并无增建，其重要工事，可得而言者如下：

（1）重修乾清宫交泰殿　嘉庆二年（一七九七），乾清宫、交泰殿灾，即重修乾清宫并乾清宫左右之昭仁殿、宏德殿及交泰殿。①次年，工成。②

（2）重修太庙前、后、中三殿　嘉庆四年（一七九九），高宗及孝贤、孝仪后升祔太庙，重修前、后、中三殿，并两庑配殿。③

（3）重修斋宫　嘉庆六年（一八〇一）重修斋宫，并添建继德堂一座。④

（4）重修午门　同年，重修午门。⑤

（5）重修养心殿等宫太和等门　嘉庆七年（一八〇二）重修养心殿、储秀宫、延禧宫及上书房，又重修重华宫及建福宫、太和门、昭德门、贞度门、重华门，又重修宁寿宫。⑥

（6）修仁寿宫　嘉庆十五年（一八一〇）修仁寿宫。⑦

（7）重修大高玄殿　嘉庆二十三年（一八一八）重修大高玄殿。⑧

道光一朝，工事盖寡，仅十七年（一八三七）重修圆明园三殿，较为浩大。⑨咸丰即位，军事倥偬，除英法联军入京师，焚圆明园外（一八六〇），无足多述。同治继立，号称中兴，然除武英殿灾（一八六九），神武门内

---

① 《清会典》卷八六三。

② 《东华录》。

③ 《清会典》卷八六四。

④ 《清会典》卷八六三。

⑤ 同上。

⑥ 同上。

⑦ 《嘉庆一统志》。

⑧ 同上。

⑨ 《道光东华录》。

敬事房木库火（一八七〇）及永安寺白塔山后看画廊、点景房灾（同年）三事稍有修筑外，无多兴建。光绪一朝，始有兴修，列述如下：

（1）勘修南北海工程　光绪十一年（一八八五）勘修南北海工成，奉慈禧旨意也。① 十四年（一八八八）修西苑工成。②

（2）重修太和门　光绪十四年，太和门灾。③次年（一八八九），重修太和门、昭德门、贞度门。④

（3）重修宁寿宫　同年，重修宁寿宫，自后慈禧居之。⑤

（4）重修重华、宁寿宫及贞度门　光绪十七年（一八九一）重修重华、宁寿宫及贞度门。⑥

此时期中，除颐和园工程较大，以光绪十四年（一八八八）兴工，光绪十七年（一八九一）工成外，无足多述。然季世制度败坏，记载多阙，如延禧宫何时被灾，延禧宫灾后，水晶宫何日兴建，皆不可考。此中材料，唯有整理内府档案，或可得之。此则故宫博物院文献馆之专责矣。

综观有清一代宫苑建置，属于守成者多，属于创造者少。试登景山而望，蓟门烟树，宫阙嵯峨，彼郁郁苍苍者，无一非朱明经始之烈。然明代规模得以历三百余年而保持不坠者，则又不得不归功于清代诸帝守成之功矣。

---

① 《清史稿·德宗纪》。

② 《光绪东华录》。

③ 同上。

④ 《清会典》卷八六三。

⑤ 同上。

⑥ 同上。

# 第四章　民国以来之兴废

民国以还，宫阙荒废，皇城坛庙制度，渐失旧观。二十余年来，盛衰兴废，皆余亲睹，每徘徊落日残照之间，未尝不临风而兴感也。加以近年以来，外寇横行，兵车络绎，廛市萧条，居民一日数惊，亦习以为常矣。近人黄节诗云：

云意深阴失月明，始知兵气满秋城。

十年北客惟伤乱，双柝南街不断声。

娇女别期方细数，故园安问更无程。

可怜万里清辉夜，不见良时歌乐生。

乱世之音，令人感慨系之矣！今将重要兴废，胪述如下，以明宫阙沿革，并存一代之文献焉：

（一）皇城之拆除　民国肇建，以皇城宅中，不便交通，首先开通南北池子、南北长街。并开皇城东北角一门，曰北箭亭；西北角一门，曰厂桥；西南角一门，曰府右街。嗣后每以便利交通为名，拆除皇城。十二年后，首拆东安门以北转西至地安门之墙，继拆地安门迤西至厂桥一段；又拆西安门南北城墙。及余二十四年夏重至北平，则东安门南一段，亦已拆除，门亦无存；城内河身填平，改筑驰道，人事变易，不禁有沧海桑田之感。今日所余皇城，仅南海经天安门至太庙迤东一段矣。

（二）千步廊之拆除　袁氏帝制，于民国四年拆千步廊。按廊在中华门内，为东西向朝房，各百有十楹，又折而北向，各三十四楹，皆联檐通脊，直至左右长安门。袁氏称帝，为广阔崇宏计，皆命拆除，并修砌中华门至天安门石道，以壮观瞻。然不期年，云南起义，帝制随即覆灭矣。

（三）紫禁城外东西北三面守卫围房之拆除　紫禁城外东西北三面，旧有守卫围房七百三十二间，自东西华门以至神武门，连绵不绝。著者初至北京，每夜过宫禁，犹见河中灯光弄影，上下交辉。民国十四年以后，清室善后委员会拆守卫围房，筑轩二于东北西北二角楼之下，遂非旧观矣。

（四）北上东门、北上西门之拆除及北上门之改制　皇城旧制，北上门在神武门外，南北相向，为入景山之正门，内即景山门，其门墙与景山围墙相连。故旧日东西交通，都沿北上门墙外，傍河而行。

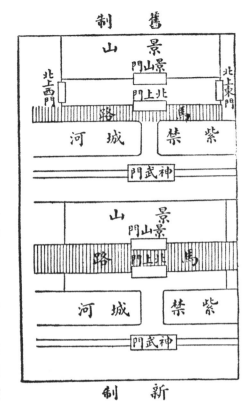

其北上东门、北上西门，尚未拆也。二十年后，故宫博物院为便利交通，并筑宽马路计，拆北上东西二门。筑驰道于景山门、北上门之间。于是顿改旧观：向之北上门属于景山，名符其实；今则隶之故宫，为神武门外第一重门，非"北上"而为"南下"矣。

（五）中正殿及西花园之失慎　民国十二年（一九二三）六月二十六日夜，西花园敬胜斋（斋额曰"德日新"）失慎，延烧静怡轩、慧曜楼、吉云楼、碧琳馆、妙莲花室、延春阁、积翠亭、玉壶冰、中正殿、香云亭十处。起火原因，言人人殊，当以点查内宫古物，宫监惧罪纵火一说，较为可信。[①] 清室善后委员会因点查养心殿，得当时内务府报告失火情形及修理火场价单各一纸，内中仅列六处，以多报少，亦宫中欺蒙习惯，不足怪也。兹摘录于后，以供参证。[②]

① 见慎言著《故都秘录》，虽为说部，颇近写实。
② 见《故宫图说》第二编（内西路及外西路）十至十一页。

仅查五月十三日夜内，德日新失慎，延及延春亭、静怡轩、广生楼、中正殿、香云亭等六处，经臣等会同王怀庆、薛之珩、聂宪藩等，督饬消防队当场救护，遂即会商清理火底办法。……现在清理完竣，所有捡拾熔化佛像经版铜锡等项，共五百另八袋，金色铜片及残伤玉器等项共四十三箱，复经臣等前往详勘：恭查残缺佛像，亟应量加修饰，敬谨供奉，焚毁经版情形较轻者，拟交中正殿尊藏保管；其熔毁铜、锡、玉器等件，择其完整者四十九件交进，其余残缺不齐者，交由中正殿司员，妥为收藏。仅此奉闻。

今焚余经版，悉存雨华阁，有洋白铁箱装载者皆是。于是西御花园及中正殿一带，一代豪华，悉成灰烬矣！

（六）北海大圆镜智宝殿及阐福寺之被焚　民国八年春，北海大圆镜智宝殿（今运动场地）及阐福寺被焚，时余方寓帘子库，西望火光烛天，疑为附近火起，次日始知为北海也。按《清宫史续编》卷六十八，记载嘉庆时北海该处之规制如下：

西天梵境（今存）之西，有琉璃墙（今九龙壁）如屏障。墙北，为真谛门；门内，为大圆镜智宝殿，殿内匾曰：法界真常，联曰：欢喜普人天，增五福德；庄严护龙象，现八吉祥。殿后有亭，改建楼五楹，为后佛楼，联曰：相现庄严，昙霏融舍卫；果成福海，海会演耆阇。殿北及左右屋宇四十三楹，皆贮四藏经版之所也。

五龙亭……后，石坊二，南向，榜曰：性海；北向，榜曰：福田（今坊已毁，石础犹存）。其北，为阐福寺，入门，为天王殿（今存），殿后，榜曰：宗乘圆镜；联曰：妙华普现无穷境，慧日常悬自在天。再后，为大佛殿（今焚），规制宏敞，仿正定隆兴寺，重宇三层，檐前各有高宗纯皇帝御笔匾，上曰：大雄宝殿；中曰：庄严圆澂；下曰：福田花雨；联曰：真谛别传，趋妙庄严路；能仁权应，现常清净身。殿内，榜曰：有大威德；联曰：放百宝无畏光明，历劫智珠长朗；入三昧甚深微妙，诸方心印同圆。再后有殿，高宗纯皇帝御笔匾曰：真实般若；联曰：正法眼长明，慧灯不灭；无漏身自在，性海遥通。

以上所载诸殿，今皆焚毁，自阐福寺以东，直抵西天梵境之大琉璃宝殿，今之濯濯者，昔日固楼阁相属也。今日而入阐福寺，进天王殿，则见蔓草荒烟，满目苍凉而已。当被焚之次日，京中各报纷载万佛楼被火，实则乃阐福寺大佛殿之误也。

以上所列，皆属于毁废方面。唯民国肇建，以北京为首都，总统府、国务院，皆假宫苑之旧，虽仍旧贯，不无改制兴建之处，他方面则故宫园囿，日渐开放，研究调查，日渐便利。兹扼要叙述如下：

（一）总统府之改建　民国创立，就西苑中南海，改建总统府。其正门曰新华门，重楼五楹，就宝月楼改命者也。其正厅曰海宴堂，堂创于庚子以后，崇楼杰阁，悉仿西式，巍然于三海之中央，为发号施令之所。《北京宫苑名胜》云：

> 海宴堂者，慈禧新建之内朝也，堂中几榻，悉出于巴黎之巧匠，而摹路易十五之式。今大总统素性拗谦，避正殿而弗居，就偏宫而听政，旋乾转坤之伟略，于此发施，当措中华民国于郅治之域，亦如此堂之庄严灿烂焉。

（二）国务院之改建　总统府既立，以紫光阁西集灵囿一带，邻近中海，便于议政，遂改建国务院，即明万寿宫、寿源宫故址也。今为北平市政府所在地。

（三）三殿、社稷坛、天坛、先农坛及三海之开放　民国初年，先开放三殿及文华、武英殿，又开放社稷坛，为都中人士游赏之所，曰中央公园（今改中山公园）。继开放天坛、先农坛，改先农坛为城南游艺园，然天坛时有驻军，砍伐古柏，而先农坛则因为游艺园故，北面围墙，皆为拆毁，昔年庄严肃穆之地，沦为刑人之场（枪决死囚每于此举行），亦可慨已。三海在十五年前，未尝开放，仅逢国庆或因义赈（如民国七年九月二十三日因湖南义赈游览会开放北海是），偶一开禁。十五年夏，先开放北海，为北海公园，余于第一日往游，尚见北海先蚕坛旧制，坛西北瘗坎，以及亲蚕殿、浴蚕池、先蚕神殿规制，水车纺机等物，皆未曾废，今则荡然矣。及余二十一年归国，中南海亦相继开放矣。

（四）故宫、景山、太庙之开放　民国十三年冬，国民军入北京，勒令溥仪出宫，设清室善后委员会。十一月八日，设办公处于神武门内，会同国务院、警卫司令部、警察厅及前内务府人员，查封宫中各宫殿，至十二月一日竣事。嗣以十三年来，宫中浪费如昔，赏赐抵押，变卖盗窃等事，时有所闻，古物流出不少，于是该会为减轻责任计，请京师警察总监、高等检察厅长、北京教育会长及诸名流，为点查监察员。十二月二十三日，筹备就绪，移办公处于乾清门外，开始点查。然"监守自盗"实始于此矣！十四年八月，先行开放，十月十日，改组为故宫博物院，行开幕礼，发柬请各界人士莅会。自此以后，故宫各部，分路开放（中路，内外东西路）。所可叹者，该院成立十年，然古物被盗、珠宝被窃之案，几于无年无之。易培基、李宗侗之徒，久已逍遥法外，所望政府当轴，今后当慎于人选，谨于监守，则仅存之古物，或将不致流散以尽耳。

故宫博物院成立以后，景山、太庙相继开放。今日所尚未正式开放者，仅大高玄殿、皇史成二处而已。

以上，民国二十五年来北京兴废之大略耳！今则外寇横行，山河变色，东四牌楼大街、东西长安街、新华门前，日兵演习，耀武扬威，煌煌故都，竟为东罗马之续。"汉宫曾动伯鸾歌，事去英雄可奈何！"元遗山出都之作，堪为今日写照。嗟乎，燕山黯黯，易水迢迢，大好河山，何日始重振国魂耶！

中华民国二十五年十二月十七日脱稿于玄武湖寓庐

# 北京宫阙图说

图一　景山及紫禁城鸟瞰

　　本图系由北向南所摄：正中为景山，五峰连峙，云树郁苍；其前宫阙嵯峨，即大内禁地；其西即三海也。

图二　紫禁城宫殿鸟瞰（一）

　　本图系由西北向东南所摄：其正中宫殿，由北而南，为北上门、神武门、钦安殿，坤宁宫、交泰殿、乾清宫、乾清门、保和殿、中和殿、太和殿、太和门、午门、端门、天安门，皆历历可数。其城阙缥缈，隐现于祥云瑞霭间者，正阳门也。

北京宫苑图考

图三　紫禁城南部及太庙社稷坛鸟瞰

　　本图系由西向东所摄：右侧为端门，端门上方为太庙，（前为戟门，门内为太庙，后为中殿，再后为后殿）下方为社稷坛。（坛北为拜殿，又北为戟门）图正中为午门，跨护城河，午门后为金水河，跨石梁五。再进为太和门，门上方为文华殿，外为东华门；下方为武英殿，外为西华门。其极左端为体仁、宏义二阁。

图四　紫禁城宫殿鸟瞰（二）

　　本图系由西向东所摄：右侧为太和门，门内正殿为太和殿，次为中和、保和二殿，前三殿之后，为乾清门，内门正殿为乾清宫，次为交泰殿、坤宁宫，宫后为御花园，中有屋顶，即为钦安殿，再后即为神武门，紫禁城之北门也。是谓中路。中路之上方，近太和门者为文华殿，后为文渊阁，近乾清门者，为毓庆宫、奉先殿，后为东六宫。再上为宁寿宫，太上皇所居。中路之下方，近太和门者为武英殿，后为慈宁宫花园。近乾清门者，为养心殿，后为西六宫，再下则为慈宁宫、寿康宫、寿安宫。

图五　紫禁城宫殿鸟瞰（三）

　　本图系由东向西摄制：紫禁城内，前为宁寿宫。（最前为九龙壁，次为皇极门、宁寿门，门内正殿为皇极殿，后为宁寿宫。再后为养性门，门内为养性殿，后为乐寿堂颐和轩）宫上方为奉先殿及东六宫，再上为前三殿及后三殿（乾清宫、交泰殿、坤宁宫），后为神武门及景山。紫禁城之外上方，水木明瑟者，即西苑三海也。

图六　景山及北海鸟瞰

　　景山五亭，建于乾隆十七年，中曰万春，左曰观妙，右曰辑芳；外左曰周赏，外右曰富览，山前为绮望楼，山后为寿皇殿。景山上方，为琼华岛白塔，北海绕其前后，小西天及五龙亭亦隐约可睹。图下右方，则今北京大学第二院也。

图七 中华门，即明大明门

　　皇城居都城正中，周十八里有奇。明代皇城六门，曰大明门，曰长安左门，曰长安右门，曰东安门，曰西安门，曰北安门。清皇城四门，南曰天安，北曰地安，东曰东安，西曰西安。天安门外，又设皇城外郭，南曰大清门，东曰长安左门，西曰长安右门。民国光复，改大清门曰中华门。门在都城正阳门内，正中面南，三阙。上为飞檐崇脊。左右石狮、下马石牌各一。

图八 天安门，即明承天门

　　明紫禁城八门，曰承天门，曰端门，曰午门，东曰左掖门，西曰右掖门，正东曰东华门，正西曰西华门，北曰玄武门，清改承天门为天安门，为皇城正门。门五阙，上覆重楼九楹，彤扉三十有六。前临御河，跨石梁七，为外金水桥。桥南北石狮各二；门前后华表各二，外者南向，内者北向。逢国家大庆覃恩，宣诏书于门楼上，由堞口正中，承以朵云，设金凤，衔而下焉。

图九　天安门外左华表及石狮

华表居天安门外之左，竿头狮南向。

图十 天安门外右华表

华表居天安门外之右，竿头狮南向。

北京宫苑图考

图十一　端门

　　天安门北相直为端门，制与天安门同。

图十二　午门（一）

　　午门，清为紫禁城南正门，三阙，上覆重楼五：中楼，深广各九楹；东西四楼，深广各五楹；阁道十三楹，南北连亘。彤扉各三十有六。崇闳壮丽，俗所谓五凤楼也。国家有大征讨，凯旋献俘，皇帝御午门楼受也。楼上正中，旧设有宝座。楼下三门，文武官出入由左；其右门，唯宗室王公得行之。两观间掖门，东西相对，各折而北，不常启。遇皇帝大朝升殿，百官各以东西班次，由掖门入。

北京宫苑图考

图十三 午门外之嘉量（左）

　　午门前左设仿制王莽嘉量，今亭犹在，而嘉量已杳。

图十四　午门外之晷度（右）

　　午门前右设日晷，以计时辰。

北京宫苑图考

图十五 午门（二）
　　说见前。

图十六 午门侧景

　　此图摄于社稷坛后护城河畔，可见午门西面二楼及阁道十三楹之制。

图十七　紫禁城东北隅角楼（守卫围房未拆前旧制）

　　紫禁城四隅，角楼各一；墙外，东、西、北三面，守卫围房七百三十二间。此为未拆以前之旧制。

图十八　紫禁城东北隅角楼（守卫围房拆后之景）

　　民国十四年后，清室善后委员会拆守卫围房，筑轩二于东北、西北二角楼下，遂成今日之景，远望城楼，即东华门也。

图十九 西华门

　　紫禁城四门，南曰午门，北曰神武（明称玄武），东曰东华，西曰西华。除午门外，各重檐五楹，三阙。举一以例其余。

图二十 太和门及金水河

　　午门内，环金水河，跨石梁五，护以石栏，桥北，正中南向，为太和门（明奉天门，后改皇极门），广宇九楹，中辟三门，重檐崇基，石栏环列。前后陛各三出，左右陛各一出，级各二十有八。陛间，列古铜鼎四；门前，列铜狮二。左曰昭德门，右曰贞度门，各三楹，南向。

图二十一　太和殿即明奉天殿（一）

　　殿明初为奉天殿，嘉靖四十一年改为皇极殿，清改为太和殿，为大内正殿。
崇基二丈，殿高十有一丈，广十有一楹，纵五楹。上为重檐垂脊；前后金扉四十，
金琐窗十有六。殿内，乾隆御笔匾曰：建极绥猷。正中设宝座，皇帝大朝御焉。
每岁元旦、冬至、万寿三大节，及国家有大庆典，则御殿受贺。凡大朝会燕飨，
命将出师，胪传多士，及百僚除授谢恩，皆御焉。

图二十二　太和殿即明奉天殿（二）

　　殿前为平台丹陛，环以白石栏，龙墀三重，陛五出；下重，级二十有三，中
上二层级各九。上下露台，列宝鼎十有八，铜龟、铜鹤各二，日晷、嘉量各一。

图二十三 中和殿即明华盖殿

太和殿后，为中和殿，明初为华盖殿，嘉靖四十一年改为中极殿。纵横各三楹，方檐，渗金圆顶。金琐扉窗各二十有四。南北陛各三出，东西陛各一出，左右陛各三层，东西出。殿内乾隆御笔匾曰：允执厥中。中设宝座，凡遇三大节，皇帝先于此升座，内阁、内大臣、礼部、都察院、翰林院、詹事府及侍卫执事人等行礼毕，乃出，御太和殿。

图二十四　保和殿即明谨身殿

　　中和殿后，为保和殿，广九楹，深五楹，前升各三出。殿内，乾隆御笔匾曰：皇建有极。中设宝座，每岁除夕，皇帝御殿筵宴外藩；每科策试，朝考，新进士俱于殿内左右列试。匾曰"保和殿"，犹隐隐露露明代"建极殿"三字之痕，盖当时仅更金字，匾未去也。

图二十五 景山万春亭及绮望楼

　　神武门之北，过桥为景山。山前，为北上门；门内，为景山门；入门，为绮望楼，三楹南向。楼后，即景山万春亭山。

图二十六 景山

　　山周二里许，有峰五：中峰，高十一丈六尺；左右峰，各高七丈一尺，又次左右峰，各高四丈五尺。峰各有亭据其巅，本图所见，最高者曰万春，次曰辑芳，前即绮望楼也。

图二十七  午门天花板

图二十八　午门九楹，深五楹，此为由中间至东头第一楹五楹之内景。前即宝座也。

# 自　序

汉宫曾动伯鸾歌，事去英雄可奈何。

但见觚棱上金爵，岂知荆棘卧铜驼。

神仙不到秋云客，富贵空悲春梦婆。

行过卢沟重回首，凤城平日五云多。


历历兴亡败局棋，登临疑梦复疑非。

断霞落日天无尽，老树遗台秋更悲。

沧海忽惊龙穴露，广寒犹想凤笙吹。

从教尽划琼华了，留住西山尽泪垂。

——元遗山《出都作》


　　民国二十一年夏，余归自西欧，时辽东失守，幽燕垂危，万里梯航，归心似箭。将近故都，初见远山暧暧，雨色空蒙，继见迢迢长垣，槐柳依然。既至永定门，遥见景山五亭，巍然天际，宫廷楼台，错落烟雨之中，黯然兴故国之感。又历三年，蓟北风云日亟，故都文献，有不保之虞，重以六月二十八日事变，益增北征之志。盖北京故宫，为明、清两代六百年来大内之地，而城内外坛庙寺宇陵寝，又为辽、金、元、明、清五朝文物制度所系。设一旦而不幸罹劫灰，而文献荡然，使后世考古者，又何从而睹当年制度耶！夫士既不能执干戈而捍卫疆土，又不能奔走而谋恢复故国，亦当尽其一技之长，以谋保存故都文献于万一，使大汉之天声，长共此文物而长存。因于二十四年七月，重来北平，蒙故宫博物院院长叔平马衡先生慨允，得在故宫及景山、大高玄殿、太庙、皇史宬等处摄影，计穷二月之力，在京城内外摄影五百余幅。因汇为一编，附《故都纪念集》五种出版。余既写《元大都宫殿图考》及《明清两代宫苑建置沿革图考》，因复辑《北京宫阙图说》，为《故都纪念集》第三种问世。盖自古以来，盛衰兴亡，感人最深，文物沦丧，尤多隐痛。故元魏既衰，杨衒之有《洛阳伽蓝记》之作；南明覆亡，余澹心有《板桥杂记》之书。然《伽蓝记》写于洛阳既徙之后，徒深禾黍麦秀之感；而《板桥杂记》亦作于明社既屋之后，更增河山故国之恸。遥念故都，形胜依然，而寇盗横行，山河变色！能不凄怆感发，慷慨奋起者哉！南都士大夫半徙自北京，即非渔钓之乡，莫非旧游之地。试念北都，燕山黯黯，易水迢迢，平原莽莽，关山万里。诸君读此，其亦有河山故国之感耶？榆关雄踞于左，井陉太行诸隘列峙于右，长城后拥，五河前绕，此非辽、金、元、明、清以来历代建都之地乎？明以之龙兴，清以之虎视。其极盛之时，势力且伸至锡兰岛<sup>①</sup>以西，希马拉雅山<sup>②</sup>以南，海宴河清，万邦来王。今也何如？诸君读此，其亦有兴亡逝水之感耶？至若宫阙嵯峨，甲第连云，太液晴波，西山霁雪，古物之所萃，文献之所钟，此非吾历代衣冠文物典章制度所寄托之地乎？今也何如？诸君读此，其亦有文献沦亡，民族式微之感耶？至若还我河山，固我边圉，保我文献，宏我民族，则我国人之公责，著者于编辑之余，所馨香而祷祝者也。

二十五年五月序于金陵

---

① 今译作斯里兰卡。——编者注
② 今译作喜马拉雅山。——编者注

# 第一章　皇城及紫禁城

北京宫阙，居都城正中，环以皇城，周十八里有奇，广袤三千六百五十六丈五尺，高一丈八尺，甃以砖，朱涂之，上覆黄琉璃瓦。皇城之内，为紫禁城，周六里，广袤一千六十八丈三尺二寸；南北，长二百三十六丈二尺；东西，长三百有二丈九尺五寸；高三丈，堞高四尺五寸五分，下广二丈五尺，上广二丈一尺二寸五分。紫禁城作方形，而皇城则阙其西南一角。兹先述其沿革，再叙现制。

## 第一节　沿革

明成祖永乐十五年（一四一七）改建皇城于元故宫东，去旧宫可一里许，悉如金陵之制而宏敞过之。（《春明梦余录》）宣宗宣德七年（一四三二）展紫禁城东面，移东华门于玉河之东，始奠今日之基。此二城之起源也。

明代皇城六门，正南曰大明门，与正阳门相对，东南曰长安左门，西南曰长安右门，正东曰东安门，正西曰西安门，正北曰北安门，俗称厚载门，仍元旧也。紫禁城八门，向南第一重曰承天门，第二重曰端门，第三重曰午门。魏阙两分，曰左掖门、右掖门。转而向东，曰东华门；向西，曰西华门；向北，曰玄武门。

皇城与紫禁城之间，又有门十二：曰东上门、东上北门、东上南门、东中门，西上门、西上北门、西上南门、西中门，北上门、北上东门、北上西门、北中门。

《明会要》卷七十二：皇城内宫城外十二门。（东上门、东上北门、东上南门、东中门，西上门、西上北门、西上南门、西中门，北上门、北上东门、北上西门、北中门。）

紫禁城八门。（曰承天门，曰端门，曰午门，即俗所谓五凤楼也；东曰左掖门，西曰右掖门，再东曰东华门，再西曰西华门，北曰玄武门。）

皇城外六门。（曰大明门，曰长安左门，曰长安右门，曰东安门，曰西安门，曰北安门，俗呼厚载门，仍元旧也。）

刘若愚《酌中志》卷十七：皇城外层，向南者曰大明门，与正阳门、永定门相对者也。稍东而北，过公生左门，向东者曰长安左门。再东过玉河桥，自十王府西夹道往北，向东者曰东安门。转而过天师庵草场，再西向北，曰北安门，即俗称厚载门。转而过太平仓，迤南向西，曰西安门。再南，过灵济宫、灰厂向西，曰长安右门。……此外围之六门，墙外周围红铺七十二处也。

紫禁城外，向南第一重曰承天之门。……南二重曰端门，三重曰午门。魏阙两分，曰左掖门、右掖门。转而向东曰东华门，向西曰西华门，向北曰玄武门。此内围之八门也。墙外周围红铺三十六处。每晚有勋臣一员，在阙左门内直宿，每更官军提铜铃巡之。而护城之河绕焉。

清兴，二城仍旧，而制度名称，略有变更：顺治元年（一六四四）改大明门曰大清门。八年（一六五一）改承天门曰天安门，北安门曰地安门。康熙即位，以紫禁城北门玄武门犯讳（帝名玄烨），改为神武门。其他诸门，一仍旧名。

《清会典·事例》卷八六三：顺治元年，定鼎燕京，上大清门牌额。

《日下旧闻考》卷三十八：顺治元年上大清门牌额，以天安门为皇城正门。八年，重修工成，改今名，即明承天门。又改北安门曰地安门。

《东华录》：顺治九年七月丙子，皇城北门成，名曰地安门。

清以天安门为皇城正门，午门为紫禁城正门，故其制度有异于明。皇城四门，南曰天安，北曰地安，东曰东安，西曰西安。天安门外东、西、南三面，垣周四百七十一丈三尺六寸，南曰大清门；东为长安左门（外垣周一百五十五丈），西为长安右门（外垣周一百六十七丈五尺一寸），外各设三座门，此皇城外郭之制也。紫禁城四门，南曰午门，北曰神武，东曰东华，西曰西华。四隅，角楼各一。墙外，东、西、北三面，守卫围房七百三十二间。此紫禁城内维之制也。（《清宫史续编》卷五十一）

民国以来，官厅利皇城砖，逐渐拆除。肇建之初，以皇城宅中，不便交通，首先开通南北池子、南北长街。并开皇城东北角一门，曰北箭亭；西北角一门，曰厂桥；西南角一门，曰府右街。嗣后每以便利交通为名，拆除皇城，首拆东安门以北转而至地安门之墙，继拆地安门迤西至厂桥一段，又拆西安门南北城墙。及余二十四年夏重至北平，则东安门南一段，亦已拆除，城内河身填平，改筑驰道，人事变易，不禁有沧海桑田之感。今日所余皇城，仅南海经天安门至太庙迤东一段矣！

兹将明、清两代皇城紫禁城门名沿革，立表如下，以便省览（见下图）：

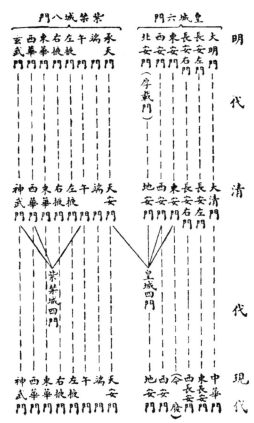

明代皇城及紫禁城门名，今犹可考，独皇城、紫禁城间十二门，已难指实其处。历来言北京掌故者，如《日下旧闻考》，缪荃孙《明故宫考》（《顺天府志》卷三），皆未尝注意，往往掇拾吕毖《明宫史》、刘若愚《酌中志》陈说，而未能确定其地点也。十二门者，北面四门，曰北上门、北上东门、北上西门、北中门；东面四门，曰东上门、东上南门、东上北门、东中门；西面四门，曰西上门、西上北门、西上南门、西中门。十二门名，俱载《明会要》，除东上门、西上门外，亦皆见《酌中志》。今欲考定其地点，关系异常重要，盖不特明代宫阙制度，可因此而全明，且《酌中志》所载皇城内宫殿苑囿，库司监厂，亦不难因此而悉可推定其处。故特考十二门如下：

（1）北面四门　十二门中最易考证者，实为北面四门。北上门在神武门外，南北相向，今日犹存。北上东门居左，北上西门居右，当神武门外马路未筑以前，二门犹存。北上西门之外，为紫禁城护城河水来源，其西则大高玄殿也。北中门之南，为寿皇殿，迤西则白石桥（今西板桥）、万法殿等处，则当在今景山之后，与地安门相对者也。

　　　刘若愚《酌中志》卷十七：过北中门迤西，则白石桥、万法殿等处，至大高玄殿，则习学道经内官之所居也。……北中门之南，曰寿皇殿，……殿之南，则万岁山，……前有万岁门，再南曰北上门，左曰北上东门，右曰北上西门。……再南过北上门，则紫禁城之玄武门也。北上西门之西，大高玄殿也。

　　　……护城河者，自北闸口分流，经内官监、白石桥、大高玄殿之东，北上西门外，半边石半边砖桥，入此桥，半石者，防车轮耳。

（2）东面四门　较难考者，为东面四门。东上门之名，不见《酌中志》，唯依北上门之例推之，当在东华门外对面。东上北门之东，曰弹子房，曰学医读书处，曰光禄寺。（《春明梦余录》）《酌中志》卷十七亦云：

　　　过东上北门、东中门，街北则弹子房，曰学医读书处，曰光禄寺，街南曰篦头房。再东则东安里门，俗称墙门者，过桥则东安门也。

按光禄寺在东安门大街北，北池子西，余不可考；然则东上北门当在北池子街东今骑河楼西口一带，东中门当在北池子与东安门大街之交，再东则东安里门，过桥则东安门也。《酌中志》卷十七又云：

> 自东上南门之东，曰重华宫，前曰重华门，曰广定门、咸熙门、肃雍门、康和门，犹乾清宫之制。……自东上南门迤南，街东曰永泰门，门内街北，则重华宫之前门也。其东有一小台，台有一亭。再东南则崇质宫，俗云黑瓦殿，景泰年间英庙自北狩回所居。永泰门再南，街东则皇史宬，珍藏太祖以来御笔实录、要紧典籍、石室金匮之书，此其处也。

按崇质宫即明南内，袁子才诗所谓"阿兄南内如嫌冷，五国城中雪更寒"是也。《日下旧闻考》云：明英宗北还，居崇质宫，谓之小南城。今缎匹库库神庙有雍正九年重修碑云，缎匹库为户部分司建，在东华门外小南城，名里新库，则里新库亦小南城也。东南为普胜寺，寺前沿河尚有城墙遗址。由是观之，崇质宫即今缎匹库，而皇史宬则仍在南池子东河北，然则东上南门，当在皇史宬直北，缎匹库西北，盖今吗噶喇庙迤西一带。[①]

(3) 西面四门　最难考证者，为西面四门。西上门之名，不见《酌中志》，唯依北上门之例推之，当在西华门外，与西中门相对。《酌中志》卷十七云：

> 自西中门之西，则尚宝监也。再西出西苑门。

然则西上门、西中门，皆在西华门与西苑门之间。《酌中志》卷十七又云：

---

① 于此更有一旁证，可证吾人推论之不误。《元史·泰定帝纪》：至治三年十二月，塑马哈吃剌佛像于延春阁徽清亭。梵书言吗哈噶喇佛有十二，皆文殊观音化身及护法神也。《酌中志》卷十七云："东上南门之东，曰重华宫，……东西有两长街，……东长街则有……洪庆殿，供番佛之所也。"按重华宫适当今吗噶喇庙地，番佛盖即元吗哈噶喇佛。东上南门之东，曰重华宫，则吾人以吗噶喇庙迤西地，为东上南门故址，亦适与此相合。

北上西门之西，大高玄殿也。……稍西曰石作（今大小石作），曰圆明阁，又西曰乾明门（今三座门，见《顺天府志》卷十三）。门里迤南，曰兵仗局（今街西兴隆寺），曰西直房，即尚衣监之袍房也。曰旧监库，属内官监地方。曰尚膳外监，曰憩食房，曰西上北门。其东向北者，则西下马门矣。

依其叙述来路观之，自大高玄殿迤西，经大小石作、三座门，迤南经兴隆寺，及西直房、旧监库、尚膳外监、憩食房（今皆无考，当在北长街北头），始至西上北门，则西上北门当在西华门外北长街中部街西，与东上北门地位相当。又《酌中志》卷十七云：

自西上北门过西上南门，向东，则御用监也。又南向西，则银作局也。再南，过桥曰灵台，亦有观象台，铜铸浑天仪，以测星度，占云气焉。

按御用监范围甚广，其址当在今西华门外迤南，南长街东，织女桥北一带之地。明嘉靖癸丑《修南库碑记》云："御用监初立，为行在作房，次改御用司，宣德朝更为监。各库作东则外库、大库，西则花房库作、南库、冰窖，左右四作曰木漆，曰碾玉，曰灯作，曰佛作。"按其地今犹有油漆作（非地安门内之油漆作），疑即明漆作遗址。灵台遗址，则在织女桥南，光绪时尚存，俗称观星台。（《顺天府志》卷十三）然则西上南门当在油漆作西织女桥北，与东上南门地位相当。

以上，略考明紫禁城外皇城内十二门地址。盖当年自北安门而南，绕万岁山及护城河，东南至皇史宬，西南至御用监，皆有长墙，夹南北池子、南北长街，且皆两重。至民国初年，自地安门东绕景山、护城河至皇史宬，西绕景山至大高玄殿，制度未改。十二门中，东西八门，皆开于是。明乎此，则可以思过半矣。兹将考证所得，立表如下，以为殿焉：

北上门　今北上门

北上东门　北上门左向东之门，因筑马路拆除

北上西门　北上门右向西之门，因筑马路拆除

北中门　今寿皇殿后，与地安门遥对

东上门　东华门外对面

东上北门　今北池子骑河楼西口一带

东上南门　今南池子吗噶喇庙迤西一带

东中门　北池子与东安门大街之交，与东安门相对

西上门　西华门外对面

西上北门　今北长街中部街西

西上南门　今南长街油漆作西，织女桥北

西中门　南北长街之西，西苑门正东

# 第二节　分叙

（一）水道　皇城之内，河流四绕，总分东西两支，合汇于皇城之东南角。西支由地安门外西步梁桥入城，潴为北海、中海、南海，总名太液池。分支有二：北由北海内先蚕坛之东，经春雨林塘（今北海董事会）濠濮间出苑墙，再经板桥及景山西门，环紫禁城，是谓护城河。南由南海之东，出苑墙，经织女桥，汇护城河西派南流之水，①东经天安门外之金水桥，又经长安左门之北，过飞虹桥，至皇城东南隅，与东支合，是谓外金水河。入阙右门下，有地道引城河水，经午门前，至阙左门外，循太庙右垣南流，折而东，为太庙戟门外筒子河，东南合御河。

东支自地安门外东步梁桥入城，经东板桥，至北箭亭折而南，垂杨夹岸，是谓北河沿。再南经东安门内望恩桥，是谓南河沿，至堂子之西，皇城东南隅，与西支合（此段今已填为驰道）。

紫禁城内之河，自神武门西地道，导入护城河水，流入城西一带。南

---

① 紫禁城护城河西派南流之水，今日已湮，唯明末清初犹存。《酌中志》卷十七云："其河（指三海）自宝钞司东，与护城河之西派合流，过长安右门之北，经承天门前，再东过长安左门之北，自涌福阁会归于皇城之巽城而总出焉。"又云："水由桥下，至紫禁城墙下护城河，而东而南，经太庙之东，玉芝宫、飞虹桥之西；而西脉自大社大稷坛之西，至灵台、宝钞司之东，总合流于涌福阁之河焉。"可见护城河东南、西南两角，昔皆有水南流，一经太庙之东，一经大社大稷坛之西，皆注天安门前之外金水河。《清宫史续编》修于嘉庆，犹言护城河西面之水，自紫禁城西南隅，流经天安门外金水桥，东南注御河，唯未言及太庙东南流之水。至筒子河系乾隆二十八年（一七六三）改引，非明制也。详太庙。

经武英殿前，折而东，过新虹桥，经熙和门北，太和门前，为金水桥；又东过协和门北，北流绕文华殿后，文渊阁前至三座门，蜿蜒而南，过东华门内，经銮驾库，自紫禁城东南角出城，汇于护城河。此河功用，《酌中志》卷十七尝切论之：

> 是河也，非为鱼泳在藻，以资游赏，亦非过为曲折，以耗物料。恐意外回禄之变，此水实可赖。天启四年（一六二四）六科廊灾，六年（一六二六）武英殿西油漆作灾，皆得此水之力。而鼎建、皇极等殿大工，凡泥灰等项，皆用此水。回想祖宗设立，良有深意，唯在后之人遵守何如耳！况坤宁宫后苑鱼池之水，慈宁宫鱼池之水，各立有水车房，用驴拽水车，由地珰以运输，咸赖此河。又如天启年一号殿、哕鸾宫被灾者二次，如只靠井中汲水，能救几何耶？疏通此河脉，诚急务也。

今日自来水设置，救灾一项，或已不若昔日切要，然保存遗制，点缀风景，此河疏浚，犹不可少。惜乎自玉泉山一带，引水植稻，城中水源，日见缺乏。不特紫禁城护城河，有枯竭之虞，即西苑三海水量，亦日见减少。城北积水潭已有名无实，而北河沿一带，已积淤成平地，旧迹湮没，良可惜也！

（二）皇城诸门　中华门，明大明门，清大清门，在都城正阳门内，为皇城第一门。面南，正中，三阙，上为飞檐崇脊。门前地，方广数百步，为天街，俗名棋盘街，清乾隆四十年（一七七五）加以修葺，周围石栏，以崇体制。袁氏帝制，又加修砌。左右石狮，下马石牌各一。门内千步廊，东西向朝房，各百有十楹，又折而北向，各三十四楹，皆联檐通脊，直至左右长安门。袁氏称帝，为广阔宏崇计，皆命拆除，已非旧观矣。兹将其建置沿革列后：

一六四四　顺治元年，上大清门牌额。（《清会典·事例》卷八六三）

一六四五　顺治二年，汤若望奏棋盘街房屋宜禁，从之。（《东华录》）

一七七五　乾隆四十年，修棋盘街，周围石栏，以崇体制。（《顺天府志》卷十三）

一九一五　民国四年，袁氏帝制，拆千步廊，修砌天安门至中华门前石道。

《燕都游览志》：棋盘街直宫禁大明门之前，每朝会诸大典，京营将先期领营军护街，驻足其中，树帜甚盛。若乃天街步月，虽城中多旷观乎，此属第一。

### 杂咏诗（《查浦诗钞》）

查嗣瑮

棋盘街阔静无尘，百货初收百戏陈。

向夜月明直似海，参差宫殿涌金银。

千步廊北，天街横亘，东出，为长安左门，西出，为长安右门，门各三阙，东西向。门外下马石牌各一。乾隆十九年（一七五四），于长安门外东西各增筑围墙，并增建三座门。（《清会典·事例》卷八六三）旧时趋朝者皆由此出入。

长安左右门之北，正中南向者，为天安门，明承天门，五阙，上覆重楼九楹，彤扉三十有六。前临御河，跨石桥七，为外金水桥。桥南北，石狮各二。其南华表对峙，竿头石狮南向；天安门北亦有华表对峙，竿头石狮北向。①旧时国家大庆覃恩，宣诏书于门楼上，由堞口正中，承以朵云，设金凤，衔而下焉。其建置沿革如下：

一四五七　明英宗天顺元年，承天门灾。（《明史·英宗后纪》）

一四六五　明宪宗成化元年，造承天门。（《日下旧闻考》卷三十三引《宪宗实录》）

一六五一　清顺治八年，改承天门曰天安门。（《东华录》）

一六八九　清康熙二十八年，重修天安门、端门券门二座。《清会典·事例》卷八六三）

一六九〇　清康熙二十九年，天安门外建石桥七座。（同上）

一七六四　清乾隆二十九年，修天安门外石桥。（同上）

天安门之北，东西两庑，各二十六楹。东庑之中，为太庙门，西庑之中，为社稷坛门，门各五楹，东西相向。两庑之北，正中南向者为端门，

---

① 《清宫史续编》卷五十一，漏天安门后之华表，而以之系于端门下，曰端门制与天安门同，南立华表二，实误。

制与天安门同。其建置沿革如下：

一六六七　清康熙六年，建端门。(《清会典·事例》卷八六三)

一六八九　清康熙二十八年，重修天安门、端门券门二座。(同上)

端门之北，正中南向，是谓午门，为紫禁城正门。门三阙，上覆重楼五：中楼，深广各九楹；东西四楼，深广各五楹。阁道十三楹，南北连亘，彤扉各三十有六。两观间西向者曰左掖门，东向者曰右掖门。其上阁道盘云，黄屋耀日，双阙翼耸，与中相辅，俗所谓五凤楼也。旧制，国家有大征讨，凯旋献俘，皇帝御午门楼受焉。门前左设嘉量，右设日晷。楼上正中设宝座，并置钟鼓，凡视朝，则鸣钟鼓于楼上，驾出入午门亦如之。(《日下旧闻考》卷十) 其建置沿革如下：

一六四七　清顺治四年，重建午门九楹，重楼三阙，明廊杰阁，中三门，东西为左右掖门。(《清会典·事例》卷八六三)

一八〇一　清嘉庆六年，重修午门。(同上)

《清宫史续编》卷五十三：午门为门三，文武官出入由左；其右门，唯宗室王公得行之。两观间掖门，左右相对，各折而北入，不常启，恭遇皇帝大朝升殿，百官各以东西班次，由掖门入。殿试文武进士，鸿胪寺按中式名次引入，一名由左，二名由右，余仿此。

紫禁城之东，为东华门，门三阙，上覆重楼五楹，周遭绕以长廊；门前有下马石牌。紫禁城西为西华门，北为神武门，制与东华门同。

紫禁城四隅，角楼各一，所谓四维楼也。重檐三层，第一层四角，第二层十二角，第三层十二角，合为二十八角，崇脊飞檐，制极庄丽，虽体

紫禁城角楼

制繁复，而异常调和，有如古德式之教堂，虽万尖飞动，而不失其庄重和谐之概，诚中国建筑史上不多得之良构也。紫禁城外东、西、北三面，旧有守卫围房七百三十二间，自东西华门以至神武门，绵连不断。作者初至北京，每夜过宫禁，犹见河中灯光弄影，上下交辉。民国十四年以后，清室善后委员会拆守卫围房，筑轩二于东北、西北二角楼之下，已非旧制矣，三门及角楼建置沿革如下：

一五九四　明神宗万历二十三年，西华门灾。（《明史·神宗纪》）

一七五九　清乾隆二十四年，于东华门内迤北建琉璃门三座。（《清会典》卷八六三）

皇城之东为东安门，西为西安门，北为地安门，皆崇脊飞檐，凡三楹，楹各一门。其制与中华门不同，而与内廷宫门相似。东安门西直东华门，而西安门则东直金鳌玉蛛桥，较东安门为偏北，此亦一例外也。其建置沿革如下：

一六五一　清顺治八年，改北安门曰地安。（《日下旧闻考》卷三十九）

一六五二　清顺治九年，皇城北门成，名曰地安门。（《东华录》）

# 第二章　外朝及内廷

外朝内廷及前后三殿之制，昉自金陵，洪武建都，始有奉天、华盖、谨身三殿；建文继位，乃备乾清、省躬、坤宁三宫。永乐定都北京，改建皇城，悉如金陵之制，而宏敞过之。于是北京亦有前后三殿，即今日之太和、中和、保和及乾清、交泰、坤宁是也。兹先述其建置沿革，再分叙各宫殿现状。

## 第一节　建置沿革

明成祖永乐十五年（一四一七）改建皇城于元故宫东，去旧宫可一里许，悉如金陵之制，而宏敞过之。（《春明梦余录》）永乐十八年（一四二〇）北京都庙宫殿成，（《明史·成祖纪》）奉天、华盖、谨身殿及乾清官、奉先殿郊庙悉备。

> 《明史·成祖纪》：十五年正月壬午，平江伯陈瑄督漕运木赴北京。壬申，泰宁侯陈珪董建北京，柳升王通副之。三月丙申，杂犯死罪以下囚轮作北京赎罪。
>
> 《日下旧闻考》卷三十三引《明典汇》：十五年六月，建郊庙；十一月，建乾清宫。十四年八月癸未，西宫成。
>
> 《春明梦余录》：永乐十五年十一月，始作奉先殿。

然三殿之成，不久即灾，永乐十九年（一四二一），奉天、华盖、谨身殿灾。（《日下旧闻考》卷三十四引《成祖实录》）次年（一四二二）乾清宫亦灾。(《明史·成祖纪》)成祖之惨淡经营，悉成灰烬。历洪熙、宣德两朝，未遑修缮。至英宗正统五年（一四四〇）始重建奉天、华盖、谨身三殿，乾清、坤宁二宫。(《日下旧闻考》卷三十四引《英宗实录》)次年，三殿两宫成，（同上）始定都北京，废行在称。

> 《明会要》卷七十二：正统五年三月戊申，建北京宫殿。初永乐中，宫阙未备，奉天、华盖、谨身三殿，成而复灾，以奉天门为正朝。至是重建三殿，并修缮乾清、坤宁二宫，役工匠官军七万余人。

英宗正统十四年（一四四九），文渊阁灾，所藏之书，悉为灰烬。(《山樵暇语》)先是成祖永乐十九年，敕翰林院凡南内文渊阁所贮古今一切书籍自有一部至有百部，各取一部送至北京，得一百柜，载十艘赴京，（同上）至是悉焚。然则文渊阁之建，亦当在永乐十五年左右。

宪宗成化十年（一四七四），乾清门灾。(《明史·宪宗纪》)武宗正德四年（一五〇九），文渊阁又灾，历代国典稿簿俱焚。(《山樵暇语》)正德九年（一五一四），乾清宫灾，是年十二月，重建乾清、坤宁二宫，(《武宗实录》)十六年（一五二一）始成。

> 《日下旧闻考》卷三十四引《武宗实录》：上自即位以来，每岁张灯为乐，库贮黄白蜡不足，复令所司买补之。及是，宁王宸濠别为奇灯以献，遂令所遣人入宫悬挂，皆附着柱壁上，复于宫廷中依檐设毡毯，而贮火药于中。偶勿戒，遂延烧宫殿俱尽。上犹往豹房省视，回顾光焰冲天，戏谓左右曰：是好一棚大烟火也。

> 《明史·世宗纪》：正德十六年（一五二一）十一月甲戌，乾清宫成。

世宗嘉靖十四年（一五三五），乾清宫左右小殿成。额左曰端凝，右曰懋勤。(《日下旧闻考》卷三十四引《明典汇》)十六年（一五三七）拓文渊阁制。

> 《图书集成·考工典》：嘉靖十六年命工匠相度，以文渊阁

中一间恭设孔圣及四配像，旁四间各相间隔而开户于南，以为阁臣办事之所。阁东诰敕房装为小楼，以贮书籍。阁西制敕房南面隙地造卷棚三间，以处各官书办，而阁制始备。

嘉靖三十六年（一五五七），奉天、华盖、谨身三殿灾，文武楼、奉天、左顺、右顺及午门外左右廊尽毁。（《日下旧闻考》卷三十四引《世宗实录》）三十七年（一五五八）重建奉天门成，更名曰大朝门。（《日下旧闻考》卷三十四引《明典汇》）三十八年（一五五九），三殿兴工；四十一年（一五六二），三殿成，改奉天曰皇极，华盖曰中极，谨身曰建极。（《日下旧闻考》卷三十四引《世宗实录》）此明代宫史上之一大转变也。

  《明会要》卷七十二引《世宗实录》：初，帝以殿名奉天，非题扁所宜，敕礼部议之。部臣会议，言肇造之初，名曰奉天者，昭揭以示虔尔；然临御之际，坐而视朝，亦似未安。于是重建奉天门成，更名曰大朝门。四十一年九月壬午朔，三殿成，更名奉天殿曰皇极，华盖殿曰中极，谨身殿曰建极；文楼曰文昭阁，武楼曰武成阁；左顺门曰会极，右顺门曰归极，大朝门曰皇极，东角门曰宏政，西角门曰宣治。又改乾清宫右小阁曰道心，旁左门曰仁荡，右门曰义平。

神宗万历五年（一五七七）重修乾清等宫。（《两宫建鼎记》）二十四年（一五九六），乾清、坤宁两宫灾。（《明史·神宗纪》）次年，皇极、中极、建极三殿灾。（同上）是年重建乾清、坤宁二宫，二十六年（一五九八）落成。

  《明会要》卷七十二引《巳上三编》：二十五年六月戊寅，火起归极门，延至皇极、中极、建极三殿，文昭、武成二阁。周围廊房，一时俱烬。……征木于川、广，令输京师，费数百万，卒被中官冒没。终帝世，三殿实未尝复建也。

  《日下旧闻考》卷三十四引《冬官纪事》：乾清、坤宁两宫再建，万历二十四年七月初十日开工，至二十六年七月十五日告成。两宫之外，并建交泰殿、暖殿、披房、斜廊、日精、月华、景和、隆福等门及围廊房一百一十间，又带造神霄殿、东裕库、芳玉轩。①

万历四十三年（一六一五）重建三殿。（《明史·神宗纪》）光宗泰昌元年（一六二〇）修皇极门。（《图书集成·职方典》）熹宗天启五年（一六二五）起工修三殿，（《春明梦余录》）盖万历四十三年，欲建不果，至是始起工故也。次年（一六二六）皇极殿成，又次年中极、建极殿亦成。（《明史·熹宗纪》）崇祯元年（一六二八）题乾清宫敬天法祖牌（《春明梦余录》），然不久明即亡矣。

清人入关，一仍明旧，制度规模，未加改变，唯名称稍有更动耳。顺治二年（一六四五）定正中三殿名：殿前曰太和门，门之左曰昭德门，右曰贞度门；东庑之中曰协和门，西庑之中曰雍和门；太和门之后曰太和殿，殿之左曰中左门，右曰中右门；东庑之中曰体仁阁，阁之北曰左翼门；西庑之中曰宏义阁，阁之北曰右翼门；太和殿后曰中和殿，中和殿后曰保和殿，殿之左曰后左门，右曰后右门。是年敕建乾清宫。（《清会典》）次年，太和、中和等殿，体仁等阁，太和等门工成。（《东华录》）其内廷宫名门名，悉仍明旧。

顺治十二年（一六五五）重修内宫，前曰乾清门，东垣之中曰景运门，西垣之中曰隆宗门。乾清门之内曰乾清宫，后曰交泰殿，殿后曰坤宁宫，宫后曰坤宁门。（《清会典》卷八六三）次年（一六五六）于景运门外建奉先殿，其制前后殿各七楹，中设暖阁，宝床内安神龛。（《嘉庆一统志》）同年，乾清宫、乾清门、坤宁宫、坤宁门、交泰殿工成。（《东华录》）又次年（一六五七），奉先殿成。（同上）

康熙八年（一六六九）敕建太和殿南北五楹，东西广十一楹。又迎坤宁宫吻，安交泰殿金顶，又重修乾清宫。（《清会典》卷八六三）康熙十八年（一六七九）重建奉先殿；（同上）同年，太和殿灾。（《圣祖御制文集》卷十）康熙二十九年（一六九〇）重修太和殿、中和殿、保和殿；（《清会典》卷八六三）三十六年（一六九七）重修太和殿工成。（《东华录》）同年，建坤宁宫东西暖殿。（《日下旧闻考》卷十四）至此大内修建，在清初

---

① 《冬官纪事》谓二宫重建，二十四年开工，二十六年告成；《明史·神宗纪》谓三十年二月，重建乾清、坤宁二宫，未见他书，疑误。

已告一段落，诸宫殿皆经重修或重建，然无一非前明之旧规也。

雍正一朝，于宫殿无所改制。乾隆元年（一七三六）改雍和门为熙和门。（《清会典》卷八六三）二年，重修奉先殿。（同上）十二年（一七四七）于乾清门左右建直庐各一二间，又于景运、隆宗二门内之南各建直庐五间北向。（同上）三十年（一七六五）重修太和、中和、保和三殿。（同上）

乾隆三十九年（一七七四）敕建文渊阁于文华殿之后，以为藏弆《钦定四库全书》之所。（《清会典》卷八六三）此今日文渊阁之肇始也。

乾隆四十八年（一七八三），体仁阁灾。（《东华录》）嘉庆二年（一七九七），乾清宫、交泰殿灾；（同上）是年，重修乾清宫并左右之昭仁殿、宏德殿，又重修交泰殿。（《清会典》卷八六五）次年（一七九八），乾清宫、交泰殿工成。（《东华录》）七年（一八〇二）重修太和门、昭德门及贞度门。（《清会典》卷八六三）光绪十四年（一八八八），太和门灾。（《东华续录》）

《东华续录》：十二月谕，本月十五日夜间贞度门不戒于火，延烧太和门及库房等处，所有本日值班之章京护军等，于禁城重地并不小心看守，实堪痛恨，着交刑部严行审讯，按律定拟具奏，值班之前锋统领恩全疏于防范，咎无可辞，着交部议处。

光绪十五年（一八八九）重修太和门、昭德门、贞度门。

《天咫偶闻》：十四年十二月太和门火，自未至酉。明年庚寅，正月二十六日大婚，不及修建，乃以扎彩为之，高卑广狭无少差，至榱楠之花纹，鸱吻之雕镂，瓦沟之广狭，无不克肖，虽久执事内廷者，不能辨其真伪，而且高逾十丈，栗冽之风不少动摇，技至此神矣。

光绪十七年（一八九一）重修贞度门。（《清会典》卷八六三）自后直至清末，无大兴作。仅民国八年（一九一九）废帝溥仪举行大婚，尝修交泰殿，故今日交泰殿内金顶，犹较他处为新，此外别无建置矣。

综观明、清两代大内沿革，一切巨规宏模，无一不沿自明。缪小山

《云自在龛笔记》尝载康熙二十九年诸臣等复奏云：

> 又查故明宫殿楼亭门名，共七百八十六座，今以本朝宫殿数目较之，不及前明十分之三。考故明各宫殿九层，基址墙垣，俱用临清砖，木料俱用楠木；今禁内条造房屋，出于断不可已，凡一切基址墙垣，俱用寻常砖料，木植皆用松木而已。

由此可见清代规模，远不逮明；唯清人颇能保守，综观清代，大工可数，火灾亦少，故能汇为大观，保存至今。试登景山而望，黄屋辉映，凤阙嵯峨，自神武门历钦安殿、坤宁宫、交泰殿、乾清宫、保和殿、中和殿、太和殿，以至午门、端门、天安门、正阳门，正中诸宫，直如一线，无少参差。远望蓟门烟树，郁郁葱葱，正皆为朱明经始之烈。乃自命遗老者，则临睨而思前清，岂非数典而忘其祖耶？

兹再将宫殿门名沿革，列表于下，以便参考：

| 原　名 | 嘉靖四十一年改 | 刘若愚《酌中志》 | 顺治二年及十二年所改 | 《清宫史续编》 | 最后一次修建 |
|---|---|---|---|---|---|
| 奉门天 | （大朝门）皇极门 | 皇极门 | 太和门 | 太和门 | 一八八九 |
| 左顺门 | 会极门 | 会极门 | 协和门 | 协和门 | 一六四六 |
| 右顺门 | 归极门 | 归极门 | 雍和门 | 熙和门 | 一六四六 |
| 东角门 | 宏政门 | 宏政门 | 昭德门 | 昭德门 | 一八八九 |
| 西角门 | 宣治门 | 宣治门 | 贞度门 | 贞度门 | 一八九一 |
| 文　楼 | 文昭阁 | 昭文阁 | 体仁阁 | 体仁阁 | 一七八三 |
| 武　楼 | 武成阁 | 武成阁 | 宏义阁 | 宏义阁 | 一六四六 |
|  |  |  | 左翼门 | 左翼门 | 一六四六 |
|  |  |  | 右翼门 | 右翼门 | 一六四六 |
| 奉天殿 | 皇极殿 | 皇极殿 | 太和殿 | 太和殿 | 一七六五 |
| 华盖殿 | 中极殿 | 中极殿 | 中和殿 | 中和殿 | 一七六五 |
| 谨身殿 | 建极殿 | 建极殿 | 保和殿 | 保和殿 | 一七六五 |
|  | 中左门 | 中左门 | 中左门 | 中左门 | 一六四六 |
|  | 中右门 | 中右门 | 中右门 | 中右门 | 一六四六 |

| 原　　名 | 嘉靖四十一年改 | 刘若愚《酌中志》 | 顺治二年及十二年所改 | 《清宫史续编》 | 最后一次修建 |
|---|---|---|---|---|---|
| | | 云台门 | | | |
| | 后左门 | 后左门 | 后左门 | 后左门 | 一六四六 |
| | 后右门 | 后右门 | 后右门 | 后右门 | 一六四六 |
| | | 景运门 | 景运门 | 景运门 | 一六六五 |
| | | 隆宗门 | 隆宗门 | 隆宗门 | 一六六五 |
| 乾清门 | 乾清门 | 乾清门 | 乾清门 | 乾清门 | 一六六五 |
| 乾清宫 | 乾清宫 | 乾清宫 | 乾清宫 | 乾清宫 | 一七九七 |
| | | 日精门 | 日精门 | 日精门 | |
| | | 月华门 | 月华门 | 月华门 | |
| | 仁荡门 | 龙光门 | 龙光门 | 龙光门 | |
| | 义平门 | 凤彩门 | 凤彩门 | 凤彩门 | |
| | | 端宁殿 | 端凝殿 | 端凝殿 | |
| | | 懋勤殿 | 懋勤殿 | 懋勤殿 | |
| | 宏德殿 | 昭仁殿 | 昭仁殿 | 昭仁殿 | 一七九七 |
| | 雝肃殿 | 宏德殿 | 弘德殿 | 弘德殿 | 一七九七 |
| 省躬殿 | 交泰殿 | 交泰殿 | 交泰殿 | 交泰殿 | 一七九七 |
| 坤宁宫 | 坤宁宫 | 坤宁宫 | 坤宁宫 | 坤宁宫 | 一六六五 |
| | | 景和门 | 景和门 | 景和门 | |
| | | 龙德门 | 隆福门 | 隆福门 | |
| | | 基化门 | 基化门 | 基化门 | |
| | | 端则门 | 端则门 | 端则门 | |
| 广运门 | 坤宁门 | 坤宁门 | 坤宁门 | 坤宁门 | 一六六五 |
| 文华殿 | 文华殿 | 文华殿 | 文华殿 | 文华殿 | 一六八三 |
| 武英殿 | 武英殿 | 武英殿 | 武英殿 | 武英殿 | 一八六九灾 |
| 文渊阁 | 文渊阁 | —— | —— | 文渊阁 | 一七七四 |

## 第二节　现状

太和门　午门之内，环金水河，跨石梁五，护以石栏。桥北百余步，正中南向，为太和门，前朝之正门也。广字九楹，中辟三门，重檐崇基，石阑层列，前后陛各三出，左右陛各一出，级各二十有八。其左右两楹，旧为宿卫番直处。前面陛间，列古铜鼎四，左列嘉量，右置日晷。再外左右，列铜狮二，高各丈余。太和门左曰昭德门，右曰贞度门，各三楹，单檐，南向。东西两庑，门东出者，为协和门，西出者，为熙和门，门各五楹，单檐相对。两庑上下，各二十二楹，皆崇基：东为稽察钦奉上谕事件处（今为石刻陈列室），协和门内，为诰敕房；西为缮书房，熙和门南，为起居注直房。此太和门前院之制也。

太和殿　太和门内，相距一百八十尺，正中南向，为太和殿，大内之正殿也。基崇二丈，殿高十有一丈，广十有一楹，纵五楹，柱八十有四。上为重檐垂脊，前后金扉四十，金琐窗十有六。殿内，乾隆御笔匾曰"建极绥猷"，联曰：

> 帝命式于九围，兹维艰哉，奈何弗敬
> 天心佑夫一德，于时保之，遹求厥宁

正中，设宝座，皇帝大朝御焉。旧制，每岁元旦、冬至、万寿三大节，及国家有大庆典，则御殿受贺；凡大朝会燕飨，命将出师，胪传多士，及百僚除授谢恩，皆御焉。殿前为丹陛，环以白石阑三重，龙墀三层，陛五出：下层，级二十有三，中上二层级各九。上下露台，列宝鼎十有八（台上六，下三层，每层各四）；台上铜龟、铜鹤各二，日晷、嘉量各一。《清宫史续编》又载：丹墀前甬道左右，范铜为山，镌正一品至九品汉、满文，东西各二行，为文武官行礼班位，今已亡矣。

殿左曰中左门，右曰中右门，皆三楹，单檐南向，与昭德、贞度二门相对。其东出者，为左翼门；西出者，为右翼门。翼门之南，东为体仁阁，西为弘义阁，各重楼九楹，楼上四面皆为走廊。廊庑四周相接，共六十六楹，旧为内务府银库、衣库、缎库、皮库、茶库、瓷库分庋之所，武备院甲库、毡库、鞍库附焉。

中和殿　太和殿后，为中和殿，纵横各三楹，四面走廊，列柱凡二十，方檐，渗金圆顶，金扉琐窗各二十有四。南北陛各三出，东西陛各一出，因建在太和殿、保和殿之间，崇基之上，故左右复有陛，各三层，东西出。殿内，乾隆御书匾曰"允执厥中"，联曰：

时乘六龙以御天，所其无逸
用敷五福而锡极，彰厥有常

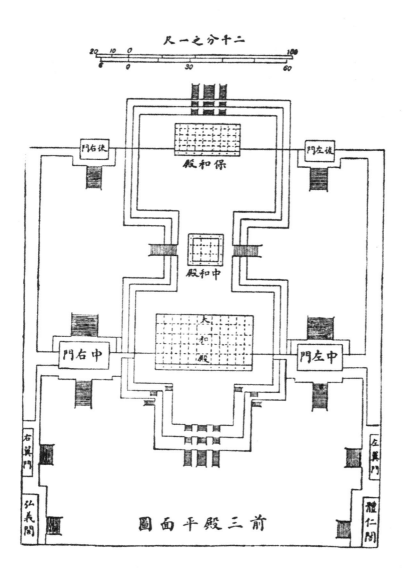

中设宝座，凡遇三大节，皇帝先于此升座，内阁、内大臣、礼部、都察院、翰林院、詹事府及侍卫执事人员行礼毕，乃出御太和殿。今陈列热河行宫所迁珍宝。

保和殿　中和殿后，为保和殿，明建极殿，至今匾额上，"保和殿"三字之后，犹隐然露建极殿印痕焉。殿广九楹，深五楹，[①]重檐垂脊，前陛各三出。殿内，乾隆御笔匾曰"皇建有极"，联曰：

> 祖训昭垂，我后嗣子孙，尚克钦承有永
> 天心降鉴，惟万方臣庶，当思容保无疆

中设宝座，每岁除夕，皇帝御殿筵宴外藩，传为盛典；每科策试、朝考，新进士俱于殿内左右列试。殿之左，曰后左门，右曰后右门，与中左、中右二门相对，再进即为内廷矣。

自太和殿至保和殿，两庑丹楹相接，四隅各有崇楼，犹上承元大都宫殿角楼之制也。中路甬道连属，后陛三出，气象崇宏。再北十余武，崇基引陛南向者，即乾清门也。

文华殿　协和门之东，为文华殿。前为文华门，五楹南向，崇阶三出，十二级。门内甬路，与露台相连，台左右二出陛，各十一级。殿广五楹，深四楹，乾隆御笔匾曰"缉熙明德"，联曰：

> 道脉相承，经籍昭垂千圣绪
> 心源若接，羹墙默契百王传

中设宝座，每岁春秋仲月，皇帝御经筵，讲臣于殿内进讲，礼成，随驾至文渊阁，赐座赐茶，茶毕，讲臣退，诣本位殿入宴。

东庑，曰本仁殿；西庑，曰集义殿；后殿，曰主敬殿，有柱廊与前殿相连，所谓工字廊是也。

文华殿东，为传心殿，东西设两角门，北向五楹，为治牲所；南向三楹，为景行门，东隅，井亭一。殿后，祝版房三楹，神厨三楹；再后，直

---

① 《清宫史续编》卷五十三，作深广九楹，误。

房五楹。殿中广五楹，祀伏羲氏、神农氏、轩辕氏、陶唐氏、有虞氏、夏禹、商汤、周文王、周武王，均正位南向；周公东位西向，孔子西位东向。每月朔，太常寺堂官一员，诣殿上香；每岁皇帝御经筵日，例请钦命大学士一员告祭焉。

文华殿前，隔道为房数所：西近午门，为内阁，东西为满本堂、汉本堂、蒙古堂及票签房、稽察房、典籍厅。内阁大堂中，悬乾隆匾曰"调和元气"。堂之东，为红本库。又东，为实录库，以备轮日进览；又书籍表章库，皆在其内。再东隔金水河为銮仪卫，内为銮驾库，门北向，库前石碣，"古今通集库"五字，内贮大驾卤簿全分，大礼舆一，法驾步舆一，亮舆一，各式舆十四，法驾、骑驾、銮驾，凡三百七十余件，今已残缺不全。库北直清史馆，旧称国史馆，外即东华门矣。

明世宗嘉靖元年（一五二二）　修建文华殿。（《明典汇》）

清世宗顺治九年（一六五二）　礼部奏请于文华殿旧基从新建殿。（《东华录》）

清圣祖康熙二十二年（一六八三）　重建文华殿五楹。（《清会典》卷八六三）

文渊阁　文华殿之后，为文渊阁。清代定制，文渊阁为大学士兼衔。乾隆三十九年（一七七四）仿范氏天一阁，特敕建此阁，许兼衔如旧。阁中藏弄《钦定四库全书》，凡三万六千册，编为经、史、子、集四部，分室贮藏。阁外观二层，内实三重（利用下檐地位，增设暗层），上下各六楹，层级两折而上，瓦青绿色。阁前甃方池，跨石梁，引御河水注之，略效辟雍之制也。左右列植松桧，阁后叠石为山，山后为垣，门一，北向。门外稍东，设直房，为直阁诸臣所居。阁内，正中设宝座，悬乾隆匾曰"汇流澄鉴"，联曰：

> 荟萃得殊观，象阐先天生一
> 静深知有本，理赅太极函三

屏风前后，悬乾隆《文渊阁记》及《题诸书诗》十二首。东内室南床上，面西设宝座，三面仙楼，东仙楼南床上，面西设宝座。上层楼明间，中设方式书橱一，南北向各设宝座一。阁内上下，均贮《四库全书》。前楹从庑，遍悬乾隆题咏诸诗。

阁外，东有碑亭一，方座浮雕花纹，碑阳刻汉、满字《御制文渊阁记》，碑阴刻《御制文渊阁赐宴诗》。

### 文渊阁记

国家荷天麻，承佑命，重熙累洽，同轨同文，所谓礼乐百年而后兴，此其时也。而礼乐之兴，必藉崇儒重道，以会其条贯。儒与道，匪文莫阐。故予搜四库之书，非徒博右文之名，盖如张子所云，"为天地立心，为生民立道，为往圣继绝学，为万世开太平"，胥于是乎系。故乃下明诏，敕岳牧，访名山，搜秘简，并出天禄之旧藏，以及世家之独弃，于是浩如渊海，委若邱山，而总名之曰《四库全书》。盖以古今数千年，宇宙数万里，其间所有之书虽夥，都不出四库之目也。乃抡大臣俾总司，命翰林使分校，虽督继晷之勤，仍予十年之暇。夫不勤，则玩日愒时有所不免；而不予之暇，则又恐欲速而或失之疏略，鲁鱼亥豕，因是而生。语有之，"凡事预则立"。书之成，虽尚需时日，而贮书之所，则不可不宿构。宫禁之中，不得其地，爰于文华殿后，建文渊阁以待之。文渊阁之名，始于胜朝，今则无其处，而内阁大学士之兼殿阁衔者，尚存其名。兹以贮书，所为名实适相副。而文华殿居其前，乃岁时经筵讲学所必临，于以枕经葄史，镜己牖民，后世子孙，奉以为家法；则予所以继绳祖考觉世之殷心，化育民物返古之深意，庶在是乎，庶在是乎！

按明代文渊阁，肇始于金陵。《山樵暇语》载："北京大内新成，敕翰林院凡南内文渊阁所贮古之一切书籍自有一部至有百部，各取一部送至北京，余悉封识收贮如故。修撰陈循如数取进，得一百柜，督舟十艘，载以赴京。"则明成祖时北京已有文渊阁矣。英宗正统十四年（一四四九），北内火灾，文渊阁向所藏之书悉为灰烬。（同上）嗣后重建，武宗正德四年（一五〇九），西苑文渊阁被火，历代国典稿簿俱焚。（同上）世宗嘉靖十六年（一五三七）命工匠相度，以文渊阁中一间恭设孔圣暨四配像，旁四间各相间隔而开户于南，以为阁臣办事之所。阁东诰敕房装为小楼，以贮书籍。阁西制敕房南面隙地添造卷棚三间，以处各官书办，而阁制始备。（《图书集成·考工典》）按明文渊阁，吕毖《宫史》、刘若愚《酌中志》及《顺天府志三·明故宫考》，皆未详其地点。《酌中志》卷十七仅载"会极门里，向东南入，曰内阁，辅臣票本清禁处也。宣庙赐有文渊阁印一颗，玉箸篆文，凡进封票本，揭帖、圣谕、敕禧，用此印钤封"，然不能即以此为文渊阁在内阁之确证。唯《明会要》卷七十一"文渊阁"下注云："在文华殿前，诸学士议政之所。"又据《山樵暇语》似在西苑，然亦不能明指其处。故乾隆《文渊阁记》亦曰今则无其处而尚存其名，盖久已不可考矣。

武英殿　熙和门之西，为武英殿，制如文华殿，唯殿前露台甬道，以及武英门周围，皆有石栏环绕，与文华殿不同耳。门前御河回环，跨石梁三，护以石栏。殿广五楹，深四楹。后为敬思殿，皆贮书籍。东庑曰凝道殿，西庑曰焕章殿。左右廊房六十三楹，旧制凡钦定刊布诸书，俱于此校刻装潢，简命王大臣管理。乾隆三十九年，尝命创制聚珍版，排印群书。东北为恒寿斋，西北为浴德堂，皆词臣校书直次。

殿垣之北，为方略馆，为军机章京直宿处。再折而北，东向，为回子学、缅子学。又北，为冰窖，为造办处。其中，为内务府公署，当武英殿直北，慈宁宫空场之前。堂中，悬雍正匾曰"职思综理"，圣训曰："典司内府，庶务繁要，谨度课功，饬法制用，必规划周详，各尽厥职，俾宫府相为一体。"

武英殿西，旧为咸安宫，门三楹，殿五楹（今称宝蕴楼），东西配殿各三楹，旧为恭制御服之所。其后殿宇二层，尝为修高宗纯皇帝实录馆。又西，为咸安宫官学，系教习内府三旗及满洲八旗大臣子弟肄业处，学舍二十有七楹。

武英殿之南，隔道为房数所：东近午门，旧为国史馆，后为膳房外库。西为外瓷器库。又西为南薰殿，乾隆戊辰（一七四八）诏以内府所藏历代帝、后暨先圣名贤图像，尊藏于此，计为轴七十有九，为册十有五，为卷三；并弄明诸帝后册宝之贮工部外库者，移于殿之西室。殿前卧碑一，刻《圣制南薰殿奉藏图像记并诗》。其所藏历代帝、后图像如下：[①]

宓犧氏像一幅<sub>马麟画，坐像</sub>　　帝尧像一幅<sub>立像</sub>
夏禹王像一幅<sub>立像</sub>　　　　　商汤王像一幅<sub>立像</sub>

---

① 详参阅《清宫史续编》卷九十六。

周武王像一幅<sub>立像</sub>　　　　梁武帝像一幅<sub>立像</sub>

唐高祖像一幅<sub>立像</sub>　　　　唐太宗像三幅<sub>立像二，半身像一</sub>

后唐庄宗像一幅<sub>立像</sub>　　　　宋宣祖像二幅<sub>坐像一，半身像一</sub>

宋太祖像四幅<sub>坐像一，立像一，半身像二</sub>　宋太宗像一幅<sub>立像</sub>

宋真宗像二幅<sub>坐像一，半身像一</sub>　　宋仁宗像一幅<sub>坐像</sub>

宋英宗像二幅<sub>坐像一，半身像一</sub>　　宋神宗像一幅<sub>坐像一，半身像一</sub>

宋哲宗像一幅<sub>坐像</sub>　　　　宋徽宗像二幅<sub>坐像一，半身像一</sub>

宋钦宗像二幅<sub>坐像及半身像</sub>　　宋高宗像一幅<sub>坐像</sub>

宋孝宗像一幅<sub>坐像</sub>　　　　宋光宗像一幅<sub>坐像</sub>

宋宁宗像一幅<sub>坐像</sub>　　　　宋理宗像二幅<sub>坐像及半身像</sub>

宋度宗像一幅<sub>坐像</sub>　　　　明太祖像十二幅<sub>坐像八，半身像四</sub>

明成祖像一幅<sub>坐像</sub>　　　　明仁宗像一幅<sub>坐像</sub>

明宣宗像三幅<sub>坐像、马上像及立像</sub>　明英宗像一幅<sub>坐像</sub>

明宪宗像一幅<sub>坐像</sub>　　　　明孝宗像一幅<sub>坐像</sub>

明武宗像一幅<sub>坐像</sub>　　　　明兴献王像二幅<sub>坐像二</sub>

明世宗像一幅<sub>坐像</sub>　　　　明穆宗像一幅<sub>坐像</sub>

明神宗像一幅<sub>坐像</sub>　　　　明光宗像二幅<sub>坐像二</sub>

明熹宗像二幅<sub>坐像二</sub>　　　宋宣祖后像一幅<sub>坐像</sub>

宋真宗后像一幅<sub>坐像</sub>　　　宋仁宗后像一幅<sub>坐像</sub>

宋英宗后像一幅<sub>坐像</sub>　　　宋神宗后像一幅<sub>坐像</sub>

宋哲宗后像一幅<sub>坐像</sub>　　　宋徽宗后像一幅<sub>坐像</sub>

宋钦宗后像一幅<sub>坐像</sub>　　　宋高宗后像一幅<sub>坐像</sub>

宋光宗后像一幅<sub>坐像</sub>　　　宋宁宗后像一幅<sub>坐像</sub>

明孝慈高皇后像一幅<sub>半身像</sub>

（以上共七十九轴）

历代帝王像一册<sub>自伏羲氏起至宋宁宗止，凡十九叶</sub>

圣君贤臣像一册<sub>自伏羲氏起至韩信止，凡二十三叶</sub>

宋朝帝像一册<sub>自宣祖起至度宗止，凡十六叶</sub>

宋朝后像一册<sub>自宣祖后起至宁宗后止，凡十二叶</sub>

元朝帝像一册<sub>自太祖起至宁宗止，凡八叶</sub>

元朝后像一册<sub>自世祖后起至后纳罕止，凡八叶</sub>

元朝后妃太子像一册<sub>自仁宗后起至后纳罕止，凡六叶，末附太子像二</sub>

明朝帝后像一册<sub>自太祖起至孝静毅皇后止，凡九叶</sub>

明朝帝后像一册<sub>自世宗起至熹宗止，凡八叶</sub>

历代圣贤像一册<sub>自苍颉起至许衡止，凡二十三叶</sub>

孔子世家像一册<sub>凡十九叶</sub>

至圣先贤像<sub>自孔子起至许衡止，凡六十叶</sub>

历代圣贤名人像一册<sub>自周公起至金学士赵景文止，凡二十二叶</sub>

明太祖御笔二册<sub>上册凡朱墨笔四十九叶，释文四十九叶；下册凡朱墨笔二十八叶，释文二十八叶</sub>

（以上凡十五册）

明宣宗行乐图一卷<sub>凡五像</sub>

明世宗出警图一卷<sub>坐像</sub>

明世宗入跸图一卷<sub>坐像</sub>

（以上凡三卷）

以上历代帝、后、圣贤图像七十九幅，十五册，三卷，诚故宫有数之宝藏，余一见之于中海紫光阁，再见之于古物陈列所。二十五年春，伦敦举行艺术展览会，故宫博物院及古物陈列所亦遴选古物参加，宋太祖坐像及宋太宗立像，亦遵海而西，今复归南京展览。然其他七十七幅十五册及三卷图像，则陷危城中，司保存文物之职者，对于古物陈列所所藏瑰宝，从未未雨绸缪，早为之计。至于今日，已不能南徙，文物沦丧，典藏者不能逃其职也。

明熹宗天启六年（一六二六）　武英殿西油漆作灾。（《明宫史》）

清穆宗同治八年（一八六九）　武英殿灾，延烧三十余间。（《东华录》）

以上所叙，外朝及文华殿、武英殿之大致也，兹再叙内廷。

乾清宫　内宫之制，乾清、坤宁，法象天地，为紫微正中；东西辟门，象日月，左右布十二宫，则象十二辰也。其后，东西分列五所，而躔周星共之义备焉。乾清宫正门，为乾清门，南向，单檐五楹，中门三，陛三出，各十三级，周以石栏。前列金狮二。旧制，皇帝御门听政，于中门设御座黼扆，部院以次启事，内阁面承谕旨于此。乾清门之旁，左为内左门，右为内右门，皆南向，北通长街。内左门不常启，凡内宫及承应人等出入，俱由内右门；军机大臣，南书房翰林，内务府大臣官员出入，亦得由之。墀下东出者，为景运门，西出者，为隆宗门，皆五楹，门各三。内左门之东，内右门之西，周庐各十二楹，东西各有侍卫直宿房，又东为散秩大臣值班房及文武大臣奏事待漏之所；西为办理军机事务处、总管内务府大臣办事处。其南相对周庐各五，东为宗室王公奏事待漏之所；西，旧为缮书房，继为军机处满、汉章京直舍。其旁井亭各一。此乾清门外院之制也。

乾清门内，左右陛北出者二，中路甬道相属，砌以白石雕栏。正中南向者，为乾清宫，旧制皇帝临轩听政，岁时于内庭受贺赐宴，及常日召对臣工，引见庶僚，接觐外藩属国陪臣，咸御焉。宫崇脊重檐，广九楹，深五楹，中设宝座，上悬顺治墨刻匾曰"正大光明"。两楹，悬乾隆摹康熙笔联曰：

> 表正万邦，慎厥身修思永
> 弘敷五典，无轻民事维艰

今匾及宝座，并已随古物南迁矣。宝座左右，旧列图史、玑衡、彝器。宫檐前，列铜龟、铜鹤各二，嘉量、晷度各一，涂金宝鼎四。左右丹陛，南出者二，东西出者各一，各十三级。东西丹陛下，有文石台二，上安设社稷江山金殿。后宸，悬乾隆《五屏风铭》。东壁，悬康熙御笔墨刻《兰亭叙》；西壁，悬唐岱、孙祜合仿李唐《寒谷先春图》。东暖阁内，匾曰"抑斋"；西暖阁内，匾曰"温室"，皆乾隆御笔。西暖阁北楹上，悬乾隆书《乾清宫铭》。按西暖阁为明万历、天启二帝居处，东暖阁为泰昌、崇祯二帝居处，魏忠贤、魏朝因争宠客氏，尝互诟于此。

乾清宫之东，为昭仁殿，南向，原名宏德殿，万历十一年四月，改雝肃殿为宏德殿，遂改宏德殿为昭仁殿。明崇祯帝殉国前，手刃其女昭仁公主于此，愿世世无生帝王家，亦故宫中一伤心之地也。清康熙中，为帝寝兴温室。乾隆敕检内府书善本，先后排比，列架庋藏，匾曰"天禄琳琅"。嘉庆二年（一七九七）重建。今架上所藏，多现时坊间通行刊本，本殿宋版书，有由溥仪赠与溥杰，已散佚不少。殿后西室匾曰"五经萃室"，乾隆敕汇贮宋岳珂校刻五经于此，今亦不复存于此室矣。

乾清宫之西，为弘德殿，南向，原名雝肃殿，万历十一年四月，改宏德殿，而以旧宏德殿为昭仁殿。[1] 清代为皇帝传膳办事之处，嘉庆二年

---

[1] 万历七年四月，张居正上《雝肃殿箴》即指此殿。箴载《明会要》卷七十二。

（一七九七）重建。传闻咸丰尝寝兴于此。殿内匾曰"奉三无私"，北壁悬乾隆书《大宝箴》，后室匾曰"太古心"。今殿已荒废，内存残本《图书集成》及旧红木器具。殿西凤彩门旁，为明天启时，奉圣夫人直房。

宫之东庑，由北而南，为御茶房三楹，端凝殿三楹（取端冕凝旒之意，御用冠袍带履，俱贮于此），再南三楹，为旧设自鸣钟处（其地因向贮藏香及西洋钟表，沿称为自鸣钟）。其南，东出者，为日精门。门之南，为御药房，内祀药王，存有药品。再南一室，奉孔子及先贤先儒神位。

转而南，向北者，为尚书房，皇子皇孙肄业处也。（东三间载沣摄政时，曾假此办公。）再西为乾清门，门西为敬事房（为宫殿监等办事处），内办理军机事务处，及南书房，内廷词臣直庐也。

西庑由北而南，为屋三楹，无定名。与端凝殿相对者，为懋勤殿，明天启帝创造地炕于此，康熙冲龄亦尝读书于此，后为内廷翰林兼直之所，凡图史翰墨之具悉贮焉。再南三楹，为批本处（凡内阁拟票本章，俱由此处进呈御览，然后票写满文交阁）。又南西出者，为月华门。门之南，为内奏事处（旧日内外臣工所进奏章，及呈递膳牌，由外奏事官接入，于此交内奏事太监进呈；得旨后，仍由此交出），又南为尚乘轿，奏皇帝出入御舆。转南向北者，即南书房矣。

昭仁殿之左，东出者为龙光门；弘德殿之右，西出者为凤彩门。以上乾清宫内院之叙置也。

交泰殿　乾清宫之北，正中为交泰殿，渗金圆顶，制如中和殿，唯四周无走廊耳。嘉庆二年（一七九七）重建，民国八年，溥仪大婚重修。楣间南向，悬乾隆摹康熙笔匾曰"无为"；后宸，悬乾隆《交泰殿铭》；两楹，悬乾隆联曰：

> 恒久咸和，迓天庥而滋至
> 关雎麟趾，立王化之始基

中设宝座，左安铜壶滴漏（乾隆年制），右置大自鸣钟。中藏清宝玺二十有五，最近之皇后册宝亦置焉。殿之两庑，直东陛左出者，为景和门；直西陛右出者，为隆福门。

坤宁宫　交泰殿后，为坤宁宫，崇脊重檐，广凡九楹。昔在朱明，为皇后正宫，满制凡祭必于正寝，故中三间改为祭天跳神之所。东有长桌一，以宰牲；后有巨锅三，以煮祭肉；西有布偶人及画像，盖其所祭之神。壁上悬布袋，俗名子孙袋，内储幼年男女更换之旧锁。[1] 此外铜铃、拍板、布幔等物，均祭时女巫歌舞所用，尚存满洲旧俗。其南北沿边各有长炕，则祭后侍卫赐胙处。宫外有神竿，俗名祖宗竿子，满俗于祭天时悬所宰牲之骨肉于竿上，于竿下跳神。昔日庄严之正宫，至清遂成祭神之屠宰场矣。东暖阁三间，只作大婚时洞房，内有高阁供佛像，阁下有新莽嘉量。西间内有神亭，为储放祭天神像之用，现存杂具。东暖阁悬乾隆书《坤宁宫铭》，匾曰"福德相"。西暖阁乾隆联曰：

> 春霭瑶墀，彩霞呈五色
> 瑞凝绮阁，琪树灿三珠

宫左为东暖殿，与昭仁殿相对，雍正匾曰"位正坤元"。右为西暖殿，与弘德殿相对，乾隆匾曰"德洽六宫"。东暖殿之东，为永祥门，稍北，为基化门，俱东出。西暖殿之西，为增瑞门，稍北，为端则门，俱西出坤宁宫后。北向正中，为门三楹，曰坤宁门，旧曰广运门，嘉靖十四年（一五三五）七月，改曰坤宁门，而改钦安殿后旧坤宁门曰顺贞门。再北即御花园矣。

---

[1] 满俗幼年男女身均配锁。男至成婚，女至出嫁而止，每年岁末，将旧锁更换，储此袋中。

# 第三章　十二宫

　　十二宫之制，昉自明初，所谓乾清、坤宁，法象天地；东西辟门，象日月；左右列永巷二，每一永巷，以次列三宫，布为十二宫，则象十二辰也。兹先述其建置沿革，再分叙各宫现状。

## 第一节　建置沿革

　　明成祖永乐十五年（一四一七）改建皇城于元故宫东，去旧宫可一里许，悉如金陵之制，而宏敞过之。（《春明梦余录》）永乐十八年（一四二〇），北京都庙宫殿成（《明史·成祖纪》），十二宫之建，盖亦在是时。十二宫原名，正史失载，唯据《明宫殿额名》《明会要》及明刘若愚《酌中志》卷十七《大内规制纪略》，犹可考见。东一长街之东，由南而北，曰长宁宫、永宁宫、咸阳宫。东二长街之东，由南而北，曰长寿宫、永安宫、长杨宫。西一长街之西，由南而北，曰长乐宫、万安宫、寿昌宫。西二长街之西，由南而北，曰未央宫、长春宫、寿安宫。略图如右。

　　世宗嘉靖十四年（一五三五）五月，尽更十二宫名：改长宁曰景仁，长乐曰毓德；永宁曰承乾，万安曰翊坤；咸阳曰钟粹，寿昌曰储秀。改长寿曰延祺，未央曰启祥；永安曰永和，长春曰永宁；长杨曰景阳，寿安曰咸福。

于是十二宫之名，东西尽成对称焉。又以启祥宫为兴献皇（嘉靖父）发祥之所，于宫前建一石坊，向北扁曰"圣本肇初"，向南扁曰"元德永衍"，今已亡矣。改名后之十二宫，略图见右。

|  |  |  |  |  |
|---|---|---|---|---|
| 咸福 | 储秀 |  | 钟粹 | 景阳 |
|  |  | 坤宁宫 |  |  |
| 永宁 | 翊坤 |  | 承乾 | 永和 |

|  |  |  |  |  |
|---|---|---|---|---|
| 启祥 | 毓德 | 乾清宫 | 景仁 | 延祺 |

《明宫殿额名》：景仁宫初名长宁宫，有唯和、从善二亭。

《春明梦余录》：嘉靖十四年五月，更名景仁宫。

《明宫殿额名》：永宁宫，崇祯五年八月更承乾宫（疑误；嘉靖十四年既更万安为翊坤，则必有承乾宫无疑）。东配殿曰贞顺斋，西配殿曰明德堂，俱崇祯七年八月添额。

《春明梦余录》：咸阳宫更钟粹宫。

《明宫殿额名》：延祺宫初名长寿宫，有集瑞亭。

《明宫殿额名》：永和殿（宫字之误）初名永安宫，……嘉靖十四年五月更名。

《明宫殿额名》：景阳宫初名长杨宫，嘉靖十四年五月更名。

《明宫殿额名》：长乐宫更名毓德宫，万历四十四年十一月又更永寿宫。

《明宫殿额名》：嘉靖十四年五月，更万安宫曰翊坤宫。

《明宫殿额名》：嘉靖十四年，更寿昌宫曰储秀宫。

《顺天府志》卷三引《嘉隆闻见录》：嘉靖十四年五月，建启祥宫。侍讲学士廖道南作颂以献，上优诏答之。

刘若愚《酌中志》卷十七：螽斯门西曰启祥宫，神庙自两宫灾，初移居于毓德宫，后复移此。万历三十年春，圣体不豫，召辅臣沈一贯至此宫。此乃献皇帝发祥之所，原名未央宫，世庙入继大统，至四十年（？）夏更曰启祥宫。宫门内石坊向北，扁石青地，金字四，曰"贞源茂始"，后更曰"圣本肇初"；向南四字曰"庆泽无终"，后更曰"元德永衍"。凡旧隶兴邸钱粮，至今曰未央宫，改进乾清宫也。

《明宫殿额名》：嘉靖十四年五月，更长寿宫曰永宁宫；万历四十三年六月，复更永宁宫曰长春宫。

《明宫殿额名》：嘉靖十四年，更寿安宫曰咸福宫。

《明会要》卷七十一：承乾宫，原名永宁，东宫贵妃所居。永和宫原名永安。钟粹宫原名咸阳，皇太子所居。景阳宫原名长杨，孝靖皇后曾居之。景仁宫原名长宁。……毓德宫原名安乐（当作长乐）。启祥宫原名未央，献皇发祥处，嘉靖十四年五月更。……翊坤宫原名万安，西宫贵妃所居。……储秀宫原名寿昌。咸福宫原名寿安。

万历四十三年（一六一五）复更永宁宫曰长春宫；次年（一六一六）改毓德宫曰永寿宫。崇祯中，以皇太子居钟粹宫，改曰兴龙宫。长春、永寿，至今不改，而兴龙宫则清初又改为钟粹宫矣。

刘若愚《酌中志》卷十七：钟粹宫，今皇太子所居，改曰兴龙宫者是也。……毓德宫，即长乐宫。万历四十四年冬，更曰永寿宫。

刘若愚《酌中志》卷十七：西二长街之西，曰永宁宫，先帝改曰长春宫，成妃李老娘娘曾居之。及遭革封之后，移于乾西某所居焉。

清人入关，修建宫室，十二宫亦皆经重修。顺治十二年（一六五五）重建景仁宫、承乾宫、钟粹宫于东一长街之东，重建永寿宫、翊坤宫、储秀宫于西一长街之西。盖东西接近乾清宫六宫，先经修建。

《日下旧闻考》卷十五：景仁宫、承乾宫、钟粹宫、永寿宫，顺治十二年重建。

《清会典·事例》卷八六三：顺治十二年重建内宫，……又重建景仁宫、承乾宫、钟粹宫于东一长街之东，重建永寿宫、翊坤宫、储秀宫于西一长街之西。

康熙二十二年（一六八三）重建启祥宫、长春宫、咸福宫于西二长街之西。二十五年（一六八六）又重建延禧宫、永和宫、景阳宫于东二长街之东。自是十二宫俱经修建矣。

> 《日下旧闻考》卷十五：启祥宫，康熙二十二年重建；又长春宫，康熙二十二年重建；又咸福宫，康熙二十二年重建。
>
> 《日下旧闻考》卷十五：延禧宫，康熙二十五年重建；永和宫，康熙二十五年重修；景阳宫，康熙二十五年重修。
>
> 《清会典·事例》卷八六三：康熙二十五年重修延禧宫、永和宫、景阳宫于东长安街（东二长街之误）之东。

康熙三十六年（一六九七）重建承乾宫、永寿宫。嘉庆七年（一八〇二）重修储秀宫、延禧宫。此第二次之重修也。

> 《清会典·事例》卷八六三：康熙三十六年，建承乾宫、永寿宫。
>
> 《清会典·事例》卷八六三：嘉庆七年重修……储秀宫、延禧宫。

降及清季，规制紊乱。延禧宫灾后，某某太后改建水晶宫，参酌西式，工料极劣。故宫博物院于其东、西、北三面，改建库房，已无复当年旧观。又归并翊坤、储秀二宫，于储秀门旧址建体和殿，广凡五楹。又归并太极殿及长春宫，于长春门旧址建体元殿，亦广五楹。于是十二宫变为十四，且或称宫，或称殿，旧日规制，扫地尽矣。兹据《明宫殿额名》、《明会要》、明刘若愚《酌中志》及《清宫史续编》，立成一表，以见十二宫名之沿革。

| | 原　名 | 嘉靖十四年改 | 刘若愚《酌中志》 | 《清宫史续编》 | 今　名 |
|---|---|---|---|---|---|
| 东六宫 | 长杨宫 | 景阳宫 | 景阳宫 | 景阳宫 | 景阳宫 |
| | 永安宫 | 永和宫 | 永和宫 | 永和宫 | 永和宫 |
| | 长寿宫 | 延禧宫 | 延禧宫 | 延禧宫 | （灾） |
| | 咸阳宫 | 钟粹宫 | 钟粹宫改曰兴龙宫 | 钟粹宫 | 钟粹宫 |
| | 永宁宫 | 承乾宫 | 承乾宫 | 承乾宫 | 承乾宫 |
| | 长宁宫 | 景仁宫 | 景仁宫 | 景仁宫 | 景仁宫 |
| 西六宫 | 长乐宫 | 毓德宫 | 毓德宫万历四十四年更曰永寿宫 | 永寿宫 | 永寿宫 |
| | 万安宫 | 翊坤宫 | 翊坤宫 | 翊坤宫 | 翊坤宫 |
| | 寿昌宫 | 储秀宫 | 储秀宫 | 储秀宫 | 储秀宫体和殿　储秀门旧址 |
| | 未央宫 | 启祥宫 | 启祥宫 | 启祥宫 | 太极殿 |
| | 长春宫 | 永宁宫 | 永宁宫万历四十三年改曰长春宫 | 长春宫 | 长春宫体元殿长春门旧址 |
| | 寿安宫 | 咸福宫 | 咸福宫 | 咸福宫 | 咸福宫 |

# 第二节　现状

自乾清宫出日精门，为东一长街，南端为内左门，中为近光左门，北端为长康东门，稍北而西，即琼苑东门也。自近光左门而北，向西之门凡三：曰咸和左门、广生左门、大成左门。咸和左门之东，相对为景耀门，中间南向者，曰景仁门，门内，为景仁宫。广生左门之东，相对为履和门，中间南向者，曰承乾门，门内，为承乾宫。大成左门之东，相对为凝瑞门，中间南向者，曰钟粹门，门内，为钟粹宫。此所谓左三宫也。

左三宫之东，为东二长街，南端麟趾门，北则千婴门也。街东与景耀门相对者，曰凝祥门，再东为昭华门，中间南向者，曰延禧门，门内，为延禧宫，今废，改建水晶宫。履和门相对，曰德阳门，再东为仁泽门，中间南向者曰永和门，门内，为永和宫。凝瑞门相对，曰昌祺门，再东为衍瑞门（今改延福门），中间南向者曰景阳门，门内，为景阳宫。以上总称东六宫。

自乾清宫出月华门，为西一长街，南端为内右门，中为近光右门，北端为长康西门，稍北转西，即琼苑西门也。自近光右门而北，向东之门凡三：曰咸和右门、广生右门、大成右门。咸和右门之西，相对为纯佑门，中间南向者，曰永寿门，门内，为永寿宫。广生右门之西，相对为崇禧门，中间南向者，曰翊坤门，门内，为翊坤宫。大成右门之西，相对为长泰门，中间南向者，曰储秀门，今改建体和殿，殿后，为储秀宫。此所谓右三宫也。

右三宫之西，为西二长街，南端螽斯门，北则百子门也。街西与纯佑门相对者，曰嘉祉门，再西为启祥门，中间南向者，亦曰启祥门，门内，为启祥宫，今改太极殿。崇禧门相对，曰敷华门，再西，为绥祉门，中间南向者，曰长春门，今改建体元殿，殿后，为长春宫。长泰门相对，曰咸熙门，再西，为永庆门，中间南向者，曰咸福门，门内，为咸福宫。以上总称西六宫。兹再分叙如下：

（1）景仁宫　宫五楹南向，崇阶三出。正中悬乾隆御笔匾曰"赞德宫闱"；东壁，旧悬张照书《圣制燕姞梦兰赞》；西壁，悬《燕姞梦兰图》。

（2）承乾宫　宫五楹南向，崇阶三出。正中悬乾隆御笔匾曰"德成柔顺"，联曰："三秀草呈云彩焕，万年枝茂露香凝。"东壁，旧悬梁诗正书《圣制徐妃直谏赞》；西壁，悬《徐妃直谏图》。明时东宫娘娘居之。

（3）钟粹宫　宫五楹南向，前为长廊。正中悬乾隆御笔匾曰"淑慎温和"，联曰："篆袅猊炉知日永，风清虬漏报春深。"东壁，旧悬梁诗正书《圣制许后奉案赞》；西壁，悬《许后奉案图》。明末皇太子居之。

（4）延禧宫　宫毁，今改建水晶宫，为泰西式，下为洋房，上则五亭相联，中亭作八角形，四方四亭，作六角形；其基深入地中，而绕以池。旧时宫中悬乾隆御笔匾曰"慎赞徽音"；东壁，悬梁诗正书《圣制曹后重农赞》；西壁，悬《曹后重农图》。今并亡。

（5）永和宫　宫五楹南向，前有复檐，崇阶三出，雕梁画栋，制极精美，正中悬乾隆御笔匾曰"仪昭淑慎"；东壁，旧悬梁诗正书《圣制樊姬谏猎赞》；西壁，悬《樊姬谏猎图》。

（6）景阳宫　宫三楹南向，崇阶三出。正中悬乾隆御笔匾曰"柔嘉肃敬"，联曰："诗以志言，景行三代上；东为春位，阳德万方同。"东壁，旧悬张照书《至制马后练衣赞》；西壁，悬《马后练衣图》。明孝靖后曾居之。后殿，悬乾隆御笔匾曰"学诗堂"，联曰："多识本探风雅颂，仅存古汇画书诗。"乾隆辛卯，鉴定内府所藏宋高宗书《毛诗》及马和之所绘图卷，汇贮于此。屏间，悬乾隆御笔《学诗堂记》。东室曰静观斋，联曰："古香披拂图书润，元气冲融物象和。"又联曰："生机对物观其妙，义府因心获所宁。"西室曰古鉴斋，联曰："蜃窗日朗兰喷雾，鸡树风轻玉霭香。"又联曰："书圃礼园无敦好，瓯香研净有余欣。"盖景阳宫素为贮图书之处，故其后殿有御书房之称也。

（7）永寿宫　宫五楹南向，崇阶五出（前三左右各一）。正中，悬乾隆御笔匾曰"令仪淑德"，联曰："三秀草呈云彩焕，万年枝茂露香凝。"东壁，旧悬梁诗正书《圣制班姬辞辇赞》；西壁，悬《班姬辞辇图》。明季魏忠贤专横，曾以此为蹴踘处。今宫室失修，草没胫矣。

（8）翊坤宫　宫五楹南向，前为长廊；廊前，列铜鼎二、凤二、鹤二。正中，旧悬乾隆御笔匾曰"懿恭婉顺"，今悬慈禧书"履禄绥厚"；东壁，旧悬张照书《圣制昭容评诗赞》；西壁，悬《昭容评诗图》。明时西宫李娘娘居此，清慈禧为贵妃时亦尝居之。廊间有秋千二，并砖刻梁耀枢、陆润庠书《万寿无疆赋》。中三间有西洋乐器及盆景陈设等，东西二楹供孝钦显、孝哲毅两皇后影像。东厢为延洪殿，亦名庆云斋；西厢为元和殿，亦名道德堂。

（9）储秀宫　宫五楹南向，前为长廊，与院东、南、西三面长廊相属。东西二廊壁基，遍雕斜"卍"字花纹，以碧蓝色之琉璃为之，宝光映溢，今已不可复制，廊前，列铜鼎四、龙二、鹿二。宫内正中，悬乾隆御笔匾曰"茂修内治"；东壁，旧悬张照书《圣制西陵教蚕赞》；西壁，悬《西陵教蚕图》。溥仪未出宫前，其妻居此，中设宝座，东为卧室，西为浴室，现一切布置，均仍原状。东厢为养和殿，匾曰"熙天曜日"；西厢为绥福殿，匾曰"和神茂豫"。后殿为丽景轩，溥仪妻改为西式食堂；东间有铜床，织金为帐，穷奢极侈；西间壁上绘有琼岛图。轩东厢为猗兰馆，西厢为风光室。

（10）体和殿　殿介储秀、翊坤二宫之间，为储秀门旧址，五楹南向，前为长廊，与储秀宫廊相通。廊前列铜鼎四、凤二。中三间倚窗设炕，多磁玉陈设，复有西洋乐器。西间为溥仪妻书室，东室有铜床一座。东厢为平康室，西厢为益寿斋。

（11）太极殿　旧名启祥宫，明兴献帝发祥之所也。殿五楹南向，前为长廊，廊前列日晷及壶。殿内正中，悬乾隆御笔匾曰"勤襄内政"；东壁，旧悬张照书《圣制姜后脱簪赞》；西壁，悬《姜后脱簪图》。溥仪未出宫前，为同治瑜太妃所居，中为宝座，前后廊有慈禧书联，殿内陈设，一仍原式。

（12）长春宫　宫五楹南向，前为长廊，与院东、西、南三面走廊相属，绘《红楼梦》图；廊前，列龟、鹤各二。宫内正中，悬乾隆御书匾曰"敬修内则"；东壁，旧悬梁诗正书《圣制太姒诲子赞》；西壁，悬《太姒诲子图》。明时成妃李氏尝居之，宣统时淑妃亦居此。中设宝座，西一间为卧室，西二间为书房，案上陈各家小说；东一间为浴室，东二间有橱储物。后殿悬乾隆御笔匾曰"德协坤元"，西室匾曰"德洽六宫"。西厢为承禧殿，额曰"绥万邦"，陈设悉西式；东厢曰绥寿殿，额曰"膺天庆"。

（13）体元殿　殿介长春、启祥二宫之间，为长春门旧址，五楹南向，制极朴素。殿后有廊，中为平台，正对长春宫，如戏台也。殿东厢为怡性轩，西厢为乐道堂，各不过南北二间耳。

（14）咸福宫　宫三楹南向，崇阶三出。正中，悬乾隆御书匾曰"内职钦承"，联曰："一日万岁，咸熙功有作；群黎百姓，福锡德无疆。"东壁，旧悬汪由敦书《圣制婕妤当熊赞》；西壁，悬《婕妤当熊图》。明万历时，惠王、桂王尝共居之；嘉庆四年，帝亦尝居是。后殿曰同道堂，悬乾隆御笔匾曰"滋德含嘉"，联曰："天倪超万象，神气领三元。"同治帝即生于此。

以上，十二宫及体和、体元二殿之叙置也。十二宫中，以西六宫为胜，西六宫中，以翊坤、储秀、长春为尤佳。储秀宫长廊之宝蓝斜"卍"字琉璃浮雕，图案巧妙，宝光蔚然，洵建筑上不可多得之珍品也。宫皆黄屋，单檐，宫门一重，朱扇铜钉，此其定制也。

# 第四章　御花园

御花园在内廷坤宁宫之后，自成一区，左曰琼苑东门，右曰琼苑西门，南入坤宁门，北出顺贞门。其间奇石罗布，佳木郁葱，有古柏老藤，皆明代遗物。其建置较古，尚多保存元、明作风。园中建筑之特出者，如钦安殿之重阿方脊及金宝瓶顶，殿中之彩画柁檩及枋，殿前之合玺石陛雕刻，万春、千秋二亭上圆下方（十二角形）之重檐，以及天一门内大旗杆石座及其浮雕，在建筑学上，并有重要价值。禁中千门万户，阁道连云，虽庄严崇闳，不无枯涩之感。独御花园幽深窅窱，与宁寿宫之乾隆花园、建福宫后之花园（今废）及慈宁宫花园，并称胜境。兹先略述其沿革，再叙现况。

## 第一节　建置沿革

御花园之建，盖始于明成祖永乐十五年（一四一七）。是年改建，宫殿郊庙，必兼营御苑。唯园中建筑，且上承元代。观乎元陶宗仪《辍耕录》所记，兴圣宫后山字门、延华阁、芳碧亭、徽清亭，皆重阿十字脊，脊立金宝瓶，此种作风，后世已泯；唯御花园中之钦安殿，犹重阿方脊，上置金宝瓶，盖明初去元未远，遗风犹存故也。明景帝景泰六年（一四五五）增建御花园。（《图书集成·职方典》引《实录》）神宗万历十一年（一五八三）修后苑浮碧、澄瑞二亭。（《春明梦余录》）自后三百余年未闻有何改制，唯名称间有更动耳。兹据明刘若愚《酌中志》及《清宫史续编》，并实地考察所得，立表说明其沿革如下（《酌中志》摘藻堂失载，当系乾隆后添建）：

| 刘若愚《酌中志》 | 《清宫史续编》 | 现名 |
|---|---|---|
| 钦安殿 | 钦安殿 | 钦安殿 |
| 天一之门 | 天一门 | 天一门 |
| 承光门 | 承光门 | 承光门 |
| 集福门 | 集福门 | 集福门 |
| 延和门 | 延和门 | 延和门 |
| 万春亭 | 万春亭 | 万春亭 |
| 千秋亭 | 千秋亭 | 千秋亭 |
| 对育轩 | 位育斋 | 位育斋 |
| 清望阁 | 延晖阁 | 延晖阁 |
| 金香亭 | 凝香亭 | 凝香亭 |
| 玉翠亭 | 毓翠亭 | 毓翠亭 |
| 乐志斋 | 养性斋 | 养性斋 |
| 曲池馆（不知是否即曲流馆） | 绛雪轩 | 绛雪轩 |
| 四神祠 | （失载） | 四神祠 |
| 观花殿<br>（以地点度之当即后之集卉亭） | （失载） | 集卉亭 |
| 堆秀 | 堆秀 | 堆秀 |
| 御景亭 | 御景亭 | 御景亭 |
| 游碧亭 | 浮碧亭 | 浮碧亭 |
| 澄瑞亭 | 澄瑞亭 | 澄瑞亭 |
| 琼苑东门 | 琼苑东门 | 琼苑东门 |
| 琼苑西门 | 琼苑西门 | 琼苑西门 |
| 顺贞门（旧坤宁门） | 顺贞门 | 顺贞门 |

## 第二节　现状

钦安殿　御花园之中为钦安殿，重檐方脊，顶安渗金宝瓶，五楹南向。殿绕以石栏，陛三出，前左右各一，正中合玺长陛，雕六龙二凤，石栏阶除（凡十五级），亦遍施精工浮雕，为他处所无。中祀玄天上帝，刘若愚《酌中志》卷十七云："殿之东西，有足迹二，相传世庙时，两宫回禄之变，玄帝曾立此默为救火，其灵迹显佑云。崇祯五年秋，隆德殿、英华殿诸像，俱送至朝天等宫、大隆善等寺安藏，唯此殿圣像不动也。"

按玄武神救火，为宫中神话之一，崇祯破除迷信，犹不敢迁其像。历明、清六百年而香火不替，玄武神之威力亦大矣哉。然宫中火灾，则固无朝无也。中有乾隆匾曰"统握元枢"，嘉庆匾曰"道崇辑武"。殿中桄榔刻画，彩色显明，数百年来，焕然如新，令人观叹不止。

殿前有方亭二，东西相向。南面正中，为天一门，前列金麟二。[①]门内西偏有大旗杆，高过紫禁城数丈，试从北海白塔东南望，独此杆杰出黄瓦绿阴间，可见当年选材之伟大。惜比年已西欹，更数十年不修，恐将倾折矣。按清代所建旗杆，以西苑时应宫者为最修，据光绪年间承修匠人言，时应宫旗杆通体高六丈七尺五寸，则钦安殿者当在八丈左右。夹杆为汉白石，四面皆镌双龙戏珠之形。石下又为石基，平面镌鱼鳖海马出没波涛之景，极风云变幻之至。杆顶为绿琉璃，杆身围可三抱，灰漆麻布凡七匝，透渍以油，使不被风日，故历祀数百，而裹木犹新，昔人始事之勤挚，有足多焉。[②]东北有小铜亭，重檐金顶，承以石座，祀旗幡使者。

钦安殿院墙左右，为花圃各一，左花圃之南，为禊赏亭、集卉亭，北叠石为山，山正中，有石洞，洞门颜曰"堆秀"。左侧，镌乾隆题"云根"二字。山巅有亭，曰御景亭，万历十一年（一五八三）建，[③]今垂圮倾，禁止登临。右花圃之南，为四神祠，前有石山，建平台于其阳，西望养性斋，楼阁参差，花木幽深。北为延晖阁，明名清望阁，高凡二层，三楹南向。阁上，四面走廊，乾隆匾曰"凝清室"，今阁下存列朝圣训。延晖阁与御景亭，皆北倚顺贞门宫墙，一入神武门，即可望见之。

---

① 《清宫史续编》卷五十五以为金麟，据余观之，该兽龙首被甲，四足五爪，与慈宁宫前之金麟（足为鹿蹄形）迥异。按天一之门，原取天一生水之义，然则门前二兽，其鼍龙之类乎？（鼍能吐水成雨，嘘气作雾，与玄武神不无关系。）

② 参阅《花随人圣庵摭忆》，《中央时事周报》第五卷第十八期。

③ 刘若愚《酌中志》卷十七："观花殿，万历十一年拆去，垒埃石山子，券门石扁名曰堆秀。"上盖亭一座，名曰御景亭。

摘藻堂　御景亭之东，北倚宫墙者为摘藻堂，堂内经史子集插架四周，乾隆四十三年（一七七八）敕录《四库全书荟要》排贮于此，①匾曰"摘藻抒华"；今《荟要》尚存，实海内孤本也。堂壁，刻乾隆《御花园古柏行》，石上，刻嘉庆《古柏诗》。

凝香亭、浮碧亭、万春亭　摘藻堂之东，为凝香亭，明称金香亭；堂南，跨池之上，为浮碧亭，《酌中志》卷十七作游碧亭。亭南，自成一院者，为万春亭。亭，嘉靖十五年（一五三六）改，重檐，五彩琉璃金盖顶，上重檐圆，下重檐方，作十二角形，周围绕以石栏，阶陛四出。亭与西部千秋亭相对，制度亦同，唯二亭之顶，略有不同耳。

绛雪轩　万春亭东南，为绛雪轩，轩前植海棠，轩内，悬乾隆匾曰"视履考祥"，内室联曰：

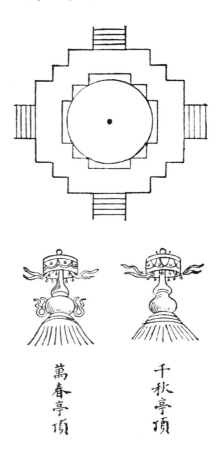

萬春千秋二亭平面圖

萬春亭頂　　千秋亭頂

花初经雨红犹浅
树欲成阴绿渐稠

乾隆时，尝与群臣吟咏于此，隆裕皇后亦尝于此憩息焉。轩南，即琼苑东门矣。

---

① 《故宫图说·第一编·内中路》谓乾隆三十八年命撰《四库全书》之精要者，为《四库荟要》，贮于此。按乾隆《题摘藻堂诗》自注云："《荟要》录于癸巳夏，至今戊戌始藏工。"则《荟要》之成，在四十三年。

位育斋　延晖阁之西，北倚宫墙者，为位育斋，明对育轩，与园东之摛藻堂相当。

毓翠亭、澄瑞亭、千秋亭　位育斋之西，为毓翠亭，明称玉翠亭。斋前，跨池之上，为澄瑞亭，即亭为斗坛，正面悬乾隆匾曰"神枢景福"。亭南，自成一院者，为千秋亭，嘉靖十五年（一五三六）改。以上三亭，与东部之凝香、浮碧、万春亭相当。

养性斋　千秋亭西南，为养性斋，明时为乐志斋，斋前有曲流馆，万历十九年（一五九一）拆去，连房添盖，清改今名。斋东向，七楹；南北向相接者，各三楹，皆有楼。楼上正中，悬康熙匾曰"飞龙在天"，楼下，悬乾隆匾曰"居敬存诚"，北楼下，南向匾曰"悦心颐神"。斋前有天棚，高与楼齐，其前山石错落，花木扶疏，朱栏翠竹，景物宜人。溥仪尝习英文于此，故上下陈设皆西式。斋南，即琼苑西门矣。

钦安殿之后，为承光门，门内，列金象二。左为延和门，右为集福门，东西相向。正中为顺贞门，旧名坤宁门，嘉靖十四年（一五三五）七月，改广运门曰坤宁门，因改此门曰顺贞门。其北相对，即神武门矣。

# 第五章　养心殿、奉先殿、斋宫、建福宫、重华宫、毓庆宫

　　本书既叙外朝内廷十二宫及御花园，大内之体系已明，兹当进叙中宫及十二宫附近诸宫殿，由近及远，以明系统。按《清宫史续编》篇次，首叙外朝，次叙内廷；内廷之中，则首叙乾清、坤宁，次叙御花园，次叙十二宫及斋宫（卷五十四、五十五），复次重华宫、建福宫（卷五十六），复次养心殿、奉先殿（卷五十七），复次慈宁宫、寿康宫、寿安宫（卷五十八），复次宁寿宫（卷五十九），复次毓庆宫（卷六十）。其所以然者，重宗法也。盖重华宫为乾隆潜邸，建福宫为其守制之所，故须先叙；养心殿为皇帝所居，奉先殿为朝夕奠献之所，故次之；慈宁、寿康、寿安，母后所居，宁寿宫太上皇归政后颐养之所，故又次之；毓庆宫为嘉庆潜邸，故居最后。今本书所列，则重建置体系：十二宫而外，养心殿居乾清宫西，奉先殿居乾清宫东，其地位相当也；斋宫居东六宫南，为郊祀致斋之所，建福宫居西六宫西，为皇帝守制之所，其性质相当也；重华宫向为乾西五所，为乾隆龙兴之地，毓庆宫当奉先殿、斋宫之间，为嘉庆受命之所，虽地位不同，而其意义相当也。故于第五章中，先叙以上诸殿，然后第六章慈宁宫、寿康宫、寿安宫，第七章宁寿宫，第八章供奉释道诸殿，第九章景山及寿皇殿，第十章大高玄殿，第十一章雍和宫[①]，以次叙置，自近及远，有条不紊。兹先叙养心殿诸宫沿革，再叙现况。

---

① 按作者第十章末所言："昔人叙述宫史，编撰方志，每以雍和宫附宫禁之内，……吾人今叙故宫，自不必附于大内。拟另写《北京坛庙图说》《北京寺观图说》，以补本编所不逮。"故此处的"第十一章雍和宫"并未见于本书。——编者注

## 第一节　建置沿革

养心殿置于何时，已不可考，唯明刘若愚《酌中志》，已载有养心殿，曰：

　　过月华门之西，曰膳厨门，即遵义门。向南者曰养心殿也。前东配殿曰履仁斋，前西配殿曰一德轩。后殿曰涵春室，东曰隆禧馆，西曰臻祥馆。殿门内向北者，则司礼监掌印秉笔之直房也。其后尚有大房一连，紧靠隆德阁后，祖制宫中膳房也。逆贤移膳房于怡神殿，而将此房改为秉笔直房。

　　清初修建宫阙，未及养心殿。乾嘉以后，殿为皇帝寝兴之所，始渐有修饰。嘉庆七年（一八〇二）重修养心殿。（《清会典》卷八六三）林清之乱，教徒直薄隆宗门，攻养心殿，赖皇子守御，始转危为安。自后百余年来，未闻修建。民国初年，为溥仪所居，故宫博物院成立，亦未尝开放。今日而入其中，已草莱没胫矣。

　　奉先殿肇建于明，《春明梦余录》：永乐十五年（一四一七）十一月，始作奉先殿，盖仿金陵之制也。世宗嘉靖三年（一五二四）建庙奉先殿西曰观德殿，（《明史·睿宗献皇帝传》）以祀兴献王。六年（一五二七）移建观德殿于奉先殿之左，改称崇先殿，奉安恭穆献皇帝神主。（《日下旧闻考》卷三十三引《世宗实录》）毅宗崇祯十五年（一六四二）于奉先殿外别置一殿，祀孝纯及七后。（《明史·皇后传》）终明之世，礼制争议最多，士大夫往往断断于庙祀小节，而奉先殿遂成为争执之中心焉。

　　清顺治十三年（一六五六）于景运门外建奉先殿，其制前后殿各七楹，中设暖阁，宝床内安神龛。（《嘉庆一统志》）次年，奉先殿成。（《东华录》）所谓建者，不过就明奉先殿之旧而修造之，李闯之乱，奉先殿或毁于火，故言建也。康熙十八年（一六七九）重建奉先殿。（《清会典》卷八六三）二十年（一六八一）修奉先殿。（《东华录》）乾隆二年（一七三七）重修奉先殿。（《清会典》卷八六三）此后未尝修建，以迄于今。故宫博物院成立，该殿亦未尝开放。

　　斋宫及毓庆宫，不见于《明宫史》，刘若愚《酌中志》卷十七于今日二宫地点，叙宏孝殿及神霄殿，盖即斋宫、毓庆宫之前身也。兹摘录如下：

> 过日精门之东，曰崇仁门。稍南曰内东裕库，曰宏孝殿、神
> 霄殿，即崇光殿也。日精门往北向南者，曰景明门，今曰顺德左
> 门，则东一长街也。再北向西与龙光门斜对者，曰咸和左门，向
> 南者景仁宫，其东则东二长街也。

按今日斋宫、毓庆宫在日精门之东，景仁宫之南，适当东一长街与东二长街之南端。以地点推之，当知即明之宏孝殿、神霄殿地也。

斋宫之建，当在清初。嘉庆六年（一八〇一）重修斋宫，并添建继德堂一座，（《清会典》卷八六三）属毓庆宫。毓庆宫，康熙十八年所建，初为皇子所居之所，嘉庆《毓庆宫记》云：

> 紫禁东偏，地当左个，为毓庆宫。雍正年间，皇考同和恭亲
> 王，奉命居此宫。至乾隆年间，予与诸兄弟子侄同居者益众矣，
> 实诸皇子皇孙养正毓德之那居，非予一人武功庆善之潜邸也。……
> 岁乙卯（乾隆六十年，一七九五）九月三日，宣谕立储，于十一月
> 十八日，命自撷芳殿移居毓庆宫，复赐额继德堂。丙辰嘉庆元年
> （一七九六）元旦，寅承大宝，日侍寝门之膳，敬申定省之忱，胥自
> 此宫趋诣，诚古今未有之盛事也。我皇考曾著《储贰金鉴》一书，
> 立万世之大防，为熙朝之良法，予之不令诸皇子居此宫者，亦敬
> 法皇考慎简元良，维持久远，非敢别有创造，为几暇游观之地。

故自嘉庆以后，毓庆宫遂为几暇临幸之处，与重华宫俨然相并矣。

建福宫建于清乾隆五年（一七四〇），（《清会典》卷八六三）唯乾隆《建福宫题句》云"初茸建福宫，乃在壬戌岁"，则为乾隆七年（一七四二），当以后说为是。建宫缘由，盖为守制之所，[①]然终乾隆之身，实未尝一日居也。宫后楼阁嵯峨，木石幽深，《清宫史续编》所列圊名，俱不见《明宫史》，盖皆乾隆后所建也。民国十二年（一九二三）六月

---

[①] 乾隆《建福宫题句》自注云："……复茸建福宫。以其地较养心殿稍觉清凉，构为邃宇，以备慈寿万年之后居此守制，然亦不忍宣之于口。"

二十六日夜，该处敬胜斋（斋额曰"德日新"）失慎，延烧静怡轩、慧曜楼、吉云楼、碧琳馆、妙莲花室、延春阁、积翠亭、玉壶冰、中正殿、香云亭十处。清室善后委员会因点查养心殿，得当时内务府报告失火情形及修理火场价单各一纸，内中仅列六处，以多报少，亦宫中欺蒙习惯，不足怪也。兹摘录于后，以供参证：

> 谨查五月十三日夜内，德日新失慎，延及延春阁、静怡轩、广生楼、中正殿、香云亭六处，经臣等同王怀庆、薛之珩、聂宪藩等，督饬消防队当场救护，遂即会商清理火底办法。……现在清理完竣，所有检拾熔化佛像经版铜锡等项，共五百另八袋；金色铜片及残伤玉器等项，共四十三箱。复经臣等前往详勘，恭查残缺佛像，亟应量加修饰，敬谨供奉，焚毁经版情形较轻者，拟交中正殿尊藏保管；其熔毁铜锡玉器等件择其完整者四十九件，交进；其余残缺不齐者，交由中正殿司员，妥为收存。
>
> 谨此奏闻。

至于起火原因，言人人殊，唯慎言著《故都秘录》谓系当年溥仪信英国教师某之言，拟大事点查古物，宫监盗卖已久，惧罪纵火所致，虽系说部，然偏于写实，较为可信。今焚余经版，悉存雨花阁，有洋白铁箱装载者是。至于西花园一带，除惠风亭及假山石而外，一片荒凉矣。

重华宫原为乾西五所，其西二所，为乾隆旧邸，即位以后，升为重华宫。光绪十七年（一八九一）重修，（《清会典》卷八六三）故宫东漱芳斋一带，金碧尚新。毓庆宫已见前，建于康熙十八年，（《图书集成·职方典·京畿总部汇考》）为诸皇子同居之所。雍正年间，乾隆与和恭亲王，亦尝居之；乾隆以降，皇子皇孙居者益众，（《清宫史续编》卷六十）嘉庆即位，效重华宫故事，升为别宫，自后遂相提并论矣。

## 第二节　现状

乾清宫月华门之西，相对为遵义门，门西，南向，为养心门，正中，为养心殿，旧制皇帝寝兴之所，凡办理庶政，召对引见，一如乾清宫。殿五楹，有前轩偏西。殿内楣间南向，悬雍正书匾曰"中正中和"，正中设宝座，屏上，刻乾隆书联曰："保泰常钦若，调元益懋哉。"今殿内尚未清理，杂物纵横，门楣黯然。中有阁，上奉龛位。阁后室，乾隆匾曰"寄所托"，东室为寝宫，西室，乾隆匾曰"随安室"。又有西暖阁，阁西室，乾隆匾曰"三希堂"。阁后东室，匾曰"无倦斋"；阁后西室，匾曰"长春书屋"；又西室，匾曰"梅坞"。

殿后为穿堂。后殿东门，匾曰"乐天"，北室，匾曰"能见室"，再东为寝宫，次东室匾曰"攸芋斋"。后殿西门，匾曰"怡神"。配殿为东西佛堂。养心殿之前，为御膳房，匾曰"膳房"，康熙笔也。

乾清宫前景运门之东，相对为诚肃门，入门南向，为奉先门，凡五门，门内，为奉先殿，前后各七楹，中设暖阁宝床，内安神龛，制如太庙。殿后为穿堂，与后殿相连，作工字形。殿东为夹道，即苍震门前直街是也。

奉先殿之西，为毓庆宫。前为祥旭门，再南为前星门（当景运门与诚肃门之间）。祥旭门内，为惇本殿，乾隆匾曰"笃祜繁禧"。东西暖阁皆供佛。后殿，为毓庆宫。过穿堂，为后殿，乾隆赐额"继德堂"，亦为工字形也。

毓庆宫之西，日精门之东，为斋宫，前为斋宫门。西出仁祥门，当日精门长街，东出阳曜门，则毓庆宫之前院也。斋宫门之内，正中南向，曰斋宫，凡南郊，及祈谷、常雩、大祀，皇帝致斋于此。前殿五楹，中设宝座，乾隆匾曰"敬天"。后殿匾曰"诚肃殿"，西偏，即寝宫也。

西六宫咸福宫之西，为建福宫，前为建福门，门内为抚辰殿，三楹南向。殿后四面围廊，中抱小院，后为建福宫，亦只三楹，皇帝守制之所也。屋瓦独用蓝色，东间祀孝贞显皇后神位，即共孝钦垂帘听政之东太后是也。

建福门之前，为一广场。场南，为广福门，门南，为延庆殿，殿南为延庆门，西直雨华阁，东邻太极殿。殿之缘起不明，凡三楹，久已荒废，堆存木器伞灯等项，据闻建福宫、延庆殿各处，近年全为宫中堆煤之所，开放以后，因参观路线所经，不得不勉为扫除，然延庆殿至今尚未开放也。

建福宫之后，为惠风亭，重檐复宇，有栋凡十六，作方形。自此以至西北一带，昔年为西花园故址，民国十二年（一九二三）后，悉付一炬，今仅存假山及殿阁遗址而已。兹据《清宫史续编》卷五十六，摘录如下：

建福宫后，为惠风亭。亭北为静怡轩，乾隆匾曰"与物皆春"。西室，匾曰"四美具"，后西室，嘉庆匾曰"萃胜"，又匾曰"集英"。轩后，为慧曜楼。楼西，为吉云楼，楼下匾曰"如是室"。吉云楼西，为敬胜斋，阁上，乾隆匾曰"盱食宵衣"。阁下西室，匾曰"性存"，斋西，匾曰"德日新"（按即起火处也）。斋内有亭，匾曰"风雅存"，其庭中垣门内，乾隆御笔曰"朝日晖"。西为碧琳馆，东向楼上，匾曰"静中趣"。馆南，为妙莲花室。室南，为凝晖堂，南室，匾曰"三友轩"。凝晖堂之前，为延春阁，阁内南向，乾隆匾曰"惠如春"。东室，门上匾曰"清华"，西室，门上匾曰"朗润"；东面室内，匾曰"洁素履"，左室匾曰"芝田"，右室匾曰"兰畹"。仙楼上，匾曰"澄怀神自适"。最上层南向匾曰"俯畅群生"，北向匾曰"高临万象"，西向匾曰"煦周四序"，东向匾曰"崇兆三登"。阁西门上，南向者曰含象，北向者曰怀芬。阁前叠石为山，岩洞磴道，幽邃曲折，间以古木丛篁，饶有林岚佳致。山上结亭，曰积翠（亭址现存），山左右有奇石，西曰飞来，东曰玉玲珑，西为石洞，曰鹫峰。南有静室，东向匾曰"玉壶冰"，又匾曰"鉴古"，其上有楼，供大士像，正中楼上匾曰"澹远"，乾隆书；玉壶冰楼上匾曰"大圆镜"，又匾曰"波罗谛"，皆嘉庆书。

由上所述，可见西花园一带，复宇连云，尤以延春阁三层耸峙，重檐复宇，青琐绮窗，最为伟观。民国十二年（一九二三）灾后，历代豪华，悉付一炬，殿址无存，松栝荡然，假山石上，仅余石桌石凳，点缀岑寂而已。兹据《清宫史续编》绘图（见书后所附插页），以示往日之规模焉。

西六宫之北，向为乾西五所，乾隆以降，东二所改建重华宫，中一所为重华宫厨房，西二所则拆改西花园。宫之前，曰重华门（与百子门斜对），门内，为崇敬殿，殿内匾曰"乐善堂"，乾隆未即位前所书。堂之东西暖阁，俱供佛像。堂后，为重华宫，向南墙上，悬乾隆《重华宫记》。东庑，为葆中殿，殿内匾曰"古香斋"，西庑，为浴德殿，殿内匾曰"抑斋"。宫后，为翠云馆，东室匾曰"养云"，东次室匾曰"长春书屋"；西室匾曰"墨池"，西次室匾曰"澄心观道妙"。

重华宫之东，为漱芳斋，斋中匾曰"正谊明道"，中设宝座。斋后穿堂，匾曰"稽古右文"；斋前为戏台，高凡二层，台不见于《清宫史续编》，疑为光绪十七年（一八九一）重修重华宫时所造者，其左右围廊，疑亦非旧制也。

# 第六章　慈宁宫、寿康宫、寿安宫

　　慈宁宫、寿康宫、寿安宫，在紫禁城西偏，皆母后所居，旧日范围颇大。《清宫史续编》以咸若馆花园隶慈宁宫（一称慈宁宫花园），以雨华阁、宝华殿、中正殿隶慈宁宫东北，以英华殿隶寿安宫北。总之凡养心殿、延庆殿、建福宫、西花园以西，皆属焉。本章所叙，专以三宫及慈宁宫花园为限，其雨华阁、宝华殿、中正殿、英华殿，别有供奉释道诸殿一章述之，兹不多赘。请先述其沿革，再分叙各宫现状。

## 第一节　建置沿革

　　明代初叶，母后居仁寿宫，在今宁寿宫后（即一号殿之仁寿宫），尚无所谓慈宁宫也。嘉靖十五年（一五三六）始以仁寿宫故址，并撤大善殿，建慈宁宫。（《春明梦余录》卷六）十七年（一五三八），慈宁宫成。（《明史·世宗纪》）万历十一年（一五八三）宫灾，十三年（一五八五）始修复工成。（《明史·神宗纪》）二十八年（一六〇〇）又修慈宁宫。（同上）李闯之乱，尽付劫灰，顺治十年（一六五三）始重建慈宁宫于隆宗门之西。（《东华录》及《清会典》卷八六三）以后频经兴修，乾隆四十四年（一七七九）宁寿宫成，（《东华录》）《清宫史续编》卷五十八为之说曰：

　　　　臣等钦惟高宗纯皇帝承奉懿徽，光天孝养，岁三大朝，率王
　　公大臣，诣慈宁宫称庆，逾四十年。考是宫，向不施层檐，恭届
　　皇太后八旬晋祝，始增加前殿重檐而适新之。

慈宁宫之改为重檐，盖自乾隆四十四年始。光绪七年（一八八一）慈宁宫前殿及大佛堂瓦上失去铜炼八挂，（《东华续录》）自后慈禧太后不居慈宁宫而居宁寿宫，遂少兴修焉。

寿康宫居慈宁宫西，亦颐侍起居之所，何时始建，已不可考。刘若愚《酌中志》详记大内规制，独不及寿康宫，然则终明之世，尚无所谓寿康宫也。《清宫史续编》卷五十八载乾隆戊戌《寿康宫诗》，然则乾隆初年已有寿康宫矣。

寿安宫前身，即明咸安宫。咸安宫建于何时，已不可考，然刘若愚《酌中志》卷十七载穆庙（隆庆）继选，皇后陈老娘娘居此，然则明隆庆时，已有咸安宫矣。清康熙二十一年（一六八二）重建咸安宫。（《清会典》卷八六三）乾隆十六年（一七五一）就咸安宫旧址，改建寿安宫。（同上）《清宫史续编》卷五十八亦云："寿康宫后，本咸安宫旧址，乾隆辛未，改建寿安宫。"然则寿安宫改建于乾隆朝，绝无疑义，《北平史表长编》既隶于康熙十六年，又复出于乾隆十六年，一事两见，误矣。

## 第二节　分叙

慈宁宫　隆宗门之西，为慈宁宫。宫前为东西长街，东为永康左门，西为永康右门。正中南向，为慈宁门，单檐五楹，同乾清门。门前陛间，列金麒麟二。（《清宫史续编》作金狮二，误）门内院宇，周庑相属，左出者为徽音左门，右出者为徽音右门。正殿七楹，重檐南向，同坤宁宫制，仅改九楹为七楹耳。正中，悬乾隆匾曰"宝筊骈禧"，又匾曰"庆隆尊养"。屏上，刻嘉庆制《慈宁宫颂》。

后殿供奉佛像，康熙匾曰"万寿无疆"。慈宁宫左，有殿宇二层（头所殿及二所殿），东有门曰慈祥门，与启祥门斜对。后殿之后，为一别院，有宫三所，曰中宫殿，曰东宫殿，曰西宫殿；东宫殿之东，慈祥门之北（处全宫之东北角），曰三所殿，皆《宫史》之所未详，盖皆前朝妃嫔之所居也。

慈宁门之南，隔道相对，为长信门。又南，旧为永安门，左为迎禧门，右为览胜门；今制，唯正南曰长庆门（图作南天门，盖系俗称）。按长信门、长庆门之间，为一南北长东西狭之广场，别无建筑物，询之宫中旧监，则曰母后升遐时焚化衣衿纸楼之所也。

广场之西，为慈宁宫花园。园中，为咸若馆，作"凸"字形，供佛，乾隆匾曰"寿国香台"。馆前有池，池上为临溪亭。馆东、西、北三面，皆为重楼：馆北为慈荫楼，东西五楹；馆东为宝相楼（内藏景泰蓝制各式喇嘛塔六座，壁悬喇嘛教五彩画像，与宗教学极有关系），馆西为吉云楼，皆南北七楹，东西相向。馆西南曰延寿堂，东南为含清斋。院中古柏交柯，阴翳满地。旧制临溪亭前为花池，池前为石屏，屏前有门；今则扃而不启，出入多由慈荫楼下过道矣。

寿康宫　慈宁宫正西，为寿康宫。出徽音右门，为一院落，正中，为寿康门。门内正中，为寿康宫，五楹南向，正中悬乾隆匾曰"慈寿凝禧"。宫北为后殿五楹，宫前东西，各为室三楹。今该处久不开放，草莱没胫矣。

寿安宫　寿康宫之后，当雨华阁、宝华殿之西，为寿安宫。宫东面，为南北长街，街南端之西，为长庚门。门内正中南向，为寿安门，门左右复为旁门二。入门正中，为春禧殿，殿后四周重楼相属，回廊四抱，正北为寿安宫，东西五楹，南北三楹，共十五间，制图如下：

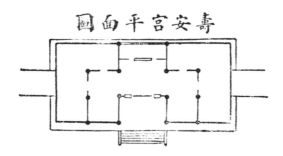

正殿，悬乾隆匾曰"长乐春晖"，又匾曰"瑶枢纯嘏"。东暖阁，匾曰"景晖"，曰"熙春"；东楼下，匾曰"集庆"，曰"宣豫"。西暖阁，匾曰"慈釐积庆"；西楼下，匾曰"华荫"，曰"金藟"。殿前，左右延楼，回抱相属。《清宫史续编》卷五十八更载中庭为崇台三层，上层匾曰"庆霄韶濩"，中层匾曰"曾城广乐"，下层匾曰"昆阆恒春"。盖大戏台之流，今已无存矣。殿后，庭中叠石为山，植竹其间，左右各有室三楹，东曰福宜斋，西曰萱寿堂，盖寿安宫中之雅室也。再北即英华殿矣。

# 第七章　宁寿宫

　　宁寿宫居紫禁城东偏，本明仁寿宫一号殿故址。清康熙二十七年（一六八八）始建宁寿宫（《清会典》卷八六三），次年新宫成。（《东华录》）按此所谓宁寿宫，尚非乾隆末年所建之宁寿宫，规模大小，亦有不同，唯地点则或同为一处耳。乾隆三十六年（一七七一）重修宁寿宫（《清会典》卷八六三），四十一年（一七七六）宁寿宫落成。（《嘉庆一统志》）《清宫史续编》卷五十九亦云："乾隆壬辰岁（一七七二）敕葺宁寿宫，……洎丙申（一七七六）落成，奉皇太后称庆。……自是而后，中阅廿载，……迨夫耋龄备福，周甲巽位，克副六十年升炷心盟，爰以嘉庆丙辰（一七九六）朔旦，授玺礼成，诹吉初四日，御皇极殿，受皇帝衮衣采舞，晋万万寿觞，率天下万国耆叟八千余人，呼嵩抃蹈，一时丹墀上下，紫垣内外，欢声若雷。"盖清宫史上最盛之一幕也。宁寿宫建于清代国力鼎盛时期，故规模宏大，气魄自殊。兹言其制度如下：

　　宁寿宫在紫禁左垣，苍震门东。其制九重，由南而北，为皇极门—宁寿门—皇极殿—宁寿宫—养性门—养性殿—乐寿堂—颐和轩—景祺阁。分中、东、西三路（中路为正殿，西路为花园，东路为畅音阁阅是楼）。南北缭墙一百二十七丈有奇，东西延亘三十六丈有奇。门六，正中南向，为皇极门，左为皇极左门，右为皇极右门。门外，东出者为敛禧门，西出者曰锡庆门。皇极门前，为九龙壁，用五彩琉璃砌成，其排列如下：

　　（1）正中黄龙，龙首居中，正面。

　　（2）黄龙左右，为二蓝龙，皆东向。

　　（3）蓝龙之外，为二白龙，皆西向。

　　（4）白龙之外，为二褐龙，皆东向。

　　（5）褐龙之外，又为二黄龙，西者东向，东者西向。

各龙神气生动，无一雷同，下砌以碧琉璃，象海浪之形，白沫飞舞；间以山石，缀以云气，各龙各戏一珠，神采飞动。上覆以黄琉璃瓦，下承以白玉石座，雕镂之精，仅北海之九龙壁，可与比拟。

皇极门内，为宁寿门，五楹南向，前列金狮二。宁寿门内，长阶相属，正中南向，为皇极殿，九楹重檐，仿乾清宫制。殿内楣间南向，悬乾隆匾曰"建极康宁"。殿内旧制，东设铜壶刻漏，西设自鸣钟，今已改观矣。殿庑东出者，为凝祺门，西出者，为昌泽门，再西相对为履顺门，外即南北永巷矣。

皇极殿后，为宁寿宫，七楹单檐，有陛与皇极殿相连，略如乾清、坤宁之制，唯无交泰殿在其中耳。宫为朔吉修祀之所，亦犹坤宁宫也。宫后分为三路，依次叙述如下：

（1）中路

宁寿宫后正中，为养性门，单檐五楹，陛间列金狮二。门外，左出者，为保泰门，右出者，为蹈和门，与苍震门斜对。养性门内，为养性殿，九楹南向，前庑三楹，为厂廊，西附一楹，同养心殿制。[①] 殿东壁，悬乾隆《养性殿诗》；西壁，悬乾隆《题董诰画懿戒图诗》。东暖阁内，匾曰"明窗"；东暖阁后，匾曰"随安室"；室东匾曰"俨若思"。西室匾曰"墨云室"。西楹之北间有塔院，为奉佛之所，亦一如养心殿。东西各有复室，曲折回环，西屋并结石为岩，中有坐禅处。现皆改为陈列室矣。

养性殿后，为乐寿堂，有回廊四合，与殿相属。殿前后廊四壁，嵌乾隆书敬胜斋法帖，如淳化轩阁帖例。按乐寿堂本为宁寿宫书堂，乾隆丙申《题乐寿堂诗》自注云：

> 向以万寿山背山临水，因名其堂曰乐寿，屡有诗。后得董其昌论古帖，知宋高宗内禅后有乐寿老人之称，喜其不约而同，因以名宁寿宫书堂，以待倦勤后居之。

堂东西七楹（连两廊九楹），南北三楹（连两廊五楹），合共二十一间：北

---

[①] 乾隆《养性殿口号》自注云："丙申岁新葺宁寿宫，是殿告成，题句云：'养心期有为，养心保无欲，有为法动直，无欲守静淑。'盖予居养心殿，唯以勤政敕几为重，至六十一年归政后，始居养性殿，可以优游无为。"故是殿一如养心殿之制，而动静攸殊。

阁内为寝宫，寝宫东间联曰："亭台总是长生境，鹤鹿皆成不老仙。"西暖阁联曰："智者乐兼仁者寿，月真庆值雪真祥。"西次间联曰："趣为水哉畅非俗，乐惟仁者寄于山。"乐寿堂楼上，匾曰"与和气游"；后楼上下，北向皆有对联；堂后，门内南向匾曰"乐寿堂"。此堂乾隆尝寝居之，乾隆以后，慈禧后亦尝居焉。

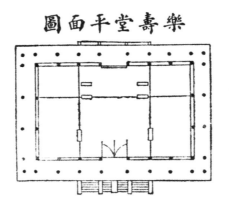

乐寿堂后，为颐和轩，东西七楹，南北四楹，后有长廊，与景祺阁相连。四周复有回廊，前与乐寿堂，后与景祺阁相属，作图如下：

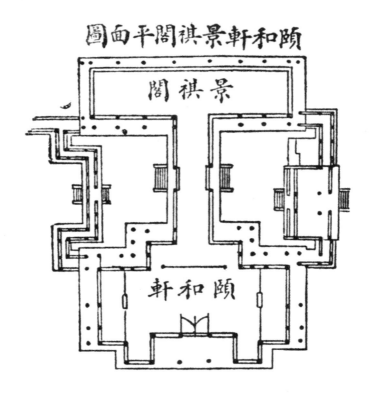

轩中间置玉雕福山寿海，后间置青玉琢大禹治水图。正间匾曰"太和充满"，后间匾曰"导和养素"。东暖阁，南向匾曰"随安室"；西暖阁，联曰："随时自适天倪协，即事多欣道味涵。"又穿堂门上（即长廊），向北匾曰"引清风"，向南匾曰"挹明月"。最后为景祺阁，七楹南向，东接景福宫，西与符望阁飞檐相望。景祺阁东，有厅舍三楹，左立山石，颜曰"文峰阁"。东山上有一亭，曰翠鬟，下有石洞，曰云窦。以上，中路之大致也。

（2）东路

养性门之东，为阅是楼，五楹南向。其前正对畅音阁，高凡三层，上层匾曰"畅音阁"，中层匾曰"导和怡泰"，下层匾曰"南天宣豫"。按畅音阁不见于《清宫史续编》，疑为慈禧时所增造者，盖其制一同颐和园之大戏台故也。从阅是楼至畅音阁，四周皆有回廊相属，一如大戏台制。

阅是楼后垂花门内，为寻沿书屋。屋后为庆寿堂，堂后更有院落二进。再后略偏东为景福宫，康熙奉孝惠太后所居也。院西，为景福门；院内东有山石，颜曰"小有洞天"。宫五楹南向，内悬乾隆匾曰"五福五代堂"，西壁悬乾隆书《五福颂》。宫之东楼下，悬乾隆《五福五代堂记》，皆见《清宫史续编》卷五十九。宫后，为梵华楼，楼西，为佛日楼，皆供佛之所也。

（3）西路

养性门之西，为衍祺门，所谓乾隆花园之正门也。门内，为古华轩，三楹南向，为一厂厅。轩西南踞山石之上，为禊赏亭。壁上石刻竹叶，极为挺秀，亭后西北，为旭辉亭。轩东南为别院，有曲廊宛转而入，为矩亭，右转为抑斋，斋中为佛堂。斋外山上，为撷芳亭。此花园第一进之情形也。

古华轩后垂花门内，为遂初堂，五楹南向。堂内，楣间匾曰"养素陶情"。堂东配殿，匾曰"惬志舒怀"。此花园第二进之情形也。

遂初堂西北，为延趣楼，五楹东向。堂之北有山，石洞窅曲，上有方亭，匾曰"耸秀"。东南下为三友轩，仅有三楹，深藏山坞，其东紧邻乐寿堂。此花园之第三进，独饶山石之胜。

耸秀亭山石之后，为萃赏楼，五楹南向，前后皆有走廊。西次室，匾曰"聚景"，楼上东室，匾曰"积芳"，西室，匾曰"延绿"。楼西有曲室，为养和精舍，西楼上，匾曰"云光"。楼北有山，从萃赏楼上后廊，有飞桥直达山上，至碧螺亭，重檐五柱，圆形。直北为符望阁，东西南北皆五楹，高二层，长廊四绕，气象崇闳。南面，东门匾曰"欣遇"，西门匾曰"得全"。北向匾曰"清虚静泰"。符望阁东墙，南向匾曰"延虚"，北向匾曰"惬志"；西墙，南向匾曰"挹秀"，北向匾曰"澄怀"。阁东有曲廊，即颐和轩后至景祺阁之回廊。阁西有长廊，直达玉粹轩，三楹东向，匾曰"得闲室"，北室匾曰"净尘心室"，门上匾曰"超妙"。此花园第四进之情形也。

符望阁后正北，为倦勤斋，五楹二层南向。斋前左右，有回廊与阁相通。西廊之西，有八角门，额曰"暎寒碧"，门内山上，为竹香馆，二层东向。倦勤斋东，有井一口，庚子之役，慈禧出走前，尝推光绪宠妃珍妃坠井，即此井也。慈禧、光绪死后，其胞姊端康妃，悯其惨死，于穿堂东间供奉牌位，面南对井，额书"贞筠劲草"，每逢朔望，遣人致祭。端妃卒后，其事渐废。井北为穿堂三楹，再后即为贞顺门，锁钥全路之北门也。宁寿宫西路，俗名乾隆花园，自乾隆逝后，百四十年，久无人居，故蔓草没胫，荒芜特甚，与中路、东路之曾经慈禧修葺者，不可同日而语矣。

# 第八章　供奉释道诸殿

　　本章所论供奉释道诸殿，散处各路，为叙述便利起见，综为一章。其在东六宫景阳宫之东者，曰玄穹宝殿。在御花园者曰钦安殿（已见第四章）。在慈宁宫之北者，曰雨华阁，曰梵宗楼，曰宝华殿，曰中正殿，曰英华殿。在宁寿宫之东北者，曰梵华楼，曰佛日楼（已见第七章）。兹先叙其建置沿革，再述现状。

　　玄穹宝殿在景阳宫之东，建始于清。明刘若愚《酌中志》叙大内规制，尚无所谓玄穹宝殿也。景阳宫之东，有小长街，街南，向东直出者，为苍震门。街东，为内库房。其北向西者，为钦昊门。门中南向，为玄穹门，为门凡三。门内正中，为玄穹宝殿，五楹南向，前置宝鼎，旁列龟、鹤各二。殿祀昊天上帝，今则人迹罕至，芜草没胫矣。

　　雨华阁在慈宁宫北，延庆殿西，建于何时，已不可详考。按雨华阁、中正殿、英华殿一带，明代规制，颇与今日不同，兹引刘若愚《酌中志》卷十七，以与今日对照如下：

　　……启祥宫……再西则嘉德右门，即景福门也（按即今春华门外迤西之门）。其两幡竿插云，向南建者，隆德殿也。旧名立极宝殿，隆庆元年改今名，供安三清上帝诸尊神。万历四十四年冬被灾，天启七年三月修盖。崇祯五年九月，将诸像移送朝天等宫安藏。六年四月十五日，更名中正殿（按即民国十二年被焚之中正殿）。东配殿曰春仁，西配殿曰秋义，东顺山曰有容轩，西顺山曰无逸斋。再西北曰英华殿（按即今之英华殿），即降禧殿，供安西番佛像。殿前有菩提树二株（今存），婆娑可爱，结子堪

作念珠。又有古松翠柏，幽静如山林。十三年秋，殿复供安圣像
如前，盖体祖宗以来神道设教之意也。

由上观之，可见明末已有中正殿、英华殿，但尚无雨华阁、梵宗楼、宝华殿也。清康熙二十八年（一六八九），重修慈宁宫、英华殿，（《清会典》卷八六三）按清宫旧制，雨华殿、宝华殿、中正殿皆隶慈宁宫，则雨华阁、宝华殿之建，或在此时。再以雨华阁作风观之，类热河行宫，则雨华阁之建，亦绝不致在康熙以前。此后乾隆二十七年（一七六二）重修英华殿，（《顺天府志》卷二）民国十二年（一九二三）六月二十六日夜，中正殿失慎，遂仅余今日之雨华阁、梵宗楼、宝华殿、英华殿矣。

慈宁宫北，隔启祥门夹道，为春华门，三门南向。门内，为雨华阁，高凡三层：第一层东西三楹，南北四楹，凡十二间，东西二面各有走廊；第二层东西三楹，南北三楹，共九间，东西南三面各有走廊；第三层东西南北只一楹，共一间，四面走廊。顶作宝塔之形，四角金龙；其每层柱头与檐椽交错处，亦各镂金龙腾骧之状。其全仿热河行宫式，一望可知也。阁覆以金瓦，俱供奉西天梵像，上层，悬乾隆匾曰"雨华阁"；中层，匾曰"普明圆觉"；下层，匾曰"智珠心印"。阁东西有配殿，阁后西北，为梵宗楼，三楹西向。阁后正北，为昭福门。（《清宫史续编》卷五十八谓阁后为昭福门，门外，西为梵宗楼。按梵宗楼在昭福门南，属于雨华阁，不在门外，《清宫史续编》误。）门北，为宝华殿，三楹南向，北面复凸出一楹，共为四间。殿后旧有香云亭，其北为中正殿，匾曰"然无尽灯"。民国十二年六月，西花园失慎，延烧中正殿、香云

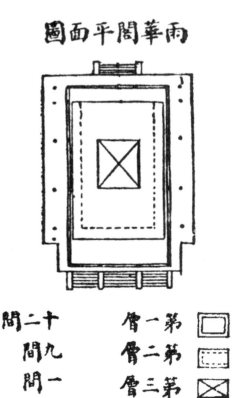

圖面平閣華雨

十二間
九間
一間

第一層
第二層
第三層

亭，今并已无存矣。

　　寿安宫之北，为东西过道，道北，三门并列。再北，为英华门，绕以石栏，同天一门制。门内，为碑亭，刻乾隆《英华殿菩提树诗》并歌，皆见《清宫史续编》卷五十八。亭北，石阶相连为英华殿，五楹南向。两旁复有偏殿各三间，亦皆南向。殿亦供奉番佛之所，庭前有菩提树七株（今仅二株），绿荫满院，扶疏拂檐，在千门万户之中，别具清凉意境。

　　英华殿之西北，依紫禁城西北隅，为城隍庙，雍正四年（一七二六）建，其祀典，亦掌仪司所司。庙东，为祀马神之所。再东沿紫禁城，院落相属，旧为宫监所居，今为故宫博物院办事之所。又东，即神武门矣。

# 第九章　景山及寿皇殿

## 第一节　建置沿革

　　景山在元盖为御苑，一称后苑，其规模范围，当较今日为大。《顺天府志》卷三引《析津志》云："厚载门禁中之苑囿也，内有水碾，引水自玄武池，灌溉种花木。自有熟地八顷，八顷内有小殿五所。元代诸帝，尝执耒耜以耕，拟于藉田也。"考其地望，当在今景山西部及大高玄殿北至地安门一带，以熟地八顷推之，面积颇广。所谓玄武池，盖即今北海也。萧洵《故宫遗录》且载后苑中有金殿、翠殿、花亭、毡阁，环以绿墙兽闼，绿障鲵窗，左右分布，异卉参差映带；而玉状宝座，时时如泄流香，如见扇影，如闻歌声，出户外若度云霄，又何异人间天上也。可想见其盛，然尚无所谓景山也。

　　及明，始有景山。考其成因，盖由于凿紫禁城护城河，泥土堆积而成（按元代宫城，尚无护城河）。或言其中有煤，刘若愚已不之信，曰：

　　　　（寿皇）殿之南则万岁山，俗所谓"煤山"者，此也。久向故老询问，咸云土渣堆筑而成。崇祯己巳冬，大京兆刘宗周疏，亦误指为真有煤。如果靠此一堆土，而妄指为煤，岂不临危误事哉？我成祖建都之后，何等强盛，天下有道，守在四夷，岂肯区区以煤作山，为禁中自全计，何其示圣子神孙以不广耶？①

①《酌中志》卷十七。

明代虽有景山，然其上无亭，《酌中志》卷十七又云：

> 山上树木葱郁，神庙时鹤鹿成群，而呦呦之鸣，与在阴之和
> 互相响答，闻于霄汉矣。山之上，土成磴道，每重阳日，圣驾至
> 山顶坐，眺望颇远。前有万岁山门，再南曰北上门，左曰北上东
> 门，右曰北上西门。

可见山上仅有磴道，别无亭馆，《顺天府志》卷三《明故宫考》以为上有
五亭，误矣。[①] 至于山后寿皇殿一带，则其规制如下：

> 北中门之南，曰寿皇殿，右曰育秀亭，左曰毓秀馆，后曰万
> 福阁，俱万历三十年春添盖。曰北果园。殿之西门内，有树一
> 株，挂一铁云板，年久树长，遂衔云板于树干之内，止露十之
> 三，诚古迹也。殿之东曰永寿殿、观花殿，植牡丹、芍药甚多。
> 曰采芳亭、会景亭，曰玩春楼，其下曰寿安室，曰观德殿，亦射
> 箭处也。与御马监西门相对者，寿皇殿之东门也。[②]

由此可见明代已有寿皇殿、观德殿，唯位置较为偏东（《清宫史续编》卷
六十一谓旧址在景山东北隅），尚非今日之寿皇殿也。

清乾隆十四年（一七四九）始改建寿皇殿于景山中峰之北。（《清会
典》卷八六三）[③] 乾隆十五年（一七五○）于景山中左右五峰之巅，各建亭
一。（《清会典》卷八六三）唯《国朝宫史》则云：景山峰各有亭踞巅：其
中曰万春，左曰观妙，又左曰周赏，右曰辑芳，又右曰富览，俱乾隆十六
年（一七五一）建。盖始建于乾隆十五年，而成于乾隆十六年也。清代所
建，尚有水思等殿，唯年代已不可考矣。

民国以来，景山屡为驻兵之所，复辟一役，且在山巅架炮，与段军据
崇文门者互相射击。后有奉军某师，驻扎景山，师长某盗卖永思殿木材，
逐呈圮倾之状。民国二十四年夏，故宫博物院修筑万春亭，复整理其他各

---

① 参阅拙作《明清两代宫苑建置沿革图考》第二章第三节。

② 《酌中志》卷十七。

③ 按《皇朝文献通考》，寿皇殿以乾隆十二年改建，至是告成。

处，遂稍稍复旧观矣。

## 第二节　现状

神武门之北，过桥为景山。山前为北上门，五楹南向，旧为景山第一重门，改建后，成为故宫博物院外门，南属故宫，而非北上景山矣。门左右，向北长庑各五十楹，其西，旧为教习内务府子弟读书处，民国以来，改为景山小学；今又属故宫博物院。东曰山左里门，西曰山右里门。门内，为景山门。入门，为绮望楼，楼凡三楹，却负景山。山周二里余，有峰五：中峰，高十一丈六尺；左右峰，各高七丈一尺，又次左右峰，各高四丈五尺。峰各有亭踞其巅：中曰万春，重檐三层，深广各五楹，为正方形，覆以黄琉璃瓦；左曰观妙，右曰辑芳，重檐二层，为八角形，覆以碧琉璃瓦；又左曰周赏，又右曰富览，重檐二层，为圆形，覆以蓝琉璃瓦。五亭昔各供有佛像，今除万春亭外，皆已亡矣。登中峰亭上而望，蓟门烟树，郁郁苍苍，尤以南望禁城，九重宫阙，黄屋辉映，诚为巨观也。

景山之后，为寿皇殿，南直万春亭，正对中峰。正中南向，宝坊一，前榜曰"显承无斁"，后曰"昭假惟馨"。左右宝坊各一，左前榜曰"绍闻祗遹"，后曰"继序其皇"；左前榜曰"世德作求"，后曰"旧典时式"。因年代久远，三坊已呈圮倾之状，尤以中坊为甚。北为砖城，门三；门前，立石狮二。门内，戟门五楹，曰寿皇门。门内为寿皇殿，重檐九楹，左右山殿，各三楹：左曰衍庆，右曰绵禧；东西配殿，各五楹，神库、神厨，各五，碑井亭，各二。碑亭，刻乾隆重建寿皇殿碑文，碑阴，分镌汉、满文重建寿皇殿谕旨。殿内中龛，匾曰"绍闻衣德"，左龛，匾曰"对越在天"，右龛，匾曰"同天光被"，其他各龛，因未及遍览，故付阙如。

寿皇殿后，东北曰集祥阁，西北曰兴庆阁，皆为方形，下层如城堡。上为厂亭，由地安门至南北池子或南北长街行人，皆可望见之。寿皇殿东，为永思殿，前为水思门，殿因驻军盗卖木材，已半圮倾。又东，为观德殿，五楹东向，门棂已杳，仅余四壁，殿中旧有康熙匾曰"正大光明"，今亦亡矣。二殿昔为帝后停灵之所，顾名思义，可知也。再东为护国忠义庙，范关公立马像，今亦荒废矣。

# 第十章　大高玄殿及皇史宬

## 第一节　大高玄殿

大高玄殿，在景山之西，紫禁城之北，南北长而东西狭，南尽护城河，北至雪池（即明里冰窖）。明世宗好道，以嘉靖二十一年（一五四二）建大高玄殿。（《明史·世宗纪》）二十六年（一五四七）十一月，大高玄殿灾，（《明史·杨爵传》）何时修复，史不明言，以嘉靖好道及勤兴土木推之，当为时不久。明末刘若愚作《酌中志》述其制度曰：

> 北上西门之西，大高玄殿也。其前门曰始青道境。左右有牌坊二：曰先天明境、太极仙林，曰孔绥皇祚、宏祐天民。又有二阁，左曰炅明阁，右曰炯灵轩。内曰福静门，曰康生门，曰高玄门、苍精门、黄华门。殿之东北，曰无上阁，其下曰龙章凤篆，曰始阳斋，曰象一宫，所供象一帝君，范金为之，高尺许，乃世庙（嘉靖）玄修之御容也。

其制与今日大致相同。清雍正八年（一七三〇）始修大高玄殿。（《日下旧闻考》卷四十一）乾隆十一年（一七四六）重修，（同上）嘉庆二十三年（一八一八）三修之。（《嘉庆一统志》）今为故宫博物院文献馆办事之分处，内藏大高玄殿档案，至可珍贵云。

大高玄殿规制，既不见于《宫史》，又不见于《清宫史续编》，即《顺天府志》亦漏而不叙，宫禁中既未述及，坛庙寺观中亦付阙如。兹据一己观察所及，叙述如下：

大高玄殿之前，临紫禁城护城河，旧有牌坊一，坊础犹存，据《酌中志》，榜曰"始青道境"。东西牌坊各一，东坊前榜曰"孔绥皇祚"，后曰"先天明镜"；西坊前榜曰"宏祐天民"，后曰"太极仙林"。二坊之南偏内，各有亭一，仿紫禁城角楼之制，重檐三层，第一层四角，第二层十二角，第三层十二角，合为二十八角，左曰炅明阁（《酌中志》作炅明阁，《顺天府志三·明故宫考》《大内规制记》作炅真阁——编者注），右曰炯灵轩，中官以其纤巧，呼为九梁十八柱者是也。[①] 正北为门凡三，门内为过道，复有三门，中门绕以石栏，同天一门、英华门制。再北，始为大高玄门，三楹南向。内为大宗玄殿，重檐五楹，绕以石栏，气象崇闳。陛刻龙凤双鹤，不同他殿。殿后，为雷坛，单檐五楹，亦绕以石栏，陛刻鹤三双，图画云气。坛后为无上阁，高二层，为圆形，由道上可望见之，左为始阳斋，右为象一宫，后即宫墙矣。以上，大高玄殿之大致也。

## 第二节　皇史宬

皇史宬在南池子东，南临玉河。《春明梦余录》云："皇史宬在重华殿西，建于嘉靖十三年（一五三四）。门额以史为叟，以成为宬[②]。"《酌中志》卷十七曰："永泰门再南，街东则皇史宬，珍藏太祖以来御笔实录，要紧典籍，石室金匮之书，此其处也。皇史宬每年六月初六日奏知晒晾，司礼监第一员监官提督董其事而稽核之，其看守则监工也。左右小门，曰鑾历左门、鑾历右门。"按《梦余录》以龙为鑾，皆世宗自制字而手书也。皇史宬之制，四周上下，俱有石甃，故历四百余年而不坏，兹述其制度如下：

皇史宬正院之前，为东西过道，参观者多从西门入，以其临南池子故也。入西门，为一庭，正中为皇史宬门，三环南向，东西各有小门一，想即所谓鑾历左右门也。内为广庭，正中为皇史宬，汉字之右，别有满文，盖系清代改题，非明嘉靖之旧。宬东西九楹，正中三门，左右二门，共正面五门，上覆黄琉璃瓦。其窗棂槺桷，悉以石砌，宛如无梁殿之制，盖所谓金匮石室也。前绕以石栏，崇阶三出。东西为配殿，亦皆为石砌，如无梁殿制。皇史宬之东，东配殿之北，为碑亭，重檐二重，四角作方形，内

---

① 《顺天府志三·明故宫考》以炅真阁、炯灵轩与九梁十八柱为二，误，已于《明清两代宫苑建置沿革图考·绪论》中正之。

② 按宬与盛同义。《庄子》曰："以匡宬矢。"《说文》曰："宬，屋所容受也。"

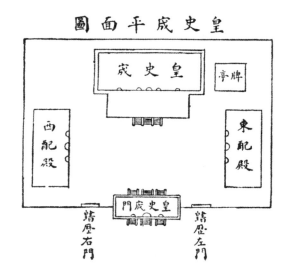

皇史宬平面圖

竖丰碑。皇史宬官制及职掌，详《清会典》卷二、《顺天府志》卷七，旧制凡历朝实录，以及重要典籍，皆贮是处。唯清代内阁另有实录库，则皇史宬已非明旧制矣。

　　《北京宫阙图说》一书叙述至此，关于宫殿部分，已告完毕。昔人叙述宫史，编撰方志，每以雍和宫附宫禁之内，盖以雍和宫为雍正潜邸，后升为宫，视同大内，重家法也。吾人今叙故宫，自不必附于大内。拟另写《北京坛庙图说》《北京寺观图说》，以补本编所不逮。唯"吾生也有涯，而知也无涯"，且坛庙寺观，首重调查，余别北京久矣，更不知有无机会，令余从事实地调查坛庙、寺宇之工作。外患日甚，国难日亟，怅望燕云，感慨系之矣。

　　　　　中华民国二十六年一月二十八日，全书脱稿于金陵

# 辽金燕京城郭宫苑图考

# 绪　言

　　民国二十四年夏，幽燕垂危，余惧文物沦亡，于是年七月，重来北平，蒙故宫博物院院长马叔平先生慨允，得在故宫及景山、大高玄殿、太庙、皇史宬等处摄影，计穷二月之力，在京城内外摄影五百余幅，附《故都纪念集》七种问世。《故都纪念集》七种者：（一）《元大都宫殿图考》、（二）《明清两代宫苑建置沿革图考》、（三）《北京宫阙图说》、（四）《北京苑囿图说》、（五）《北京坛庙图说》、（六）《北京寺观图说》、（七）《北京附近陵寝图说》是也。　又以燕京建都上溯辽金，宫阙规模，远起海陵，大定明昌之世，号称极盛。《海陵集》所谓"宫阙壮丽延亘阡陌，上切霄汉，虽秦阿房、汉建章，不过如是"，可想见其崇宏。故欲研究北都建筑，必先自辽金始，因复草《辽金燕京城郭宫苑图考》，单独问世。遥念故都，形胜依然，而寇盗横行，山河变色，能不悽怆感发，慷慨奋起者哉！余不敏，不能执干戈以卫疆土，愿尽其一技之长，以保存故都文献于万一，冀以存民族之文化，而招垂丧之国魂。至若还我河山，固我边围，保我文献，宏我民族，则我国人之公责，著者于编辑之余，所馨香而祷祝者也。

# 第一章　辽代之建置

## 第一节　城郭

辽太宗会同元年（晋高祖天福三年，西九三八），升幽州为南京，御开皇殿召见晋使，北京建都自此始。城因唐藩镇之旧，方三十六里（一作二十七里），崇三丈，广一丈五尺，敌楼、战橹皆具。

> 《辽史·地理志》：南京析津府，城方三十六里，崇三丈，衡广一丈五尺，敌楼、战橹具。
> 《奉使行程录》：燕山府城周围二十七里，楼台高四十丈，楼计九百一十座，池堑三重，城开八门。

城凡八门，东曰安东、迎春，南曰开阳、丹凤，西曰显西、清音，北曰通天、拱辰。（《辽史·地理志》）城四至今已不可考，然可确定其地址在今城之西南。

> 孙承泽《春明梦余录》：南城在今城西南，唐幽州藩镇城及辽金故都城也。
> 《日下旧闻考》：辽金故都，在今都城南面，元代尚有遗址，当时多谓之南城，而称新都为北城。自明嘉靖间兴筑外罗城，故迹遂渐湮废，其四至已不可辨。

此外根据前人碑刻、寺刹石幢，以及出土墓志等，尚可推定辽都之四至及地望。由古代寺观以推定其四至者，有下列五事：

（1）隋之天宁寺，即金天王寺，在今广宁门外稍北。而《元一统志》谓在旧城延庆坊内，可见旧在城中，今在城外矣。（《日下旧闻考》）

（2）悯忠寺，有唐景福元年（八九二）《重藏舍利记》，其铭曰："大燕城内地东南隅，有悯忠寺门临康衢。"按悯忠寺即今法源寺，旧在城中东南，今在外城西南僻境矣。（《春明梦余录》）

（3）今城外白云观西南，有广恩寺，即辽金奉福寺，距西便门尚远。而金泰和中《曹谦碑记》谓寺在都城内。（《日下旧闻考》）

（4）今黑窑厂在永定门内先农坛西慈悲庵，其地有辽寿昌中慈智大师石幢，亦称京东。（《日下旧闻考》）

（5）又《图经志书》载，都土地庙在旧城通元门内路西，通元乃金都城北门，而都土地庙今在宣武门外西南土地庙斜街。（《日下旧闻考》）

又由近代出土墓志，亦可推定辽金旧城地址，且更为可靠者，有下列二事：

（1）清康熙辛酉（一六八一），西安门内有中官治宅掘地，误发古墓，中有瓦炉一、瓦罂一、墓石二方，广各一尺二寸。一刻"卞氏墓志"四字，环列十二辰相，皆兽身人首。一刻志铭，而书作"志"，志题曰"大唐故濮阳卞氏墓志"，志文曰："贞元十五年（七九九）岁次己卯，七月癸卯朔，夫人寝疾卒于幽州蓟县蓟北坊，以其年权窆于幽州幽都东北五里礼贤乡之平原。"是今之西安门，去唐幽州城东北五里而遥也。（《日下旧闻》）

（2）清乾隆三十九年（一七七四），于窑厂取土，掘得墓石，以古墓复封，识存其旧志云：

> 辽故银青荣禄大夫、检校司空、行太子左卫率、府率御史、上柱国陇西李公，讳内贞，字吉美，沩沑人。保宁十年（九七八）六月一日，薨于卢龙私第，享年八十。其年八月八日，葬于京东燕下乡海王村。（《京畿儿金石考》）

按墓在琉璃厂东，今海王村公园一带，在辽代已为城东矣。（《日下旧闻考》作乾隆三十六年，工部郎中孟滏得之窑厂取土处，后仍封其处。）

又根据前人记载，亦可推定辽金旧城地址者有下列二则：

（1）元王恽《中堂事记》云："中统元年（一二六○）赴开平，三月五日发燕京，宿通元北郭；六日午憩，海店距京城二十里。"海店即今海淀，据恽所言，以道里核计，不难想见北郭所届矣。

（2）《三朝北盟会编》云："郭药师袭辽，由固安渡卢水，夺迎春门，阵于闵忠寺前。"

综上所列古代寺观、出土墓志以及前人记载九点观之，关于辽金旧都地址及四至，可推得结论如下：

（1）辽金故都，当在今外城迤西以至郊外之地。

（2）其东北隅当与今内城西南隅相接。

（3）辽之东城，据迎春门考之，当在闵忠寺（今法源寺）之东，慈悲庵之西。

（4）辽之南城，所届已不可考，然据"大燕城内地东南隅，有悯忠寺，门临康衢"考之，则今法源寺已在其城内东南隅，南城当不出今外城南界。

辽都建置情形，多不可考，惟从史乘记载中，间可窥见一二：《辽史·地理志》云："大内在西南隅，坊市、廨舍、寺观，盖不胜书。其外有居庸、松亭、榆林之关，古北之口，桑乾河、高梁河、石子河、大安山、燕山，中有瑶屿。"王文正《上辽事》云："度卢沟河六十里至幽州，号燕京。子城就罗郭西南为之，正南曰启夏门，有元和殿，东曰宣和。城中坊闬，皆有楼。南门外有裕悦王廨，为宴集之所。门外永平馆，旧名碣石馆，清和（统和之误）后易之。南即桑乾河。"

又据《辽史·圣宗纪》：

> 太平五年（一〇二五）九月，驻跸南京；十一月庚子，幸内果园宴，京民聚观，求进士得七十二人，命赋诗第其工拙，以张昱等一十四人为太子校书郎，韩栾等五十八人为崇文馆校书郎。是岁燕民以年谷丰熟，车驾临幸，争以土物来献。上礼高年，惠鳏寡，赐酺饮至夕。六街灯火如昼，士庶嬉游，上亦微行观之。

读此段记载，可想见辽京当年之太平景象也。

圣宗开泰元年（一〇一二）改幽都府为析津府，蓟北县为析津县，幽都县为宛平县，（《辽史·圣宗纪》）于是燕都遂称南京析津府焉。

## 第二节　宫殿

辽代宫阙，遗迹尽泯，仅从史乘记载，犹可想见其规模耳。《辽史》

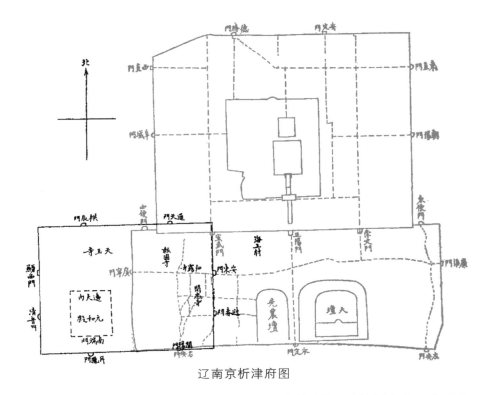

辽南京析津府图

称南京析津府方三十六里，"大内在西南隅皇城内"。以地望考之，当在今外城西南角外，其地犹有沟渠遗迹，似当年之禁城护河焉。兹根据直接史料，叙述如下：

（1）《辽史·太宗纪》（卷四）："会同元年十一月，……御开皇殿召见晋使。……诏以皇都曰上京府，曰临潢；升幽州为南京。"又云："会同三年，夏四月庚子，至燕备法驾，入自拱辰门，御元和殿行入阁礼。……壬戌，御昭庆殿宴南京群臣。"按石敬瑭割燕云十六州于契丹，在天福二年，即辽太宗天显十二年（九三七），太宗初至燕京，在天福三年，即辽会同元年（九三八）。太宗初至，已有开皇、元和、昭庆等殿，则犹非辽所建之宫殿也。盖幽州自安史叛乱，已称大燕，唐末刘仁恭复僭大号（八九五—九〇七），梁又封仁恭子守光为燕王（九〇九），梁太祖乾化元年（九一一），守光称帝，当时创建，必久有宫殿名，辽盖仍其旧耳。嗣后太宗、圣宗南幸，常御元和殿，并宴将士，则元和或即辽南京正殿也。

（2）凉殿　《辽史·太宗纪》（卷四）："会同三年（九四〇）十二月，诏燕京皇城西南堞建凉殿。"

（3）五凤楼　《辽史·景宗纪》（卷八）："保宁五年（九七三）春正

月庚午，御五凤楼观灯。"

（4）长春宫　《辽史·圣宗纪》（卷十二）："统和十二年（九九四）三月戊午，幸南京。……壬申，如长春宫观牡丹。"

（5）宫门　《辽史·圣宗纪》（卷十四）："统和二十四年（一〇〇六）七月辛丑朔南幸，八月丙戌改南京宫宣教门为元和，外三门为南端，左掖门为万春，右掖门为千秋。"按《辽史·地理志》（卷四十）云："大内在西南隅皇城内，有景宗、圣宗御容殿，殿东曰宣和，南曰大内；内门曰宣教，改元和，外三门曰南端、左掖、右掖，左掖改万春，右掖改千秋门，有楼阁。毬场在其南，东为永平馆。皇城西门曰显西，设而不开。北曰子北。西城巅有凉殿，东北隅有燕角楼。"然则统和中所改，谨改宣教为元和，左掖为万春，右掖为千秋耳。

（6）诸帝石像　辽时南京，塑有诸帝石像，安置各宫。《辽史·圣宗纪》（卷十三）："统和十二年（九九四）四月戊戌，以景宗石像成，幸延寿寺饭僧。"又云（卷十五）："开泰元年（一〇一二）十二月丙寅，奉迁南京诸帝石像于中京观德殿，景宗及宣献皇后于上京五鸾殿。"又《辽史·兵卫志》（卷三十五），载南京有十一宫，以系宫卫骑军，兼以纪念历代帝后，或与此石像有关，兹列之如下：

弘义宫　太祖阿保机（《契丹国志》作洪义宫）

长宁宫　应天皇后述律氏平（《契丹国志》作突欲）

永兴宫　太宗德光

积庆宫　世宗兀欲

延昌宫　穆宗述律

彰愍宫　景宗明扆（《契丹国志》作明记）

崇德宫　承天太后萧氏绰（小字燕燕）

兴圣宫　圣宗隆绪

延庆宫　兴宗宗真

敦睦宫　孝文皇太弟隆庆

文忠王府　丞相耶律隆运

（7）临水殿　《辽史·游幸表》（卷六十八）："兴宗重熙十一年（一〇四二）闰九月幸南京，宴于皇太弟重元第，泛舟于临水殿宴饮。"此所谓临水殿，不知为大内殿名，抑重元第之殿名，录之以备考。

（8）嘉宁殿　《辽史·道宗纪》（卷二十一）："清宁五年（一〇五九）

冬十月壬子朔，幸南京祭兴宗于嘉
宁殿。"

（9）迎月楼　《辽史·天祚帝
纪》（卷二十七）："乾统四年（一一
〇四）十月己未幸南京；十一月乙
亥，御迎月楼赐贫民钱。"

（10）太祖庙　《辽史·天祚
帝纪》（卷二十七）："天庆二年
（一一一二）十一月乙卯幸南京，丁
卯谒太祖庙。"可见南京于宫阙之外，
兼具郊庙矣。

此外据《金史》《日下旧闻考》
《禁扁》等书，辽故宫殿名可考者，
尚有下列各处。

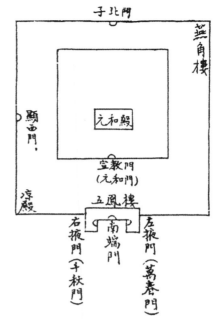

（1）仁政殿　《金史·世宗纪》（卷八）："大定二十八年（一一八八），
有司奏重修上京御容殿，上谓宰臣曰：'宫殿制度，苟务华饰，必不坚固。
今仁政殿辽时所建，全无华饰，但见它处岁岁修完，惟此殿如旧，以此见
虚华无实者不能经久也。'"

（2）洪武殿　《日下旧闻考》卷二十九孙承泽云："辽之正殿曰洪武，
后之年号，先见于此。"按辽南京正殿，据《辽史》所载，当名元和，姑
录此说，以备考证。

（3）大安殿　《日下旧闻考》卷二十九朱昆田曰："辽以大安名殿，而
金以之纪年，亦兆之先见者。"

（4）清凉殿　见王士点《禁扁》。

（5）延和宫　见同上。

（6）五花楼　见同上。

（7）天膳堂、乾文阁、凤凰门　见同上。

由上引十七点观之，可见辽时大内，在京城西南隅，内门曰宣教，
后改元和；外三门曰南端、左掖（后改万春）、右掖（后改千秋）。皇城
西门曰显西，北曰子北，东门失名。其正殿或曰开皇，或曰元和，或曰
洪武，以《辽史》推之，盖以元和殿为是。它若景宗、圣宗御容殿，嘉
宁殿等，亦皆重要殿名，惜不能实指其处矣。

# 第二章　金代之建置

## 第一节　城郭

金太宗天会三年（一一二五），宗望（斡里不）取燕山府，因辽人宫阙，于内城外筑四城，每城各三里，前后各一门，楼橹墉堑，悉如边城。每城之内，立仓廒甲仗库，各穿复道，与内城通。时陈王兀室及韩常笑其过计，忠献王曰："百年间当以吾言为信。"（参阅《大金国志》卷二十二）此金初经营燕京之大略也。

及海陵即位，意欲都燕，一时上书者，咸言上京临潢府僻在一隅，官艰于转漕，民难于赴愬，不如都燕，以应天地之中。梁汉臣曰："燕京自古霸国，虎视中原，为万世之基。"（《日下旧闻考》卷四引炀王《江上录》）何卜年曰："燕京地广坚，人物蕃息，乃礼义之所。"（《大金国志》卷十三）天德三年（一一五一），始图上燕城宫阙制度，三月命左右丞相张浩、张通等增广燕城城门之制，或曰十二，或言十三，立表如下：

| 《金史·地理志》 | | 《大金国志》 | | 《金图经》 | | 《析津志》 | |
|---|---|---|---|---|---|---|---|
| 东 | 施仁 | 3 | 施仁 | 2 | 施仁 | 1 | 施仁 |
| | 宣曜 | 1 | 宣曜 | 1 | 宣曜 | 2 | 宣曜 |
| | 阳春 | 2 | 阳春 | 3 | 阳春 | 3 | 阳春 |
| 南 | 景风 | 8 | 景风 | 8 | 景风 | 4 | 景风 |
| | 丰宜 | 7 | 丰宜 | 7 | 丰宜 | 5 | 丰宜 |
| | 端礼 | 9 | 端礼 | 9 | 端礼 | 6 | 端礼 |
| 西 | 丽泽 | 5 | 丽泽 | 5 | 丽泽 | 7 | 丽泽 |
| | 颢华 | 4 | 灏华 | 4 | 灏华 | 8 | 灏华 |
| | 彰义 | 6 | 彰义 | 6 | 彰义 | 9 | 彰义 |
| 北 | 会城 | 11 | 会城 | 11 | 会城 | 10 | 会城 |
| | 通玄 | 10 | 通玄 | 10 | 通玄 | 11 | 通玄 |
| | 崇智 | 12 | 崇智 | 12 | 崇智 | 12 | 崇智 |
| | 光泰 | | | | | 改门曰清怡，曰光泰 | |

综上各书，共分三说：一为"十三门"说，《金史·地理志》主之；一为"十二门"说，《大金国志》及《金图经》主之；一为"十二门而改门曰清怡、光泰"说，《析津志》主之。历来治燕京史迹者，遂亦分为二：朱彝尊曰："《金史》城门十三，北有四门，一曰光泰，当以史为正。"《日下旧闻考》则曰："按《大金国志》《金图经》，皆言京都城门十二，《金史》独于北面多光泰一门。《析津志》亦作十二门，而又别出清怡、光泰二门。考《北平图经》，谓奉先坊在旧城通玄门内，而《析津志》又谓在南城清怡门内，二名错见，疑清怡即通玄之别称，而光泰或亦会城、崇智之别称欤！"以余观之，以后说为是：盖东、南、西三面皆为三门，北面岂独有四门？且一门名称叠见，不乏其例，如今北京朝阳门又称齐化门，阜城门又称平则门；崇文门亦称海岱门，讹为哈达门；宣武门亦称顺城门，讹为顺治门；至广宁门则既称广安门，又称彰义门，然内城九门，外城七门，垂为定制，绝不因此而有增减也。

贞元元年（一一五三），燕京宫阙成，海陵至燕，以迁都诏中外，改

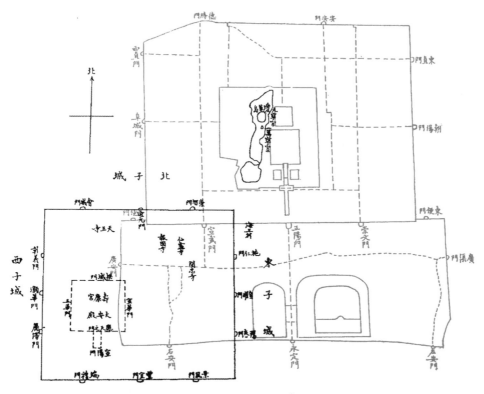

金中都大兴府图

燕京为中都，府曰大兴，汴京为南京，中京为北京。（《金史》卷五）都城之门，每一面分三门，一正两偏。其正门两旁，又皆设两门，正门不常开，惟车驾出入始启，余悉由旁两门焉。（《金图经》）

金都城四至，因辽之旧，周二十七里。至天德三年，东南二面，展筑三里，与四子城相属，外城包之，广七十五里。因此金都城之广，共有三说：（一）许元宗《奉使行程录》，谓燕山府城，周围二十七里，《日下旧闻考》据此，谓二京旧城，周二十七里，此未迁都以前之旧城也。（二）《析津志》引金蔡珪《大觉寺碑记》，谓金天德三年，展筑三里，合计之共周三十里，此定京以后之都城也。（三）至《大金国志》所称"都城四围，凡七十五里"者，则指外郭而言，犹今外城之制也。故三说未尝冲突，若专指都城而言，自以中说为是。① 至其四面所届，除东南二面展筑三里外，一仍辽旧，盖在今外城迤西以至郊外之地，视辽旧城略向南伸展耳。

金都城内坊名，今尚有可考者。《元一统志》云：旧城中东南、西北二隅坊门之名十有二，西南、东北二隅旧坊门之名二十。《日下旧闻考》按此条，乃具录金时都城内各坊之名。其方位界至，岁久已就湮灭，今以《析津志》《元一统志》《五城坊巷》《胡同集》所载寺院基址现存者参互考之，则可得下列各坊：

（1）归义废寺在今彰义门大街北，当为时和坊（寺在今善果寺附近半里菜圃）。

（2）都土地庙在今土地庙斜街，当为奉先坊。

（3）天王寺即今天宁寺，在广宁门（亦称彰义门）外，当为延庆坊。

（4）仙露寺，金人俘宋宗室子女置其中，见蔡倐《北狩行录》、赵子砥《燕云录》，惜地志失载，遗迹遂不可稽。清康熙二十六年（一六八七）五月，宣武门外菜市西居民掘地得石匣，匣旁有记，自称讲经律论大德志愿录并书，及辽世宗天禄三年（九四九）瘗舍利佛牙于此，始知此地即仙

---

① 蔡珪《大觉寺碑记》久亡，《析津志》余亦未见，不知所谓"展筑三里"，系"东南二面，展筑三里"，如《顺天府志》卷一《金故城考》所云；抑仅"展筑南城"，如《玉堂嘉话》所引《大觉寺碑记》。盖东南二面，各展筑三里，旧城周二十七里，则共周卅九里。若仅南城展筑三里，则共周三十三里。旧说周三十里者，仅知展筑三里，合为三十里，不知城为四方，一面展筑三里，周围即增六里，二面各展筑三里，周围即增十二里也。

露寺遗址（今为增寿寺），当为仙露坊。（《析津日记》）

（5）《书史会要》载辽道宗喜作字，秦越大长公主舍棠阴坊第为大昊天寺，帝为书碑及额，今在燕京旧城。昊天寺今已失考，其地当为金棠阴坊。

（6）竹林寺当为显忠坊。

（7）紫金寺当为北开远坊。

以上所列七坊，多在今宣武、广宁二门之间，其余则多不可考矣。

## 第二节　宫殿及苑囿

金初入燕，未尝营立阔室，海陵王天德三年（一一五一）始诏卢彦伦营造燕京宫室，未就伦卒。（《金史》卷七十五）时海陵有志都燕，乃先迁画工写汴京宫室制度，至于宫狭修短，曲尽其数。（《北盟会编》卷二百四十）有司以图上，乃以梁汉臣充修燕京大内正使，孔彦舟为副使，按图营之。自天德四年（一一五二）起，至贞元元年（一一五三）毕工，凡役民八十万，兵夫四十万，作治数年，死者不可胜计。宫殿皆饰以黄金五采，其屏扆窗牖，亦皆由破汴都辇致于此。[1]其所用宫室材木，则取自真定府潭园。（《析津志》）可见燕京宫室，不特仿自汴京制度，即屏扆窗牖，亦多取用焉。

兹先据《金史·地理志》（卷二十四）及《大金国志》《三朝北盟会编》等书，以说明金宫阙制度。

（1）金皇城周九里三十步。（《三朝北盟会编》卷二百四十四引《金图

---

[1]《揽辔录》："初汴中宫匠有名燕用者，制作精巧，凡所造下刻其名。及用之于燕，而名已先兆。"《三朝北盟会编》卷二百四十五引《揽辔录》："玉石桥石，……石色如玉，桥上分三道，皆以栏楯隔之，雕刻极工。中为御路，亦栏以杈子。桥四旁皆有玉石柱，甚高，两傍有小亭，中有碑曰'龙津桥'。"《大金国志》卷三十三："宣阳门，内城之南门也。上有重楼，制度宏大，三门并立，中门惟车驾出入乃开，两偏分双只日开一门。"《三朝北盟会编》卷二百四十四引《金图经》："内城门曰左掖、右掖，宣阳又在外焉。外门（按系指都城门）榜即墨书粉地，内则金书朱地，皆故礼部尚书王竞书。……自天津桥之北，曰宣阳门，门分三，中绘一龙，两偏绘一凤，用金镀铜钉实之。中门常开，惟车驾出入，两偏分双只日开一门，无贵贱皆得往焉。"

经》）

（2）自龙津桥之北，曰宣阳门，皇城之南门也。额金书朱地，门分为三，中门为御路常阖，皆画龙，两傍门通行，皆画凤，用金镀铜钉钉之。

（3）过宣阳门，有楼二，一曰文楼，一曰武楼。文楼转而东曰来宁馆，武楼转而西曰会同馆。

《三朝北盟会编》卷二百四十四引《金图经》：二馆皆为本朝（指宋）人使设也。

（4）正北曰千步廊，东西并行，各二百余间，分为三节，节为一门。将至宫城东西转，各有廊百许间。驰道两旁植柳。廊脊覆碧瓦，宫阙殿门，则纯用碧瓦。

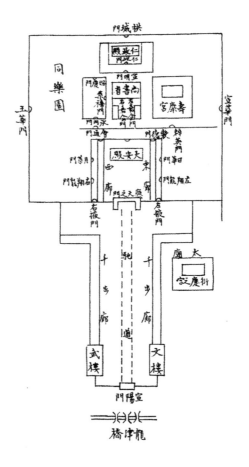

《金史·地理志》（卷二十四）：宫城之前，廊东西各二百余间，分为三节，节为一门。将至宫城东西转，各有廊百许间。驰道两旁植柳。廊脊覆碧瓦，宫阙殿门，则纯用碧瓦。

（5）应天之门十一楹，宫城之正南门也。旧名通天门，大定五年，始改应天。两夹有楼，作双阙之制，东西两角楼，每楼次第攒三檐，与夹楼接，极为工巧。此门《三朝北盟会编》引范成大《揽辔录》，作端门，《顺天府志》卷三因之，实则相当于今之午门也。东西相去里许，又各设一门，左曰左掖，右曰右掖，各有武夫守卫。

《金史·地理志》（卷二十四）：应天门十一楹，左右有楼。

门内有左右翔龙门及日华、月华门。……应天门旧名通天门，大
定五年更。

《三朝北盟会编》卷二百四十五引《揽辔录》：驰道之北即
端门十一间，曰应天之门，旧尝名通天，亦十一间。两夹有楼，
如左右升龙之制。东西两角楼，每楼次第攒三檐，与夹楼接，极
工巧。端门之内，有左右翔龙门，日华、月华门。

《三朝北盟会编》卷二百四十四引《金图经》：通天门今改
为应天楼，观高八丈，朱门五，饰以金钉。东西相去里余，又为
设一门，左曰左掖，右曰右掖。

(6) 宫城之正东门曰宣华，正西门曰玉华，正北门曰拱辰（一作拱
城），制度守卫，一与宣华、玉华等，金碧翠飞，规模宏丽。

《三朝北盟会编》卷二百四十四引《金图经》：内城之正东
曰宣华，正西曰玉华，北曰拱辰门。

《金史·海陵纪》（卷五）：正隆元年（一一五六）二月庚辰，
御宣华门观迎佛。

《金史·卫绍王纪》（卷十三）：崇庆元年（一二一二）七月，
有风自东来，吹帛一段，高数十丈，飞动如龙形，坠于拱辰门。

(7) 正殿曰大安殿，金受朝贺于此。内殿凡九重，殿三十有六，楼阁
倍之。正中位曰皇帝正位，后曰皇后正位，位之东曰内省，西曰十六位，
乃妃嫔所居之地也。

《金史·地理志》（卷二十四）：前殿曰泰安（疑大安之误），
左右掖门，内殿东廊曰敷德门。大安殿之东北为东宫。

《三朝北盟会编》卷二百四十四引《金图经》：内殿凡九重，
殿三十有六，楼阁倍之。正中位曰皇帝正位，后曰皇后正位，位
之东曰内省，西曰十六位，乃妃嫔所居之地也。

《三朝北盟会编》卷二百四十五引《揽辔录》：端门之内，
有左右翔龙门，日华、月华门。前殿曰大安殿。

《金史·章宗纪》：明昌四年九月朔天寿节，御大安殿受朝贺。

《金史·礼志》：凡受尊号，百官习仪于大安殿庭。皇太子册立，设御座于大安殿。

### 甲子元日大安早朝诗

赵秉文

阙角苍龙建斗杓，衣冠万国大安朝。

使臣未入分班立，殿陛先升按笏招。

彩仗中门瞻北极，丹墀侧畔听箫韶。

太初甲子天元朔，万岁常瞻玉烛调。

《金台集》：大安殿基今为酒家寿安楼。

《日下旧闻考》卷二十九引《析津志》：寿安楼在燕京金皇城内东华门之西街。

### 南城咏古

果啰洛纳延

梦断朝元阁，来寻卖酒楼。

野花迷辇路，落叶满宫沟。

风雨青城暮，河山紫塞愁。

老人头雪白，扶杖话幽州。

（8）大安殿之东北为东宫，有殿曰承华殿，皇太子之所居也。宫本名隆庆，殿曰慈训，章宗明昌五年（一一九四），从礼官言，改曰东宫，殿曰承华。

《三朝北盟会编》卷二百四十五引《揽辔录》：使人入左掖门，直北循大安殿东廊后壁行，……直东有殿宇，门曰东宫，墙内亭观甚多。

《金史·地理志》：大安殿之东北为东宫。

《金史·世宗纪》（卷六）：大定七年七月己未幸东宫，视皇太子疾。……十月辛酉，敕有司于东宫凉楼前增建殿位。孟浩谏曰："皇太子虽为储贰，宜示以俭德，不当与至尊宫室相伴。"乃罢之。

《金史·章宗纪》（卷九）：大定二十九年正月戊午，名皇太后宫曰仁寿，设卫尉等官。二月戊辰，更仁寿宫名隆庆。（《日下旧闻考》卷三十九以之系于《世宗纪》下，《顺天府志》卷三从之，皆误）

《金史·章宗纪》（卷十）：明昌五年正月丁酉，尚书省奏礼官言孝懿皇后祥除已久，宜易隆庆宫为东宫，慈训殿为承华殿，从之。

《金史·地理志》：明昌五年，复以隆庆宫为东宫，慈训殿为承华殿，承华殿者，为皇子所居之东宫也。


(9) 东宫之北，为寿康宫，海陵建都之初，母后之所居也。

《三朝北盟会编》卷二百四十五引《揽辔录》：东宫……直北面南列三门：中曰集英门，云是故寿康殿，母后所居。

《金史·地理志》：大安殿之东北为东殿，正北列三门，中曰粹英，为寿康宫，母后所居也。

《金史·海陵纪》（卷五）：贞元三年十月丙子，皇太后至中都，居寿康宫。……十一月乙未，上朝太后于寿康宫。


(10) 寿康宫之西，大安殿之后，为尚书省。其北曰宣明门，则常朝后殿门也。北曰仁政门，内有仁政殿，常朝之所也。此段各家记载皆略，而以《揽辔录》《北辕录》为身亲目睹，较为可靠，且记载当日朝仪甚详，可贵之资料也。


《三朝北盟会编》卷二百四十五引《揽辔录》：直北面南列三门：中曰集英门，……西曰会通门。自会通东小门北入承明门，又北则昭庆门，东则集禧门，尚书省在门外，又西则右嘉会门，四门正相对。入右嘉会门，门有楼，与左嘉会门相对，即大安殿后门之后。至幕次，黑布拂庐，待班有顷，入宣明门，即常朝便殿门也。门内庭中列卫士二百许人，贴金双凤幞头，团花红锦衫，散手立 。入仁政门，盖隔门也。至仁政殿下，大花毡可半庭，中团双凤。殿两旁各有朵殿，之上两高楼，曰东西上阁。门两廊悉有帘幕，中有甲士；东西御廊循檐各列甲士，东立者红茸甲金缠竿枪，黄旗画青龙，西立者碧茸甲金缠竿枪，白旗画黄龙，直至殿下皆然；惟立于门下者皂袍持弓矢。殿两阶杂列仪物幢节之属，如道士醮坛威仪之类。使人由殿下东行上东阶却转南。繇露台北行入殿阈，谓之栏子。虏主幞头红袍玉带，坐七宝榻，背有龙水大屏风，四壁帘幕皆红绣龙，拱斗皆有绣衣。两楹间各有火，出香金狮蛮，地铺礼佛毯，可一殿。两旁玉带金鱼或金带者十四五人，相对列立。遥望前后殿屋，崛起处甚多，制度不经，工巧无遗力，所谓穷奢极侈者。炀王亮始营此都，规模多出于孔彦舟，役民夫八十万，兵四十万，作治数年，死者不可胜计，地皆古坟冢，悉掘弃之。虏既蹂躏中原，国之制度，强效华风，往往不遗余力，而终不近似。

《金史·地理志》：正北列三门，……西曰会通门，门北曰承明门，又北曰昭庆门，东曰集禧门。尚书省在其外，其东西门左右，嘉会门也，门有二楼，大安殿后门之后也。其北曰宣明门，则常朝后殿门也。北曰仁政门，傍为朵殿，朵殿上有两高楼，曰东西上阁，门内有仁政殿，常朝之所也。

《日下旧闻考》卷二十九引《北辕录》：由会通门、承明门入左嘉会门，趋而南至幕次。少顷鸣钟，钟罢，卫士山呼，百官里见。有曳玉带者五人先出，后知为东宫亲王平章令公也。顷之入宣明门，次仁政门，于隔门上面序立三节，自东入拜于大毡上，上有一品至七品黑漆黄字牌子，盖其朝序也；一毡可容数百人，遍地制成龙凤。殿九楹，前设露台，柱以文绣，两廊各三十间，中有钟鼓楼，廊外垂金漆帘，额饰以绣。廊之西，马有鞲红绣鞍者数匹，乃高丽所进。殿门外卫士二三百人，分两旁立，尽戴金花帽袍，宣明门外直至外廊皆甲士，青绿甲居左，旗执黄龙；红绿甲居右，旗执红龙；外廊皆银枪，左掖门入皆金枪，人依一柱以立；凡门屋下皆青队执弓矢，人数各有差。北宫营缮之制，初虽取制东都，终殚土木之赀，瓦悉覆以琉璃，役兵民一百二十万，数年方就。

（11）此外宫殿，据《金史·地理志》所记，有福寿殿（大定七年改曰寿安宫）、泰和殿（泰和二年，更名庆宁殿）、崇庆殿；《礼志》有元和殿、乾元殿；《金史·世宗纪》有贞元殿、庆和殿、垂拱殿、睿思殿，《章宗纪》有枢光殿、紫宸殿、广仁殿、香阁、瑶光殿，《路铎传》有崇政殿，《太祖诸子传》有清辉殿，《完颜守道传》有庆春殿，《完颜匡传》有天香殿；《大金国志》卷十六有紫极殿；《北平古今记》有正隆殿。皆不能实指其处。

（12）鱼藻池、瑶池殿，贞元元年（一一五三）建，有神龙殿，又有观会亭，又有安仁殿、隆德殿、临芳殿。皇统元年（一一四一）有元和殿（《金史·地理志》疑非燕京殿，以其时尚未迁都也）盖宫城内之苑池也。

《金史·世宗纪》（卷八）：大定二十八年三月丁酉朔……复宴于神龙殿，诸王公主以次捧觞上寿。

《金史·章宗纪》（卷十一）：泰和三年五月壬午，以重五拜天射柳，上三发三中，四品以上官侍宴鱼藻殿。

《金史·五行志》（卷二十三）：世宗大定二年闰二月辛卯，神龙殿十六位焚，延及太和、厚德殿。（按太和即泰和殿）

《金史·后妃列传下》（卷六十四）：泰和二年八月丁酉，元妃生皇子忒邻，群臣上表称贺，宴五品以上于神龙殿，六品以下，宴于东庑下。

《金史·海陵诸子传》（卷八十二）：正隆元年三月二十七日，光英生日，宴百官于神龙殿，赐京师大酺一日。

《金史·赵兴祥传》（卷九十一）：有司奏南北边事未息，恐财用未给，乞罢修神龙殿，凉位王役，上（世宗）即日使兴祥传诏罢之。

（13）《金史·地理志》又载"有常武殿，有广武殿，为击毬习传之所"。

《金史·礼志八》（卷三十五）：金因辽旧俗，以重五、中元、重九日行拜天之礼。重五于鞠场，中元于内殿，重九于都城外。其制，刳木为盘，如舟状，赤为质，画云鹤文，为架高五六尺，置盘其上，荐食物其中，聚宗族拜之。若至尊则于常武殿筑台，为拜天所。

《金史·世宗纪》（卷六）：大定三年五月乙未，以重九幸广乐园射柳，命皇太子、亲王、百官皆射，胜者赐物有差。上复御常武殿赐宴击毬，自是岁以为常。

《金史·章宗纪》（卷十一）：泰和元年五月甲寅，击毬于临武殿（疑常武殿改），令都民纵观。……八年十一月癸卯，御临武殿试护卫。（卷十二）

（14）《大金国志》载"西至玉华门曰同乐园，若瑶池蓬瀛柳庄杏村尽在于是"。此所谓瑶池是否与鱼藻池、瑶池殿同为一地，今已不可考矣。

《大金国志》：大定十年，燕群臣于同乐园之瑶池，语及古帝王成败之迹，大率以不嗜杀人为本。数年休兵，民力稍苏，独贪残之吏，去行朝稍远，恐为百姓蠹，宜时加稽察。知中书省贝勒稽首曰："陛下言及此，社稷之福也。"

### 同乐园诗（《中州集》）

师　拓

晴日明华构，繁阴荡绿波。

蓬邱沧海近，春色上林多。

流水时虽逝，迁莺暖自歌。

可怜欢乐地，钲鼓散云和。

### 同乐园诗（《滏水集》）

赵秉文

春归空苑不成妍，柳影毵毵水底天。

过却清明游客少，晚风吹动钓鱼船。

（15）金起自部落，本无宗庙，平辽以后，始立原庙。天德四年，始于燕京兴建太庙，宫曰衍庆殿，曰圣武，门曰崇圣。又世祖御容奉安于广德殿，太宗御容奉安于丕承殿，睿宗奉安于天庆殿，昭祖、景祖奉安燕昌

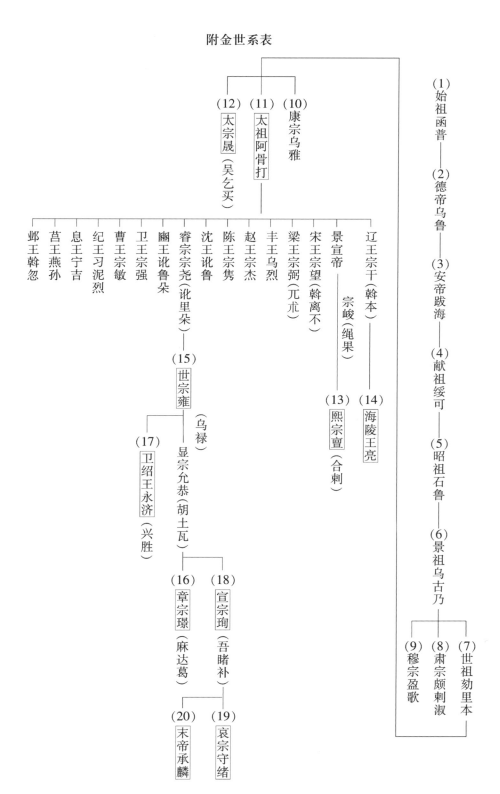

（1）始祖函普 ——
（2）德帝乌鲁 ——
（3）安帝跋海 ——
（4）献祖绥可 ——
（5）昭祖石鲁 ——
（6）景祖乌古乃 ——
（7）世祖劾里本
（8）肃宗颇剌淑
（9）穆宗盈歌

（10）康宗乌雅
（11）太祖阿骨打 —— （吴乞买）
（12）太宗晟

邝王斡忽
莒王燕孙
息王宁吉
纪王习泥烈
曹王宗敏
卫王宗强
幽王讹鲁朵
睿宗宗尧（讹里朵）——
沈王讹鲁
陈王宗隽
赵王宗杰
丰王乌烈
梁王宗弼（兀朮）
宋王宗望（斡离不）
景宣帝　宗峻（绳果）
辽王宗干（斡本）——

（15）世宗雍
（乌禄）

（13）熙宗亶（合剌）
（14）海陵王亮

（17）卫绍王永济（兴胜）
显宗允恭（胡土瓦）——

（16）章宗璟（麻达葛）
（18）宣宗珣（吾睹补）

（20）末帝承麟
（19）哀宗守绪

阁上，肃宗、穆宗、康宗奉安阁下，明肃皇帝奉安崇圣阁下。皆见《金史·礼志》（卷三十三）。

《三朝北盟会编》卷二百四十四引《金图经》：金虏本无宗庙，祭祀亦不修，自平辽之后，所用执政大臣多汉人，往往说以天子之孝，在乎尊祖；尊祖之事，在乎建宗庙。若七世之庙未修，四时之祭未举，有天下者，何可不念。虏方开悟，遂筑室于内之东南隅，维庙貌祀事虽具，制度极简略。迨亮徙燕，遂建巨阙于内城之南，千步廊之东，曰太庙，标名曰衍庆之宫，以奉安太祖旻、太宗晟、德宗宗干（亮父）；又其东曰元庙，以奉安元祖克者、仁祖大圣皇帝杨割（按误）；至衮立，迁亮父德宗于外室，复奉安父懿宗宗尧于太庙，其昭穆各有序。

《金史·礼志六》（卷三十三）：天德四年，有司言："燕京兴建太庙，复立原庙，三代以前，无原庙制，……今两都告享，宜止于燕京所建原庙行事。"于是名其宫曰衍庆，殿曰圣武，门曰崇圣。……大定十四年十月，诏图画功臣二十人于衍庆宫、圣武殿左右庑。十七年正月，诏于衍庆宫、圣武殿西，建世祖神御殿，东建太宗、睿宗神御殿。……礼官率太庙署官等诣崇圣阁，奉世祖御容，……导世祖御容升腰舆，仪卫依次序导从，至广德殿（按即世祖神御殿）。……礼官导太宗御容置于圣武殿，行礼毕，以次奉安于丕承殿（按即太宗神御殿），行礼并如上仪。次睿宗御容，奉安于天庆殿（按即睿宗神御殿），礼亦如之。……二十一年闰三月，奉旨昭祖、景祖奉安燕昌阁上，肃宗、穆宗、康宗奉安阁下；明肃皇帝奉安崇圣阁下。

（16）大定七年（一一六七）始建社稷坛于中都，有望祭堂三楹在其北，制详《金史·礼志七》（卷三十四）。

以上，金都宫室坛庙之大略也。当时中原人士，身亲目睹者，不乏其人，而议论各别：《海陵集》以为"宫阙壮丽，延亘阡陌，上切霄汉，虽秦阿房、汉建章，不过如是"，又云"金主仪卫华整，过于中国"，是盛称其宏丽也。范成大《揽辔录》则以为"制度不经，工巧无遗力"，"强效华风，往往不遗余力，而终不近似"，是从典章制度方面批评其不经也。然其宫阙雄丽，固无疑义。至金宣宗贞祐元年（一二一三）初蒙古围燕京，宫阙为乱兵所焚，月余不绝。（《使蒙日录》）一代豪华，遂付荒烟蔓草，今日而过其地，极不信曾有巨丽之宫阙存焉。

金之苑囿，据史乘所载，有熙春园、广乐园、东明园、南园、后园、东园、西园，南苑、西苑、北苑、芳苑，城北离宫有大宁宫，城南行宫有建春宫。其与今日北京建置尤有关系者，则大宁宫是也。《金史·地理志》云：

> 京城北离宫，有大宁宫，大定十九年（一一七九）建，后更为宁寿，又更为寿安；明昌二年，更为万宁宫。琼林苑有横翠殿、宁德宫，西园有瑶光台，又有琼花岛，又有瑶光楼。皇统元年（一一四一）有宣和门，正隆二年（一一五七）有宣华门，又有撒合门。（按皇统、正隆，皆在大定以前，此所列门名，盖为大内宫门，与万宁宫、琼林苑无涉。）

此外大宁宫之见于《金史》《元史》本纪、列传者，不一而足，札录如下：

> 《金史·世宗纪中》（卷七）：大定十九年五月戊寅，幸大宁宫。……二十年四月，大宁宫火。
>
> 《金史·张仅言传》（卷一三三）：仅言护作太宁宫，引宫左流泉溉田，岁获稻万斛。
>
> 《金史·章宗纪二》（卷十）：明昌六年三月丙申，如万宁宫；……五月丙戌，命减万宁宫陈设九十四所。……承安元年三月丁酉，如万宁宫。
>
> 《金史·章宗纪四》（卷十二）：泰和四年四月壬戌，万宁门、端门灾。
>
> 《元史·石抹传》：石抹明安攻万宁宫，克之，取富昌、丰宜二关。

其他私家笔记、辞人吟咏，亦间有记及琼花岛、太液池、妆台原委者，有数事焉：

（1）高士奇《金鳌退食笔记》卷六云："琼华岛或本宋艮岳之石，金人载此石自汴至燕，每石一准粮若干，俗呼为'折粮石'。"然则今琼华岛之石，或仍有来自汴京艮岳者乎！

（2）元好问《遗山集》云："寿宁宫有琼华岛，绝顶广寒殿，近为黄冠辈所毁。"由此观之，广寒殿金末已毁，后世犹有广寒殿者，盖元时重建者也。

（3）《金台集》云："妆台，李妃所筑，今在昭明观后。妃尝与章宗露坐，上曰'二人土上坐'。妃应声曰：'一月日边明'。上大悦。"《尧山堂外纪》亦云："章宗为李宸妃建梳妆台于都城东北隅，今禁中琼华岛妆台，本金故物也，目为辽萧后梳妆楼，误。"朱彝尊断云："妆台相传俱云辽萧后遗迹，易之去金不远，其谓李元妃所筑，可正其讹。"由此可见琼华岛、广寒殿、妆台，皆始于金，与辽无涉也。

### 燕城书事诗（《秋涧集》）

王恽

都会盘盘控北陲，当年宫阙五云飞。

峥嵘宝气沉箕尾，惨憺阴风贮朔威。

审势有人观瞀乱，封章无地论王畿。

荒寒照破龙山月，依旧中原半落晖。

### 西苑怀古和刘怀州韵（《秋涧集》）

王恽

彩凤箫声彻晓闻，宫墙烟柳接龙津。

月边横吹非清夜，镜里琼华总好春。

行殿基存焦作土，踏锥舞歇草留茵。

野花岂解兴亡恨，犹学宫妆一色匀。

### 同刘怀州过西园怀古作（《秋涧集》）

王恽

锦擒西苑正隆修，大定明昌事宴游。

海露恩波鳌拚首，花翻瑶艳雪迷楼。

三千歌舞繁华歇，一片风烟惨憺愁。

兴废算来无五纪，至今灵沼咏西周。

## 宫词（《中州集》）

史 学

宝带香褥水府仙，黄旂彩扇九龙船。

薰风十里琼华岛，一派歌声唱采莲。

## 游琼华岛江城子词（《藏春诗集》）

刘秉忠

琼华昔日贺新成，与苍生，乐升平。西望长山，东顾限沧溟。翠辇不来人换世，天上月，自虚盈。

树分残照水边明，雨初晴，气还清。醉却兴亡，惟有酒多情。收取晋人腮上泪，千载后，几新亭。

## 妆台诗（《金台集》）

果啰洛纳延

废苑莺花尽，荒台燕麦生。

韶华如逝水，粉黛忆倾城。

野菊金钿小，秋潭玉镜清。

谁怜旧时月，曾向日边明。

## 出都作（《遗山集》）

元好问

汉宫曾动伯鸾歌，事去英雄可奈何。

但见觚棱上金爵，岂知荆棘卧铜驼。

神仙不到秋云客，富贵空悲春梦婆。

行过卢沟重回首，凤城平日五云多。

历历兴亡败局棋，登临疑梦复疑非。

断霞落日天无尽，老树遗台秋更悲。

沧海忽惊龙穴露，广寒犹想凤笙吹。

从教尽划琼华了，留住西山尽泪垂。

原载《武汉大学文哲季刊》1936年第六卷第一号

# 金中都宫殿图考

八百年前的北京伟大建筑

北京的建都，已经有八百多年的历史。

在距今八百零二年前（公元一一五三年，金主亮贞元元年），北京被宣布作为金朝的国都，它的正式名称是中都大兴府。那时的都市规模，已经十分宏伟，它的宫殿建筑，也是非常壮丽。《大金国志》说："燕京宫阙雄丽，为古今冠。"它有许多建筑，直接影响到现在所保存的明、清两代故宫，例如宣阳门内正北两旁的千步廊，是后代大明门、大清门（现在的中华门）内千步廊的滥觞；宣阳门内东西文楼、武楼的制度，是后代奉天殿、太和殿前面两旁文楼、武楼制度的开始；应天门中间有楼十一楹，两夹有楼，如左右升龙之制，明明是现在午门的五凤楼；又有东西两角楼，每一座角楼，都有三层屋檐，极为工巧，则又分明是现在故宫紫禁城四个角楼（俗称"九梁十八柱"）的前身。我们要研究现在故宫的伟大的建筑，必先要考察它的制度根源和历史背景；而要考察它的制度根源，必先研究元代的大都宫殿——尤其是金代中都宫殿的制度——才可以认清它的沿革和演变。

但要研究金代中都的宫殿制度，最感觉困难的是文献不足，尤其是地图的缺乏，令人很难单凭文字的记载来确定它的方位和轮廓。一般研究金代中都建筑的资料，不外分为原始的资料和第二手的资料两种。属于原始资料方面，如（1）宋张棣的《金虏图经》①、（2）宋范成大的《揽辔录》②、（3）宋许元宗的《奉使行程录》。属于第二手的资料方面，如（4）宇文懋昭的《大金国志》，（5）《金史·地理志》，（6）清《顺天府志》卷一中

---

① 〔宋〕张棣：《金虏图经》，载《三朝北盟会编》卷二百四十四。
② 〔宋〕范成大：《揽辔录》，载《三朝北盟会编》卷二百四十五。

的《金故城考》、卷三的《金故城考》（大概都出于缪荃孙的手笔）。但是这一些记载和考证，都是用"前、后、左、右""东、西、南、北"等字样来描写千门万户复杂的宫廷建筑，既难确定其空间相互之间的距离，又难据以确定它们的方位，更无法据以绘制整个宫殿制度的轮廓图。因此我在二十年前写《辽金燕京城郭宫苑图考》[①]的时候，虽有心绘制这样一张地图，但终因为手头材料不足，只好付诸阙如了。

最近偶然发现元朝人编写的一部《事林广记》[②]，在乙集卷一里面，有《燕京图志》，附有详细的地图（实在不过是一种示意图），拿来和范成大的《揽辔录》、张棣的《金虏图经》对照来读，若合符节，过去一切疑问，无不迎刃而解。这是研究北京建筑历史的一件重要的材料，因根据《燕京图志》，重新加以考订，并根据它的示意图，

金故宫图　摄自《事林广记》乙集卷一
《燕京图志》（四幅摄三幅）

绘成《金故宫还原图》，写成了这一篇文章。希望对于研究首都的历史文物，了解我国伟大的劳动人民建筑北京宫殿的历史根源，或者还有"一

---

① 载《武汉大学文哲季刊》1936年第六卷第一号。

②《事林广记》是一部类书，分为十集，刊于元泰定二年（一三二五），日本有重刊本。

得"之愚的贡献。

## 金代中都都城的地点和四至

首先，我们应该弄清楚金代中都都城的地点和四至。原来金代的中都大兴府，便是辽代的南京幽都府（后改为析津府），而辽代的南京幽都府，则是唐朝有名的藩镇幽州府，在现在首都的外城西部及西南郊外。据许元宗《奉使行程录》，城周围二十七里，楼壁高四十尺，有楼九百一十座，地堑三重。这大概是城原来的大小情形。到了金太宗完颜晟天会三年（一一二五），宗望（即斡离不）取燕山府，于原来的城外筑四小城，每城各三里，前后各一门，楼橹堙堑，悉如边城制度<sup>①</sup>。到了金主亮天德三年（一一五一），定都燕京，又于旧城东南二面，展筑三里，和四座子城相连，另以外城包之，广七十五里。<sup>②</sup>这样，关于城的大小，便有了两种说法：一说原来周围二十七里，一说展筑后周围七十五里。后一说过于夸大，似不可信。我们根据《明太祖实录》，知道朱元璋于攻克北京之后，曾教指挥叶国珍实地测量一下南城（当时南城指金城，北城指元城），得出周围凡五千三百二十八丈，合三十五点五二里。这个记载，应该是比较可靠的。

中都大兴府，共有十二座城门：南面三门，中丰宜，东景风，西端礼；东面三门，中宣曜，北施仁，南阳春；西面三门，中灏华，北彰义，南丽泽；北面三门，中通元，东会城，西崇智。《金史·地理志》多出光泰一门，共为十三城门，未必可靠。每一面正门，旁边又都有两门，正门并不常开，只有皇帝可以出入，普通的人们，都从边门出入。

关于中都城的地点，现在还可以考见，根据有二：一是前人的记载，二是碑刻和实物。属于前人记载的，有下列各条：

（1）现在保存的悯忠寺（即法源寺）、昊天寺，都在宣武门外西南，和广安门相近；但在元朝人的著作中，都称为"南城古迹"（南城

---

① 边城制度：为了便于防守，东、西、南、北四门之外，另建东关、西关、南关、北关四个子城，与本城相连。山西的大同，便是一例。（参看清道光《大同县志》）

② 《顺天府志》卷三《金故城考》。

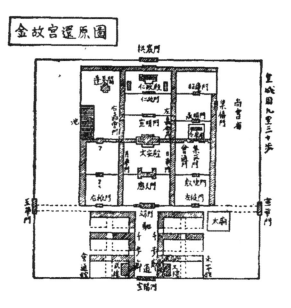

即指金城）。①

（2）现在保存的天宁寺，即金代的天王寺，在广安门外稍为偏北；但是《元一统志》则谓在旧城延庆坊内。

（3）现在保存的都土地庙，在宣武门外西南土地庙斜街；而《金房图经》则载都土地庙在中都城的北门通元门内。

属于碑刻和实物的，也有下列各条：

（1）现在城外白云观的西南，有一座广恩寺，即辽、金的奉福寺，离开西便门还相当远；而金朝泰和年间（一二〇一 —— 一二〇八）曹谦的碑记，则说它在都城之内。

（2）现在的琉璃厂，在和平门外，靠近城墙不远，有海王村公园，是春节游人必到的地方。在清朝乾隆年间，有李内贞墓志出土，称其地为"燕京东门外之海王村"。

（3）现在的黑窑厂，在永定门内，有慈悲庵，内存有辽寿昌五年慈智大师石幢，上面刻有文字，说其地在燕京东面。

（4）现在广安门外二公里余迤南一带，有土城绵亘，从北到南，和现

---

① 文惟简《塞北事实》云："燕山京城东壁，有大寺一区，名悯忠，廊下有石刻云：唐太宗征辽东高丽，回念忠臣孝子没于王事者，所以建此寺以荐福也。"可见当时悯忠寺是在京城的东壁。

在外城互相平行，断断续续，长约四里半，显然是金代中都城西面城墙所留的遗迹。

由上面的记载和实物上的证据，我们可以断定，中都城的地点，在现在的首都外城宣武门以南，先农坛以西，一直延伸到西南郊外一带。它的四至，也可以推测如下：

东　东至宣武门大街以东琉璃厂西口外一带。

南　南至右安门外一带（约一公里弱）。

西　西至广安门外二公里余一带土城。

北　北至宣武门城墙略北。

大概这一座雄伟的都城，经过元朝一直到明朝的初期，还存在着。一般的记载，都称之为"南城"，而另指元朝的新都为"北城"。到了明嘉靖三十二年（一五五三）修筑北京外城，其中有一段（自西南旧土城转东，由新堡及黑窑厂经先农坛南墙外至正阳门外西马道口止）还是利用旧土城（即皇城一段）（见《日下旧闻考》），但是整个中都城的遗迹，则从此湮没而不可考了。

# 金代的宫殿

金代的宫殿，根据前人记载，极为壮丽。一切宫室制度，是模仿的北宋汴京。[①] 当时负责设计和施工的，是梁汉臣（修燕京大内正使）和孔彦舟（副使），甚至运一木之费，至二十万，举一车之力，至五百人。[②] 从公元一一五一年（金主亮天德三年）起，至一一五三年（金主亮贞元元年）止，一共营建了三年，动员民工八十万人，兵工四十万人，耗费了无数劳动人民的血汗，方才告成。到了公元一一五三年（金主亮贞元元年），便迁都到这里，叫作"中都大兴府"。

现在根据当代人的原始资料，参照《事林广记》里面的《燕京图志》，加以综合说明如下：

（1）都城正中是皇城，周围九里三十步。（《金虏图经》："一、宫

---

① 《北盟会编》卷二百四十四引张棣《金虏图经》。

② 《顺天府志》卷三《金故城考》引《续资治通鉴纲目》。

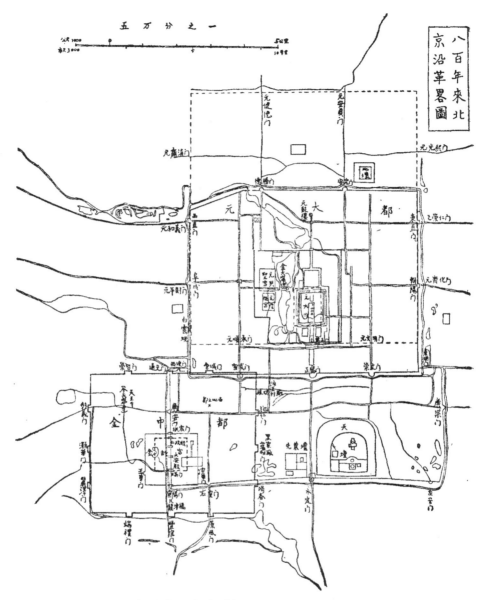

室……城之四围，九里有三十步。"）

（2）皇城四门：正南是宣阳门，在都城丰宜门之内，天津桥之北；东面是宣华门；西南是玉华门；正北是拱宸门。（《金虏图经》："自天津桥之北，曰宣阳门，门分三，中绘一龙，两偏绘一凤，用金镀铜钉实之。中门常不开，惟车驾出入，两偏分双只日开一门。……正东曰宣华，正西曰玉华，北曰拱宸。"《揽辔录》："过玉石桥，燕石色如玉。桥上分三道，皆以栏循隔之，雕刻极工。中为御路，栏以杈子。桥四旁皆有玉石柱，甚高。两旁有小亭，中有碑，曰龙津桥。入宣阳门，金书额，两头有小四角亭，即登门路也。"）

（3）宣阳门里面，正中是驰道，颇为宽阔，两旁有沟，沟上都种杨柳。东边是文楼，西边是武楼。从文楼转而东，是来宁馆；从武楼转而西，是会同馆，都是接待外国使臣的地方。（《揽辔录》："东西廊之中，驰道甚阔，两旁有沟，沟上植柳。"《金虏图经》："过门有两楼，曰文、曰武。文之转东曰来宁馆，武之转西曰会同馆，皆为本朝人使设也。"）

（4）再北是千步廊，东西相对，各有二百多间，分为三节，每节各有一门。东廊第一门通街市，第二门通毬场，第三门通太庙。将至宫城端门地方，廊东西转，也各有一百多间。廊脊覆以碧琉璃瓦，宫阙殿门，也都覆以碧瓦，一望都作翠碧色。（《金虏图经》："正北曰千步廊，东西对焉。廊之半各有偏门，向东曰太庙，向西曰尚书省。"《揽辔录》："西御廊首转西至会同馆，出馆复循西廊首，横过至东御廊首，转北循廊檐行，几二百间。廊分三节，每节一门。路东出第一门通街市，第二门通毬场，第三门通太庙，庙中有楼。将至宫城，廊即东转，又百许间，其西亦然；亦有三门，但不知所通何处，望之皆民居。"）

（5）驰道正北，便是端门，门上有楼，共十一楹；再北是应天之门，也是十一楹，两夹有楼，如左右升龙之制。东西有两角楼，每楼有屋檐三重，与夹楼接，极为工巧。（《揽辔录》："驰道之北即端门，十一间；曰应天之门，旧常名通天门，亦十一间，两夹有楼，如左右升龙之制。东西两角门，每楼次第攒三檐，与夹楼接，极工巧。"《金虏图经》："通天门今改为应天门，观高八丈，朱门五，金钉饰之。"）

（6）端门东西，相去里余，各有一门，叫作左掖、右掖。（《金虏图经》："东西相去里余，又为设一门，左曰左掖，右曰右掖。"）

（7）应天门内，有左右翔龙门及日华、月华门。左右翔龙门在什么地方，现在无法考证；日华、月华门，当一东一西。《燕京图志》在正中还绘有仁寿门，惟不见于记载。（《揽辔录》："端门之内，有左右翔龙门，日华、月华门。"）

（8）正中大殿，叫作大安殿，是大内正殿，系金主受朝贺的地方。（《揽辔录》："前殿曰大安殿。"《金虏图经》："门及殿凡九重，殿三十有六间，阁倍之。正中曰皇帝正位，后曰皇后正位，位之东曰东内，西曰西内，各十六位，乃妃嫔所居之地也。"）

（9）大安殿后面，是宣明门，东边是左嘉会门，西边是右嘉会门，门各有楼，东西相对。宣明门是常朝便殿的正门，与大安殿后门相对。东西过道之间，设有"幕次"，是上朝待班的地方。（《揽辔录》："入右嘉会门，门有楼，与左嘉会门相对，即大安殿后门。门内至幕次，黑布拂庐。待班有顷，入宣明门，即常朝便殿门也。"）

（10）宣明门内，是仁政门，内门，是仁政殿，系金主平时上朝的地方（相当于现在故宫的乾清宫）。殿东西两旁，各有朵殿，朵殿之上有两座高楼，叫作东、西上阁。（《揽辔录》："宣明门内庭中，列卫士二百许人，帖金双凤幞头，团花红锦衫，散手列。入仁政门，盖隔门也。至仁政殿下，大花毡可半庭，中团双凤。殿两旁各有朵殿，朵殿之上两高楼，曰东、西上阁。门两旁有帘幕，中有甲士。……使人由殿下东行上东阶，却转南縟露台，北行入殿阈，谓之栏子。虏主幞头红袍玉带，坐七宝榻，背有龙水大屏风。四壁帟幕，皆红绣龙，斗栱皆有绣衣。两楹间各有焚香大金狮蛮，遍地铺礼佛毯，可满一殿。两旁玉带金鱼或金带者十四五人，相对列立。"）

（11）东路从左掖门入，正北是敷德门，门内便是东宫。直北面南并列三门，中间是集英门（一作粹英），门内是寿康殿，系皇太后住的地方；西面是会通门。寿康宫后，是承明门，再北是昭庆门，东边是集禧门，外通尚书省；西边是左嘉会门，内通仁政宫。（《揽辔录》："使人入左掖门，直左循大安殿东廊后壁行，入敷德门，自侧门入。又东北行，直东有殿宇，门曰东宫，墙内亭观甚多。直北面南列三门，中曰集英门，云是故寿康殿，母后所居。西曰会通门。由会通门东小门，北入承明门，又北则昭庆门，东则集禧门，尚书省在门外；又西则左嘉会门，四门正相对。"）

（12）西路情形如何，各书都无记载。从右掖门入，大概与东路敷德门相当有一门，门名失传；再北与集英门相当也有一门，门名同样失传。从右嘉会门西出，是御花园。《燕京图志》在花园中间，北面绘有高阁三层，叫作蓬莱阁；西面有池，作长方形。（《金虏图经》里所说瑶池、蓬瀛，或即指此）

以上，是金故宫大概的情形。根据《金台集》："大安殿基，今为酒家寿安楼。"《日下旧闻考》引《析津志》："寿安楼在燕京皇城内东华门之西街东。"现在其地已无可考，大概说来，当在现在右安门内外城西南角上。

## 金代的城北离宫——琼华岛

在中都宫殿以外，金代还有城北离宫，便是在现在北海的琼华岛地方。公元一一七九年（金世宗完颜雍大定十九年）建大宁宫，后来改为寿宁宫，又改为寿安宫；一一九一年（金章宗完颜璟明昌二年），再改为万宁宫。相传琼华岛上山后堆的假山石，是从汴京艮岳运来。从开封运到北京，道路遥远，每一块石头，准折粮若干，所以叫作"折粮石"。[①] 山上是广寒殿，元好问记载道："琼岛在太液池中，皆叠石为之，其巅古殿结构翔起，周回绮牖玉槛，重阶而上，榜曰'广寒之殿'，相传辽太后梳妆台。"又有一说是妆台系金章宗为李宸妃所筑，妃尝与章宗露坐，他出一上联叫她对："二人土上坐。"妃应声对道："一月日边明。"[②] 这样说来，琼华岛上的妆台，还是金代所建。

公元一二一五年，蒙古兵入中都，焚毁金朝宫殿，月余大火不绝[③]，只有城北离宫还比较完好。所以元世祖忽必烈建都北京，遂以北海琼华岛为中心，在东岸建大内，在西岸建兴圣宫、隆福宫，号称大都。[④] 明朝把紫禁城略向东展，另筑宫殿。清朝因之，便是现在保存下来的故宫。[⑤] 我们今天看见故宫雄伟的建筑，惊叹我国古代劳动人民创造力的伟大，可是这种雄伟的建筑，是有它历史的背景和制度上的根源的。研究了金代宫殿建筑之后，可以帮助我们了解现在宫殿建筑历史的背景和制度上的根源，对于中国古代劳动人民创造力的伟大，可得更进一步明确的认识。

原载《文物参考资料》1955 年第 7 期

---

① 高士奇：《金鳌退食笔记》卷六。

② 《顺天府志》卷三《金故城考》转引葛逻禄乃贤《金台集》。

③ 《顺天府志》卷三《金故城考》引《使蒙日录》。

④ 参看拙著《元大都宫殿图考》（一九三六年商务印书馆出版）。

⑤ 参看拙著《明清两代宫苑建置沿革图考》（一九四七年商务印书馆出版）。

# 帽子和城墙

## 艾 煊

1956 年 8 月盛暑天，火炉城里炉火最旺的季节。

正在家休息的朱偰博士，突然接到一个紧急报告：许多人在南门拆毁明代的古城墙，再不制止，很快就可能把中华门城堡毁灭了。一听此话，朱偰一下子本能地跳起来，以消防队员的焦急心情和消防车一路警铃、一路闯红灯的速度，赶到了中华门。

此事与朱博士何干？

朱偰是一位学术界的奇人。他的父亲朱希祖，是位有名的史学家。朱偰自幼接受父亲的庭训，受到了良好的中国传统文化的教育。髫龄即有史识，善为文。以后又到欧洲去留学，在哲学家黑格尔曾任过校长的柏林大学学哲学。25 岁那年，在古典哲学家康德和黑格尔的故乡，获得了哲学博士学位。回国后，应聘到国立中央大学教书。但所教并不等同于所学，朱偰教的，不是东方的文学和史学，也不是西方的哲学。这位 25 岁的青年教授，在课堂上向学生传授的知识，竟是经济学。业余时间，他又别出心裁，转而去从事考古研究。试想想，这一个人的肚子里装下了几多学识？天资聪慧、文采多姿的朱偰，博学多闻、精力旺盛，一双脚跨进了好几个学科的殿堂。

我在这里不去说朱偰的正业，只说说他的业余活动。还在抗日战争前，在大学教课之余，他便背了一架照相机，跑遍了南京周围广大的城乡，纵横数百里，到处寻访 2000 年来南京周边地区的文化遗迹。这位业余考古学家，又是摄影，又是测量，又是绘画，又是写文章，日夜辛劳，出版了两部专著：《金陵古迹图考》《金陵古迹名胜影集》。这是近代以来图文并茂、系统介绍南京古文化遗存的第一部专著。

中华人民共和国成立后，朱偰被聘任为江苏省文化局副局长，专管文物考古方面的工作。同时还在大学里兼课。官员而学者，一身二任。

600 年前建造的南京砖石城墙，是世界第一大城墙。保护这座古城墙，不但是朱偰学术研究的内容之一，更是人民交给他的一项重要任务。一听到拆城墙消息，朱偰立刻赶到中华门的毁墙现场，一看，城墙残破，似乎刚经历过一场战争—— 一场攻城恶战。墙已经拆到了中华门城堡近边，眼看古城堡就要成为一堆瓦砾废墟，必须紧急抢救。朱偰乘车沿着古城墙根走了一圈，石头山鬼脸城以北的那一段城墙，已经面目全非，太平门到覆舟山一线城墙，此时也正在"大动干戈"。

现存的南京城墙，是朱元璋于明代初年，征发 20 万工匠、夫役，花了 20 年的时间造成的。

墙体分别由青砖、瓷砖、条石三种建筑材料构成，是长江中下游 5 省 28 府 118 个县，按照钦定的统一标准制造的。每块城砖长 40 厘米，宽 20 厘米，厚 10 厘米，重 20 公斤。从东关头到石头城，这沿秦淮河的一线 10 多公里城墙，为了防洪，从墙基到墙顶，全部是用千斤一块的条石砌起来的。只有城头的女墙，是用青砖砌的。城砖的烧制质量，要求极为严格，每块城砖上，都郑重其事地刻有知府、知县到乡里等各级督工监造官员的名字，还刻有砖工、窑匠的名字。若有质量差的城砖，官员、工匠们恐怕都要拿头来抵砖了。

那时还没有水泥，砖与砖的黏合剂，是用石灰、桐油掺秫汁或蓼汁或糯米汁搅拌而成的。这是一种黏性特强的三合土。

南京城墙最高处有 21 米，相当于 7 层高楼。墙顶的宽度为 5 米至 9 米。城墙头上，古代可以驰骋战马，现代可以飞奔汽车。

中国人欢喜用围墙，把自己围起来过日子。每个县的县城，都有自己的城墙，全国有大大小小几千座城墙。有大的南京城墙，更有超级大的万里长城，把一个国家围在墙里头。一个单位有高墙，一家一户也有个小院墙。筑起墙来，人住在墙里边，这是没有侵略性的心态，没有侵犯别人的野心的表现。纯属防范，纯属自卫，纯属保护自己、保护家人、保护朋友。从另一方面看，筑墙，也可以说是保守，缩起颈脖过日子，缺少开拓精神，缺乏开放勇气。墙，引申的寓意，可以无穷无尽地推究下去。

但 1956 年夏天，摆在朱偰面前的南京城墙，不是哲学博士朱偰的一个哲学析辩推理命题，而是一个保护古文化、保护古代文明创造实体的问题。文化的学术命题，可以心平气和，从容讨论；而文化的物质载体需要保护，则需要紧急抢救，以供后来者有实物可以观赏、可以研究。文物，是古代人创造的东西，若在我们这一代人的手中毁坏了，那就永远消失了，就会变成永久的遗恨。即使再造一个，也只是对古代的模仿，并非古代人的创造。

南京市有了一个城市建设委员会，又成立了一个拆城委员会。他们的理论是古为今用。把古城墙作为救灾赈济款的来源，对失业者实行以工代赈，拆下一块城砖，可以卖一毛钱。一块特制的明代古城砖，只值小洋一角。外地人撑了船来，贱价收购名贵的古城砖。满满一船明代的古物，只值几十元、百来元。

最令朱偰痛心的一种破坏方式，是把古石头城上拆下来的那些条石，敲碎了，当作修马路的小石子。这石头城南北一段的城墙，是南京最古老的一段城墙，是东吴和南朝的遗迹。一千六七百年前的古文物，现代人竟当作垫路的碎石子。无价的黄金，被当作无用的废旧锈铁屑。

赤胆热心的朱偰，不顾个人安危，冒犯权力威严，向南京市领导提出了紧急建议——停止这种愚蠢的毁城暴行。南京 2000 多年的历史中，遭受的劫难太多了，我们不能眼睁睁地看着再发生新的劫难。朱偰为电台写了广播讲话，又四处奔走，联合社会各界，共同呼吁，制止此一灾难。

在舆论的监督下，毁城的恶行终于被止住了。城墙虽已残破，七零八落，总算还没有完全毁灭。

朱偰原以为事情到了这一步，总算是不幸中的大幸了。万万没有想到，时隔一年，到了 1957 年，朱偰竟因此事戴上了"右派"的帽子。

帽子戴上了，不是可以随便脱下来的，如同如来佛给孙悟空头上戴的那顶紧箍帽，戴上了，就在头上生了根。平常也没有特别不安的感觉，运动一来，紧箍咒一念，就像孙悟空一样，头炸裂似的疼，疼得满地打滚。

经济学家朱偰，在心里头敲了敲算盘，暗暗地庆幸：尽管头上的"紧箍帽"难受，但一顶"右派"帽子，保住了一座世界第一的古城墙，一顶卡在头上生了根的"紧箍帽"，换回了一座壮美的中华门城堡，值得，值得。

经济学家的如意算盘，不可能那么如意。"帽子"换城墙，并不像经济学家计算得那样便当。社会上还有一些比经济学家更精明、更会算计的人，他们也在心中盘算，你朱偰保城墙，保成了一个"右派"。可见你保城墙此举，并非一桩德政。由此推论，城墙还是可以拆、可以毁的。于是，这一处、那一处，形成了一股一股自发的拆城墙热潮。大家不甘落后，纷纷拿镐持锹走上城头，率先被拆毁的，是通济门城堡。

通济门，是和中华门同样规模的城堡，也是三道瓮城、四道拱门的雄伟建筑。在明代修建的十三座城门中，只有中华门、通济门是两座相同的最壮观、最雄伟的城堡。朱偰被打成"右派"的第二年，有些人就一窝蜂而上，肆无忌惮地毁灭了通济门城堡。和中华门同样壮美的通济门，终于被拆得块砖不存，通济门从南京的地图上彻底消失了。

金川门，共有两座城门，一座陆门，一座通长江的水门。古代的水门，类似于今天的船闸。船舶经过水门的调节，可以在南京城内的河道和城外的长江之间，自由地驶进驶出。600 年前修建的水、陆两座金川门，一同被彻底消灭了。城东的太平门，城西的草场门、水西门，也一命呜呼。

从此以后，拆墙毁城之风，时起时伏。谁想用城砖砌楼，谁就毫无顾忌地拆城墙。任何人都可把古城砖据为私有。文物专家们有时也叫喊几声，但那些书生的微弱呼声，如何能遏止住时高时低的毁城狂潮。拆城之风从未真正止息过。67 里的明代古城墙，东挖一块，西割一块，肢体残缺不全。今天到底还剩下几何？

只有朱偰直接拿"帽子"换来的这座中华门城堡，到底没有被拆毁，今天依然巍巍耸立。覆舟山以北直到神策门，那条玄武湖水边的堞影美景，依旧令人心旷神怡。这座门、这道墙，竟没有被毁，也许是人们慑于朱偰的正气、傲骨和勇气，也许是出于对朱偰悲惨命运的怜悯或同情。

所幸朱偰的那一顶难受的"紧箍帽"，为南京人换回了一座中华门。因此有人提议，南京人是否可以用社会集资的方式，在中华门城堡上，为朱偰立一座塑像。不光是怀念朱偰护城之功，不光是景仰朱偰保护文物的牺牲精神，也是使后来人经常想到：保护中华民族文化遗产，保护文物古迹，是每一个中国人的神圣天职。

该文最初发表于《新华日报》1994 年 3 月 3 日，后收入王干主编：《城市批评·南京卷》，北京：文化艺术出版社，2002 年。收入此书时略作删节。作者艾煊曾任江苏省作家协会主席。

# 回忆父亲朱偰先生

朱元春

　　父亲朱偰先生去世已经快四十年了，许多往事仍历历在目，难以忘却。我永远也不会忘记那天母亲将我从江北紧急召回，脸色铁灰地告之父亲罹难的噩耗，我当时如五雷轰顶，不知所措。

　　那是一个黑白颠倒的疯狂年代，在人前，我们不仅不敢哭泣，还得尽量装着若无其事；但失去亲人的悲痛，即使刻意掩饰，有时也难免流露出来。同宿舍的人时常关切地问我："你昨晚又做梦了，哭得特别伤心，你怎么了？"我不敢多说，只能含糊其词地回答："是吗？"是的，我常常在睡梦中与父亲相聚，听他谈古论今，听他高吟诗词，甚至静静地听他讲故事。那时我多么希望永远在梦中，永远在父亲的身边，替他擦去伤口的污垢和血迹，替他抚慰心灵的创伤，替他舒展紧锁的眉头。可是醒来，眼前是漆黑孤寂的长夜，枕边是湿漉漉的泪水……父亲，您在哪里啊？

## 孩提时代的温馨时光

　　父亲是一位勤奋、严谨的学者。他有很好的生活习惯，从不"开夜车"，也从不睡懒觉。同时他也是一位非常热爱生活、热爱大自然的人。家中一座座盆景、一盆盆吊兰、一簇簇鲜花都是他亲手制作栽培。他特别喜欢孩子，下班回家，常常抱起小儿女，高高举起，或者让孩子骑在他的脖子上，在屋里屋外转来转去，嘴里哼着他自己编的儿歌。父亲总有讲不完的故事、说不完的典故，引得一群娃娃总爱追随他的身影。记得一次父亲给我们讲狐狸请仙鹤吃饭，他作了两张画，一张是狐狸伸出大舌头正在席卷盘中的食物，而一旁的仙鹤却可怜巴巴地看着它；另一张是仙鹤把长长的嘴伸进瓶子里啄食，狐狸在旁边一点儿也吃不着，干着急。父亲学过国画，在他的著作《匡庐纪游》中还有他自己画的一幅"石门瀑布"。等我们稍长大一点，他就给我们讲《水浒传》。父亲口才绝佳，嗓音圆润洪亮，学什么像什么。有一次父亲给我们讲武松打虎，他学的一声老虎吼叫，让孩子们毛骨悚然，小弟弟顿时吓得大哭起来。父亲立即拍拍小弟弟哄着他："喔喔，不怕，别哭，别哭。"《三国演义》《水浒传》《西游记》《说岳全传》《杨家将》《霸王别姬》《荆轲刺秦王》……故事里的英雄人物，就这样印在我们的心上，时时地激励着我们。从小我们就觉得做人应该像英雄人物一样，光明磊落、敢作敢当、顶天立地、威武不屈。有时父亲故事讲得太动情，自己也会难于入眠。

父亲教育孩子，从来没有望子成龙、急于求成的心态，他是顺其自然、启发引导、言传身教、寓教于乐。父亲曾在日记里这样写道："子女各择其性之所近，诱导其文学天才，启发其山林思想，使登绝顶而窥云日，放扁舟而邀王侯，将来长成，可与神游八极之表，则余之心事毕矣。"他总是用欣赏的眼光看待孩子的每一次进步。对于孩子的缺点，例如懒散、不肯下功夫，他从不严辞训斥，常常含笑而问："你已经毕业了吗？"然后想办法编个故事，针对缺点进行教育。父亲的训勉，使我们心悦诚服，感到毛病不改，无颜见爹娘。

父亲几乎每天晚上都写文章，写到得意处，便对着窗外的星月，高吟一句"满天星斗焕文章"。他写完文章，常常翻开《十八家诗抄》或宋词、元曲的集子，用浙江海盐特有的腔调吟唱。那音调时而高亢激越，时而低沉悲壮。一个夏日的午后，父亲在他的书房里吟咏苏东坡的《水调歌头·明月几时有》，音调铿锵悲凉，我们姊妹不约而同地从楼上、楼下的各个房间里出来，悄悄齐集父亲书房门外，听他吟唱。"我欲乘风归去——又恐琼楼玉宇——"那"归去"二字音调上扬，空灵缥缈，似有无限寄托，"琼楼玉宇"又急剧下沉，唱出一种无奈，却又通脱出俗。父亲的吟唱跌宕有力，哀而不伤，站在门外的我们屏住呼吸，觉得句句词曲怦然入心。那时小宅院中屋里屋外，时常回荡着父亲的诗歌吟诵声。七言、五言、律诗、绝句，真是余音绕梁，不绝如缕。几十年过去了，至今我们依然清楚地记得当年父亲吟诵的各类唱腔和音调。

父亲常对我们讲起先祖父希祖先生的话："学诗必探本求源，当直追汉魏；学汉魏不可得，犹不失其次；切不可与齐梁作后尘也。"1926 年，父亲年仅十九岁，就写了论文《五言诗起源问题》，发表在《东方杂志》第二十三卷第二十号（1926 年 11 月）上。一方面批驳日本铃木虎雄之说，一方面阐明五言诗之源远流长。随着年龄的增长，父亲始多读唐诗，他在回忆札记中写道："凡近体、律诗、词曲、传奇，无不悉心领会。深觉唐诗、宋词、元曲、明人传奇、清人弹词，各有千秋，代代皆有特色，世世不乏天才。我国文学源远流长，波澜壮阔，令人百读不厌。正不必厚古薄今，也不必菲薄古人。"可惜，对于诗，我只是浅尝辄止，至今仍是门外汉，真是愧对父亲。

父亲是一位寄情山水的人。他说过平生最佩服徐霞客的为人，孤筇双屦，独往独来，这是人生最大的自由。父亲时常领我们出去郊游，欣赏大自然的美景。中山门外梅花山、明孝陵、中山陵、灵谷寺，是我们常去的地方。小时候我们乘坐着马车，悠闲地走在城墙外的石子路上，父亲那低低的吟诗声和嗒嗒的马蹄声、松林竹海的风涛声，一起在山间云际中飘荡。后来马车没有了，我们步行、骑自行车。每到一处古迹，他都会仔细地给我们讲解这儿的人文历史、有关的典故，甚至还教我们如何欣赏和描写眼前的景色。

走到寺庙里，他也会一一讲解佛教的故事，柱子上楹联的含义，佛教的雕刻艺术、建筑艺术。来到如来佛面前，他说："释迦牟尼是位了不起的哲学家，应该给他合掌敬礼，这不是迷信，这是对他的尊敬。"但他并不强迫我们合掌。

就这样，父亲对祖国优秀的传统文化、对中外先哲、对大好河山、对名胜古迹的热爱景仰之情，潜移默化地影响着我们。这是我们孩提时代最温馨惬意的时光。

## 逆境中的时光

在政治上遭贬受屈的那段时光，父亲的脾气常常十分暴躁，但他总是尽量克制着自己。父亲教我们苏轼的《前赤壁赋》时，并不流露出悲观的情绪，"盖将自其变者而观之，则天地曾不能以一瞬；自其不变者而观之，则物与我皆无尽也""且夫天地之间，物各有主；苟非吾之所有，虽一毫而莫取。惟江上之清风，与山间之明月，耳得之而为声，目遇之而成色，取之无禁，用之不竭。是造物者之无尽藏也，而吾与子之所共适"。他说大自然是公正的，公平地赐予我们每人欣赏祖国大好河山的自由和权利。

当然他心中的郁闷和悲凉，也时时在他吟唱的诗歌中流露："诸公衮衮登台省，广文先生官独冷。甲第纷纷厌粱肉，广文先生饭不足。……清夜沉沉动春酌，灯前细雨檐花落。但觉高歌有鬼神，焉知饿死填沟壑。""长太息以掩涕兮，哀民生之多艰。""亦余心之所善兮，虽九死其犹未悔。""举世皆浊我独清，众人皆醉我独醒。……宁赴湘流，葬于江鱼之腹中，安能以皓皓之白，而蒙世俗之尘埃乎？"父亲哪里是那种能"与世推移，淈其泥而扬其波"的人啊！清朝诗人王仲瞿吊西楚霸王的诗，父亲从未教过我们，但由于他那时常吟诵，至今我们兄妹个个都能背诵：

> 江东余子老王郎，来抱琵琶哭大王。
> 如我文章遭鬼击，嗟渠身首竟天亡。
> 谁删本记翻迁史，误读兵书负项梁。
> 留部瓻芦《汉书》在，英雄成败太凄凉。

但是父亲心中的无奈、悲凉、愤懑和痛苦，少不更事的我们哪能真正理解啊，更谈不上去宽慰他的心。

20世纪60年代初，有一个广播节目，名叫《阅读和欣赏》，很吸引人。每当电台播送这个节目时，我们大家都会静静地听。有一天讲的是《红楼梦》中的人物的阶级分析，什么阶级的人说什么话。其中一个例子是"含羞辱情烈死金钏"，讲到金钏因受到王夫人的责打，跳井自杀身亡，王夫人对此心中深感不安，薛宝钗却劝道："姨娘是慈善人，固然这么想。依我看来，她并不是赌气投井。多半她下去住着，或是在井跟前憨顽，失了脚掉下去的。她在上头拘束惯了，这一出去，自然要到各处去玩玩逛逛……不过多赏她几两银子发送她，也就尽主仆之情了。"听到此，父亲突然将手中的茶杯高高举起，狠狠地摔向地面，涨红了脸说："当年我力保南京的明城墙，非说我如何如何……"孩子们都吓坏了，不敢出声，母亲赶紧劝道："别说了，事情都过去好几年了，想开点，别再提它了。"劝完后，母亲自己躲在一边偷偷落泪。

## 父亲留给我的"遗产"

记得 1967 年的 6 月，我还在北京上大学，接到父亲的来信，说他要去镇江出差，去"抢救"（这是父亲的原词）一批破"四旧"中抄家得来即将焚毁的图书，看看里面有没有古籍善本。母亲给他准备了出差的费用，他看家里实在太困难，又与母亲推让了一番，硬从他的出差费中再给家中留点钱。他在信中写道："老来行路先愁远，贫里辞家更觉难。"那时正是"文化大革命"的第二年，"革命造反派"忙于武斗、争权、打派仗，多少有些放松对已揪出的"牛鬼蛇神"的看管和"改造"。父亲在被批斗中，也被派去外地出差。我们这些出身不好的"黑五类""狗崽子"，心情苦闷，无所事事，是十足的"逍遥派"。几个比较要好的同学，悄悄地传着各处弄来的书籍，贪婪地阅读着。我记得那一段时间传看了朱自清、谢冰心的书，还有游国恩的《屈原》和《斯巴达克斯》，我写信向父亲讨教，父亲均一一详细作答。过不几天，我收到了父亲从镇江分三次给我寄来的三本书。一本是《宋诗一百首》，中华书局上海编辑所编辑，1959 年版，父亲在书中挑出二十一首诗，在题目左边画上了一个圆圈，嘱咐我这些诗是必须阅读的。第二本是白话注释《唐诗三百首读本》，上海广益书店刊行，中华民国 25 年 3 月刊本，纸已发黄，有点残破。第三本是胡云翼先生选注的《唐宋词一百首》，中华书局上海编辑所编辑，版权页已经没有了，估计是 1961 年左右的版本。那时书荒，接到这三本书，真是如获至宝。我偷偷地躲在宿舍上铺上看，跑到玉渊潭去看，特别要好的同宿舍同学，也分享着我的快乐，排队轮流着看，我们讨论着各自的感受，如饥似渴，如痴如醉，真是"身外有个世界，心中有个恋人"，"不知今朝今夕是何年"。

我最喜欢那本《唐宋词一百首》，它较适合我这个初学者的水平，解释和串讲非常详尽，浅显易懂，还选印了古代版画七幅作为插图。其中据王安石的《桂枝香·金陵怀古》"登临送目，正故国晚秋，天气初肃。千里澄江似练，翠峰如簇"所绘之画，大江边上悬崖突兀嶙峋，江上扁舟点点，使我想起父亲的《金陵古迹名胜影集》上所拍摄的燕子矶。据苏东坡

《念奴娇·赤壁怀古》"乱石穿空，惊涛拍岸，卷起千堆雪。江山如画，一时多少豪杰"所绘之画豪情奔放，父亲当年教我这首词时的情景，又浮现脑际。还有李清照的《一剪梅》"花自飘零水自流。一种相思，两处闲愁。此情无计可消除，才下眉头，却上心头"，苏轼的《江城子》"十年生死两茫茫，不思量，自难忘。千里孤坟，无处话凄凉"，辛弃疾的《摸鱼儿》"长门事，准拟佳期又误。蛾眉曾有人妒。千金纵买相如赋，脉脉此情谁诉"。这些画作和诗让人过目不忘，思绪万千，感动不已。

1968 年春节我回家见到父亲，他只字没提此事。父亲去世后很长时间，我一直不忍再翻看这三本书，只是偷偷珍藏着。父亲平反后，我从抄家还回的一些当年父亲的"认罪书"中得知，父亲当年"偷书"寄书一事，被"造反派"发现，惹下了大祸，别人问他给谁寄书，他一直不肯说。可以想象，为此他吃了多少苦，挨了多少斗。当时我泪下如雨，不能自已。这就是父亲给我留下的"遗产"。高尔基说过："父爱是一部震撼心灵的巨著，读懂了它，也就读懂了整个人生。"直到那时，我才多少了解一点父亲，父亲远非完人，但在我心中，他是世界上最好的父亲。

这几年，我从工作岗位上退下来了，总算有了较多自由支配的时间，我到处寻找收集父亲的文字或资料。在图书馆里、在北大档案馆里、在旧书店里、在互联网上，打字、复印、扫描、刻盘，艰难地收集着。我一点点读着他的文字，才知道父亲的一生真是笔耕不辍。他在"文革"中被揪出批斗，天天在图书馆里打扫卫生、干杂活。他当时说自己天天劳动，不再过"寄生生活了"。看着他短短一生留下的各类文章，他何时"寄生"过啊！

我至今还保留着一张父亲在紫金山前面留影的半身照片，贴在一张照片簿的纸上，照片下方写着"伯商 1950/12/26"。照片右侧，他录下了自己的一首诗："平生书剑两蹉跎，回首前尘感慨多。惟有山川堪寄兴，汗漫诗卷对烟波。"这是我在父亲平反后抄家还回的一大堆纸片中找到的，纸片残破不堪，字迹依稀可辨。后来我每次从北方回南京探家，当浩瀚的扬子江和紫金山的轮廓出现在我的视野中时，我总觉得，那流动的江水，是父亲的眼波，那山脊的轮廓，是父亲的眉峰，他刻在我的脑海里，与我的生命同在。父亲对祖国和人民的爱，是建立在他对民族文化和社会历史的深切了解之上的。他能以一介书生，不顾个人安危，拼死呐喊，去保护南京的明城墙；他能在工作中，竭尽全力去保护江苏文物；他能在自己的著作中，深情讴歌祖国的壮丽河山：这都源于他对祖国的一片赤子之心、热爱之情啊！

如今，双亲离我们已远去，但是他们的音容笑貌，和扬子江畔巍然屹立的那座古老的南京城一样，在我的心中永不磨灭。——哦！我终于悟出了，父亲在故乡的山水中，在金陵的名胜古迹中，他舍不得离开那里，他还在四处奔走、摄影、测量、考证、研究……

我关注着故乡的每一个步履，每一处变迁，每一次进步。我希望悲剧不再重演。我希望故乡的儿女，一代比一代优秀。我希望故乡的明天，更美好。

这篇短文原作于 2007 年 1 月 31 日，发表于《书屋》2007 年第 5 期，发表时略有删节。今又略作修改，放在此书中，以飨读者。

朱元春

2016 年岁末

# 江山依旧人间改，难向沧桑问劫灰
## ——杂记先父朱偰先生的几个片段

朱元曙

## "百姓足，君孰与不足"

现在人们提到先父朱偰先生，首先想到的是他对南京城墙的保护，以及他的《金陵古迹图考》《北京宫苑图说》等学术专著，而忽略了他的本行是财政经济。他 1932 年获得德国柏林大学经济学博士学位，回国后任中央大学经济系教授、系主任，后来又在国民政府财政部任职，其实他在经济学领域的著述，也很丰赡。

"百姓足，君孰与不足"，是《论语》中的一句，原文是这样的：

> 哀公问于有若曰："年饥，用不足，如之何？"有若对曰："盍彻乎？"曰："二，吾犹不足，如之何其彻也？"对曰："百姓足，君孰与不足？百姓不足，君孰与足？"

"彻"是西周的一种租税制度，即百姓要将其收成的十分之一作为租税上交。哀公因国用不足，问政于有若，有若建议他收取十分之一的税，哀公说："我收取十分之二尚且不足，怎么能只收十分之一呢？"于是有若说："百姓有钱了，国家怎么会没钱呢？百姓没有钱，国家又怎么会有钱呢？"有若的这个经济学的观点，两千多年来，一直受到人们的赞赏，认为这是个"以民为本"的好观点。

先父朱偰先生在其 1935 年所著的经济学专著《中国租税问题》的自序中，引用了《论语》中的这句话，作为自己理论的依据。他说：

本书纯以国民经济为立场，其讨论租税问题，纯以减轻小民负担，改善平民生计，减轻工商业成本，使国民经济得以复苏为归依。盖"百姓足，君孰与不足？百姓不足，君孰与足？"固百世不磨之至理也。故本书一方面既不偏袒政府，为之文过饰非，如官方种种报告所为；他方面亦绝不偏袒任何特殊阶级之利益，为之辩护。此固学术界应有之立场；学术界自应有其特立独行济世救民不偏不倚之精神。学术著作之可贵，端在乎此。……所不能已于言者，社会经济日趋危迫，民生日趋艰窘，欲以一得之愚，贡献于社会，苟有济世利民之政府，体而行之，则实行固不必自我。此作者于本编脱稿之余，蒿目时艰，所馨香而祷祝者也。

每读父亲这段话，总是由衷敬佩，所以后人称其为"极具人文意识的经济学家"。

1947 年第 10 期《观察》上登了父亲的一篇讲演稿，题为《币制非改革不可》，后又在第 12 期上刊登了他与主编储安平的往来信件。时恶性通货膨胀，物价上涨指数达十万倍左右。父亲在文中公开说他不赞成行政院长张群和中央银行总裁张公权的观点和做法，狠加批驳，并断言如此下去，法币必然崩溃，最多能维持 10 个月。因为父亲公然在报刊上反对官长，断言法币必然崩溃，蒋委员长特地召见他，告诫道：对上司有意见可以内部反映，不要随便见诸报端。父亲的演讲在 1947 年 10 月，而法币的崩溃则在 1948 年 8 月，正好 10 个月。

## 对南京古迹的普查

对南京历史文物稍有兴趣的人都知道先父朱偰先生关于南京历史文物的几部专著，如《金陵古迹图考》《金陵名胜影集》《建康兰陵六朝陵墓图考》等。学财政经济的朱偰，怎么会对历史古迹感起兴趣来呢？其实，对历史文化的兴趣，父亲自小就有，他的父亲就是我国著名的历史学家朱希祖，他对历史文化的喜爱，似乎是与生俱来的。

1934 年的秋天，有两位德国朋友，一位叫梅慈纳，一位叫博尔士满，他们对南京古迹极有兴趣。梅慈纳是位博士，专研究中国建筑，时为国民政府顾问、陆军军官学校教员；博尔士满是德国柏林大学教授，也喜欢研究中国古迹。这二人每逢假日，必外出对南京的六朝陵墓、南都寺宇加意搜寻；但因碑文斑驳，年代难考，因此邀请我父亲参加。父亲面对六朝石刻不胜感慨，他说：

> 残碑沐雨，石马嘶风，徘徊凭吊，令人不胜兴亡盛衰之感。然而雕刻之精美，艺术之伟大，虽已丛残不全，然较之明代陵墓，不可同日而语……但可惜我国自己的宝藏，自己却不知其存亡，一任风吹雨打，霜雪剥蚀！还须仰仗外人，替我们作考古的工作，是何等的惭愧！因此我乘此机会拟将南都古迹，一一摄取，加以整理，庶使此重要工作，不落外人之手。个人财力固然有限，但愿尽力而为。何况金陵向为古都，长安、洛阳而外，历史悠久、文物发达，便须推到金陵。而对于金陵古迹，却向来少人注意——一般以为南京古迹，有名无实，这是懒于考察，须知南京无形或残缺的古迹，足以发人思古之幽情，激扬民族文化的，正不知凡几呢！（朱偰《生活之一页——一年来的生活》，《东方杂志》第三十二卷第一号，1935年1月1日）

于是，父亲利用课余时间，四处搜访，摄影测量，加以考证，遂成《金陵古迹图考》《金陵名胜影集》《建康兰陵六朝陵墓图考》三部专著，其中的艰难困苦，可想而知。这是南京历史上对南京地面文物的第一次普查，可贵的是，父亲凭一己之力完成了本应由政府来完成的工作，并为后人留下了大量的摄影图片，有些古迹，现在我们只能到他的书中去看照片了。

## "亲父誉之，不若非其父者可也"

父亲的《金陵古迹图考》完稿后，我祖父朱希祖先生为他写了一篇序，"亲父誉之，不若非其父者可也"就是那篇序言中的一句，意为亲生父亲赞扬他，还不如让别人来赞扬他。所以整篇序言，小半是赞扬儿子，大半是与儿子进行学术论辩。

细看这篇序言，足见这对父子学者的风范。朱希祖在序中先说：

> 余长子偰，留学德国，专治财计，回国以来，教授于中央大学，目睹金陵之佳丽，古迹之沦亡，出其余绪，抽其暇晷，常事考察，兼以摄影，随时记述，积有二载，遂成《金陵古迹图考》。余虽治乙部，反不如其精专，虽欲造述，亦不如其敏捷，此则少年气盛之可贵也。其书之条理，异于宋元以来地志多事剿袭稗贩者，厥有二事：一曰从事实地考验，一曰推求原始证据，其《自序》及《凡例》，言之綦详，余毋容为之赘述。庄生有言：亲父誉之，不若非其父者可也。

接下来话锋一转，开始了学术论辩：

> 学术之事，当仁不让，向、歆（按：指西汉刘向、刘歆父子）经术，父子异撰，余虽事启发，亦间有异同。前者偰为《建康兰陵六朝陵墓图考》，余为《六朝陵墓调查报告书》，颇多各抒所见，不相苟同；今读此书，大体颇觉完善，惟《六朝城郭》一章，如云梁之宫城三重，虽本唐许嵩《建康实录》，然《隋书·礼仪志》谓……

下面是一大段考证，以说明朱偰"梁之宫城三重"的说法有问题，最后说：

> 如此异议，足资商榷。然各有证据，非等凿空之谈。前人传说，亦一时难以廓除，故未可以一掩全璧也。

还有一件事，也可见出这对学者父子的关系。朱希祖当时任南京中央大学史学系主任，1934年，国民政府成立了中央古物保管委员会，朱希祖被聘为该委员会委员。朱希祖与朱偰一道进行过几次文物古迹的考察，觉得有成立一个"南京古迹调查委员会"的必要，1934年11月23日，在中央古物保管委员会的全体委员大会上，朱希祖与滕固先生共同提议："联络首都学术机关，调查首都古迹。"11月30日正式成立了"南京古迹调查委员会"。参与该调查委员会的学术机关有当时的中央博物院、中央图书馆、中央大学、金陵大学、中央研究院、中央古物保管委员会、南京古物保存所、南京市政府社会局；知名学者有朱希祖、滕固、宗白华、刘国钧、李小缘、裘善元等。朱偰先生作为特邀代表参加。（以上资料见《中央古物保管委员会议事录》）

当时亲历其事的侯绍文先生回忆了朱希祖邀朱偰参与该委员会的经过。侯先生说：

> 一日会议上，由先生（按：指朱希祖）提议赴城外考察六朝陵墓，全体决议通过。遂成立组织，并邀集南京图书馆、中央研究院及南京古物保存所等派员参加。先生益提出邀伯商来参加，伯商者先生长公子也。呼子称甫不以名，于先生为创闻，于以见学者之雅量不同凡俗。（侯绍文：《朱逷先先生之遗范》，《文史大家朱希祖》，上海：学林出版社，2002年，第244页）

在中国的习惯中，一个人除名之外，还有一个字，名只能父母叫，外人只能称字而不能呼名。朱希祖在正规的会议上，以字称呼儿子，确实不同凡俗。


## 江山依旧人间改，难向沧桑问劫灰

"江山依旧人间改，难向沧桑问劫灰"，是父亲1965年为怀念老友欧阳翥而作的一首诗中的一句。欧阳翥是国际知名的神经解剖学家，可惜如今已难有人记得他了。

欧阳先生，字铁翘，湖南长沙人，早年毕业于南京东南大学心理学系，1929年赴法国研究神经解剖学，后又赴德国柏林大学研究生物学、人类学，1934年获博士学位。回国后任教南京中央大学，为生物系主任。中华人民共和国成立后，他继续任南京大学生物系主任，1952年院系调整而去主任职，后又因"思想改造"而停止授课，甚至想批改学生的作业都被禁止。1954年欧阳先生病重，生病期间，南京大学一位助教去医院查问情况，他以为校方怀疑自己装病，遭受巨大打击，后投井而死，葬于栖霞山。对于欧阳先生的自杀，父亲在他晚年所作的《天风海涛楼杂记·欧阳翥》一文中说："人孰不爱其生，铁翘之出于此，又岂得已哉！"

欧阳先生的大名，最初为国际学术界所知，是在 1934 年 7 月在伦敦召开的第二届国际神经学大会上。当时欧洲学者受种族歧视思想的影响而普遍认为黄种人脑有猴沟，曲如新月，近乎猩猩，进化不若白人高等，香港大学教授施尔石就是持这种观点的最有力者之一。为辨其诬，欧阳先生遍游英、法、德、荷等国搜集证据，得出结论：所谓猴沟不仅黄种人有，白种人亦不例外。欧阳先生听说施尔石也将出席此次大会，并将在会上论猴沟问题借以贬损中国人。此时尚在德国的他置母绝症于不顾，争先参加会议，最终以确凿的证据驳倒谬论，其大名也广为国际学术界所重视。

父亲与欧阳翥的交往始于德国留学期间。1931 年"九一八"事变后，柏林留学生组织抗日救国后援会，从事国际宣传，父亲与欧阳先生都是后援会的委员，他们共同奔走，撰文稿宣言，作演讲报告。归国后，父亲为中央大学经济系主任，欧阳先生为生物系主任，仍时相过从。不过他们所谈皆非所学专业，而是文艺诗词，俨然诗友。抗战中，父亲所作《杜少陵评传》，就是欧阳先生作的序，在父亲的日记中也多次留下他们诗词唱和的记录。

欧阳先生投井而死，教授们对南京大学的领导颇有看法。南京大学党委一开始也比较紧张，感到在当时形势下，党的知识分子政策刚公布，这样一个著名教授自杀，可能会被上级指斥为未能很好执行党的知识分子政策，所以主动进行检讨。检讨时，孙叔平副校长声泪俱下。谁知报告送到当时的市委书记柯庆施那里后，柯庆施却大发脾气，把欧阳教授大骂一顿："死了活该！共产党没有对不起他的地方，他不但不好好工作，来报答党和人民，反而自杀，他这样死是对共产党示威，应该加以批判！"党委召开了全校教师会议，传达了柯庆施的讲话。柯的讲话引起了教师们的反感，南京大学的档案中有这样的记录："教师中，当有人听说柯庆施对欧阳翥的死非但不表示惋惜，反而破口大骂，颇为心寒。"（详见李刚《欧阳翥教授之死》，《书屋》2004 年第 8 期）

欧阳先生死时，我父亲已经离开了南京大学，也没有参加欧阳先生的公祭大会，不过他当然是属于"颇为寒心"的教授行列。三年之后，1957年，他又旧事重提，这一年的 5 月 21 日，在江苏省委统战部的座谈会上，父亲就欧阳先生之死，对南京大学领导提了意见，他说：

　　欧阳翥先生虽已死了三年，今天谈起这件事仍令人非常痛心……他的死，南大某党员副校长是要负一定责任的……在新中国成立后的四五年中，经常采取"依靠学生，团结助教，中立讲师，打击教授，斗争系主任"的办法。在思想改造运动中，有时为了震动某人的思想采取这一种办法是可以的，但经常以斗争地主的方法对待教授，这难道是党对知识分子的政策吗？（朱偰《回忆录》，未刊）

"反右"开始后，这便成了他的"右派"罪名之一。父亲似乎心中并不以此为悔，凡有机会去栖霞山，他都会去欧阳先生的墓地凭吊一番。记得1964年秋天，父亲带我们去栖霞山，下山途中，他让我们在栖霞寺门口等他，说去看一下"欧阳伯伯"。父亲1964年10月18日日记写道：

　　上午偕元晒、元曙赴汉府街，会元旸，乘长途汽车赴栖霞山，不来又三四年矣……忆欧阳铁翘"长松历乱草萋萋，尽日无人自鸟啼"之句，寻亡友旧墓至天开岩、一线天一带，游人罕至，荒僻已甚。再上，至禹王碑，芜草没径。上至某上人坟，仍不见铁翘墓，而荒芜益甚，乃寻径下山。

欧阳先生死后十年，他的好友、南京大学生物系教授陈义（字宜丞）先生，拟将欧阳先生生平所留诗篇整理传世，托我父亲勘定校阅。
父亲1964年10月3日日记：

　　上午开始校阅亡友欧阳铁翘遗诗，共四卷，经陈义选录作注，托余重为勘定。铁翘与余柏林同学，南雍同事，在重庆时常相唱和。铁翘卒后，余为其鸣不平，蒙反右之祸，但文字之交志坚金石，今其诗将出版，余当尽心为之校阅，以有对古人也。

10月5日日记：

　　上午赴图书馆，校阅铁翘诗至终，作书致陈宜丞（南秀村九号之三）云："铁翘亡友遗诗细读一遍，甚为感慨。提出意见若干条，拟删若干首，拟补若干首，一一附注签明，请供参考。其有与时代精神不合及有碍诗句，宁缺毋滥，以免引起误会。弟与铁翘系属至交，本当作跋，但为避免可能引起之猜疑计，最好不作一字。当日铁翘兄逝世，南大举行公祭，弟所以未至者，岂真忘情旧友，盖伤心甚矣。铁兄一生肝胆照人，有先生为其料理身后之事并刊其遗稿，深表敬佩。诗集如出版，请赐寄五册，书款续奉，敬请教安。"

后来，这部诗集终未能正式刊行，陈义先生乃油印 200 部，题为《欧阳翥诗草》，以赠欧阳先生生前好友，南京师范学院段熙仲教授为之作序。父亲得此《诗草》，于 1965 年 4 月 24 日作《为友朋集锦作小序题诗》，诗曰：

四十年间是耶非，故人半化鹤来归。江山依旧人间改，难向沧桑问劫灰。

1964 年，欧阳先生之墓已没在莽蓁荒草丛中，以致我父亲未能找到。可喜的是，近年南京大学已将欧阳先生的坟墓认真修葺，供后人凭吊。

## 南京城墙的守护者

凡是关心南京城墙和南京历史文化的人，都知道为反对拆除南京城墙而批评南京市政府有关部门，是朱偰的"右派"罪名之一。在此，对于大家所知道的，我不再赘述，只简述几则他在日记和《回忆录》中的记载。

父亲 1955 年 2 月被任命为江苏省文化局副局长，分管图书馆、博物馆及文物保护工作。1956 年夏，南京掀起了一股拆城之风。6 月，南京沿玄武湖的一段城墙计划拆除，其时正在召开"江苏省文化工作者代表会议"，6 月 20 日，正在主持会议的父亲被南京市建委请去。父亲那天的日记记道：

赴人民剧场开会，本日余为执行主席，上午发言者凡有十四人。十时协商人派车来接，赴太平门西覆舟山后及鸡鸣寺后察勘城墙，据市建委意见欲加以拆除。余表示玄武湖风景所系，必须郑重加以处理。……晤彭冲市长，对拆除玄武湖城墙一事表示反对。

至今，玄武湖畔那道巍然的城墙依然挺立，恐怕于此不无关系。

但是，拆城之风还在蔓延，中华门边上的城墙拆了，石头城边上的城墙也拆了，父亲接报，立即进行了阻止，他撰写文章，发表谈话，联络各界，致电中央文化部，终于保住了中华门和石头城遗址的核心部分。父亲1956年9月13日日记记道：

> 到局办公室写批评南京市建设部门擅拆石头城意见三份，分投《人民日报》《光明日报》《新华日报》发表。

这就是发表在当年9月23日《新华日报》上的那篇《南京市建设部门不应该任意拆除城墙》，后《光明日报》等刊物也刊登了这篇文章。9月18日，父亲赴南京市政府，对南京市有关部门提出了尖锐的批评，要求查明责任，并致电文化部。他在这天的日记中记道：

> 上午赴南京市人民委员会，出席有关拆除南京城墙问题（会议），余及潘科长、陈石钧对拆除石头城一事予以尖锐批评，并要求查明责任，研究善后。午归局用饭。下午，致电文化部。

11月中旬，文化部郑振铎副部长来江苏视察，11月14日，父亲陪同郑振铎视察了石头城遗址。父亲当日日记记道：

> 上午郑振铎副部长来，偕潘科长赴汉中门外看石头城，至新被拆去一段，凡219公尺，令人痛惜。

这年12月，父亲出席南京市人民代表大会，12月21日，召开文教系统专业会议，谈拆除城墙事。会上父亲与参加会议者又对南京市建设部门擅自拆城之事，提出批评。父亲在日记中记道：

赴成贤街交通局会议室开文教系统专业会议，到胡小石、陈方恪、曹汶、陈瘦竹等二十人，就南京市保护文物工作提出意见，对拆除石头城一事提出尖锐批评。

到了 1957 年，"反右"斗争开始后，这又成了朱偰的一大罪名。在父亲的未刊《回忆录》中，有一张残页，上面写道：

……我又以人民代表的资格，在报上发表谈话，加以批评，《光明日报》全文登载了我的谈话；中央文化部郑振铎副部长支持我的意见。可我的批评太尖锐了，得罪了南京市的领导人，成为我后来"右派"罪名之一。

在"反右"运动中，对加在头上的罪名，他是百口难辩，也无处可辩。他在《回忆录》中说：

在"反右派"斗争中，报刊上是不会给我申辩更正的，我只好统统包了下来，承认都是自己的错误，低头服罪。

但唯独对批评拆除城墙一事不肯认罪。在 1957 年 10 月 14 日"农工民主党反右斗争大会"上，他说：

关于拆城墙，我向政府提出批评，完全是从爱护文物出发，请允许我保留意见。

## 筹建江苏省国画院

江苏省国画院院史记载该院于 1957 年开始筹建，1960 年正式成立。但根据我父亲朱偰先生的日记，这一筹建工作 1956 年就开始了，只是当时拟名为"江苏省国画馆"。

中华人民共和国成立初期，我国美术院校完全接受苏联的一套，国画教学受到冷遇，如中央美院及其华东分院，只设绘画系，而无国画、西画之分，在具体课程设置上也很少安排中国画课程。1954 年，中央美院绘画系一分为三——彩墨画、油画、版画，企图以"彩墨画"这一概念取代"中国画"的概念。同时，因为在旧中国有相当一批画家是靠卖画为生的，社会的骤然转变，一下子断了他们的生路，这些画家的饭碗成了问题。

1956 年 2 月，在全国政协会上，著名画家叶恭绰、陈半丁提交了"拟请专设研究中国画机构"的特别提案，引起了高层的重视，同年 6 月 1 日，周恩来主持国务院常务会议，通过了文化部在北京与上海各设一所中国画院的方案。同时一些画家的生计问题也引起了中央的重视，准备设法解决。成立画院正是一个办法，既可解决一些画家的生计问题，又可解决中国画的传承研究、发扬光大的问题。

此时，作为省文化局副局长的朱偰，他的分管工作增加了一项——分管全省的艺术工作。于是画家、画院的事便落在他的身上，具体负责的是张文俊先生。好在父亲与省内的一批知名画家本来就是旧好，如刘海粟，他们已有二十余年交情，傅抱石、陈之佛也都是原中央大学、南京大学的同事。

首先是解决部分画家的生活问题。省里拨了二万元，作为部分画家的生活救济。父亲 1956 年 8 月 4 日日记：

> 上午到文化局办公，开国画家工作会议，由各市汇报国画家情况。午在局用饭。下午继续开会，讨论二万元救济画家款项分配用途。决定以 12600 元分给各市，其余留省，作收购之用。

除对画家的直接救济外，还有筹建国画院、召开画家代表大会等工作需要做。父亲 9 月 5 日日记：

> 上午，赴文化局办公。召集艺术科杨（正吾）、余（真）、喻（继高）三同志及李仞千开会，讨论国画馆、美术陈列馆、国画家代表大会三问题。

9 月 16 日日记：

> 上午到文化局办公，参加剧团工作会议，余发言要求各专

区、市注意国画工作。……下午三时，召集杨正吾、张文俊、余真、喻继高、李仍千修改江苏省国画馆方案。

筹建国画馆的方案，又经过几次讨论，初步确定。11 月 26 日成立了江苏省国画馆筹备委员会，父亲在这天日记中记道：

> 九时到文史馆开国画馆筹备委员会成立会，委员九人如下：傅抱石、陈之佛、吕凤子、胡小石、朱偰、亚明、杨正吾、张文俊、李仍千。决定明春成立国画馆。

可惜，父亲 1957 年的日记遗失了，后来筹备又经历了怎样的过程，"国画馆"是怎样改为"国画院"的，只有去查档案了。

筹建江苏省国画馆，地点放在什么地方呢？父亲设想放在中山陵藏经楼。父亲 1956 年 9 月 2 日日记：

> （上午）九时三十分赴藏经楼，在深山之中，环境极为清幽，将来拟布置为艺人之家。

9 月 4 日日记：

> （下午）偕李秘书及计财处同志赴中山陵园藏经楼，计划修整。本日风雨，山中更觉幽静。

江苏省国画院最初就是设在中山陵藏经楼中。据张文俊先生回忆，国画院成立后，藏经楼作为画室，画家们吃住都在那里。

国画家代表大会则是于 10 月 16 日召开的，其正式名称为"国画家代表座谈会"。父亲这天日记记录了当时的盛况：

> （上午）八时，国画家代表座谈会在文艺会堂正式开幕，由余主持，到全省十二市及泗阳等县国画家代表 80 余人。四壁悬挂各市携来作品，琳琅满目。李进局长致辞后休息。由刘海粟就国画如何继承传统及发扬传统问题发表谈话，颇有见地。午在局

用饭。中午，陪刘海粟、傅抱石、陈之佛、杨建侯诸先生在办公室休息。下午参加苏州组座谈会。休息后，刘海粟创议作"百花齐放"长卷，即席挥毫，众老画家纷纷执笔，成一长达数丈之手卷。六时三十分，赴曲园酒家公宴刘海粟夫妇及傅抱石、陈之佛先生，谈笑尽欢。

此次会议，10月19日结束，父亲当日日记记道：

> （下午）二时三十分赴局开国画家座谈会。由文教办公室主任首先致辞，余作总结报告。休息半小时，摄影留念。继由管文蔚副省长致辞，即宣布休会。傍晚，在局聚齐，灯下召开国画工作干部会议，由余及李局长谈今后国画工作。

这次江苏省国画家代表座谈会，是中华人民共和国成立后江苏省国画家第一次大聚会，也是一次盛会。

1957年，父亲被打为"右派"，这些工作当然与他再也无关了。